SOMETHING DEEPLY HIDDEN
量子力学の奥深くに隠されているもの

QUANTUM WORLDS AND THE EMERGENCE OF SPACETIME

コペンハーゲン解釈から多世界理論へ

ショーン・キャロル Sean Carroll 塩原通緒 訳

青土社

量子力学の奥深くに隠されているもの　目次

量子力学の奥深くに隠されているもの

コペンハーゲン解釈から多世界理論へ

序章　怖がらないで

量子力学を怖がるのに理論物理学の博士号は必要ない。だが、心配は無用だ。量子力学は奇妙なものに見えるかもしれないが、これは、微視的《ミクロ》な世界についての現時点での最上の理論である。原子や素粒子が自然界の力を通じてどう相互作用するかを記述し、とんでもなく正確な実験予測をする。もちろん量子力学は、とかく難解で謎めいていて、まるで魔術の一歩手前だと思われているふしもある。しかし一般の人はともかく、プロの物理学者なら、そのような理論にもさほど煩わされてはいないはずだ。物理学者はつねひごろから量子現象に関わる複雑な計算をやっており、そこから示唆される予言を検証するための専用の巨大なマシンを建設してもいる。まさか、物理学者がこれまでずっと知ったかぶりをしてきたなんてこともないだろう？

当然そんなわけはないのだが、しかし、物理学者に完全にやましいところがないわけでもない。もちろん、量子力学は現代物理学の核心である。天体物理学者も、素粒子物理学者も、原子物理学者も、レーザー物理学者も、みな当然のように量子力学を使いこなしている。これをただの難解な研究とあっさり片付けられようか。量子力学は現代テクノロジーのそこかしこに存在している。半導体、トランジスタ、マイクロチップ、レーザー、コンピューターメモリ——どれをとっても量子力学をもとにして働いている。その意味で、量子力学は私たちを取り巻く世界の最も基本的な特色を理解するのに必要なものだ。基本的に化学反応はすべて量子力学の応用の問題である。太陽がどうして輝くのか、テーブルがなぜ固いのかを理解するには、量子力学を知らなければならない。

あなたが目をつむったとしよう。たぶん、視界が真っ暗になっていると思う。当たり前だろう、光が入ってきていないんだから、とあなたは思うかもしれない。しかし、それはまったく正しくない。というのも、可視光よりも少しばかり波長の長い赤外線という光が、温度を持った物体なら何からでも絶えず発せられているからで、あなたの体も、もちろんその温度を持った物体なのだ。もしも人間の目が赤外線を可視光と同じように感知できるぐらいの性能を備えていたら、たとえまぶたを閉じていても、自分の眼球そのものから発せられる光を受けてすっかり目がくらんでしまうだろう。しかしながら、人間の目において光受容器の役割を果たしている桿状体《かんじょう》と錐状体《すいじょう》は、うまい具合に可視光だけを感知して、赤外線は感知しない。なぜそんな芸当ができるのか？　突きつめると、その答えは量子力学に行き着く。

量子力学は魔術ではない。これは今の私たちが持ちうる現実観としても、最も深い、最も包括的なものだ。現在わかっているかぎり、量子力学は単なる真実の近似ではない。真実そのものである。予想外の実験結果を前にして変更されることはありうるが、これまでのところ、そのような事件が起こりそうな気配はまったく見られていない。プランク、アインシュタイン、ボーア、ハイゼンベルク、シュレーディンガー、ディラックなどの名前に代表されるような二十世紀初頭の量子力学の発展により、私たちは一九二七年までに、人類の歴史に確実に残る偉大な達成の一つといえる、熟成した理解を得られた。これは疑いなく誇らしいことだ。

しかし一方で、リチャード・ファインマンの「量子力学を本当に理解している人はいないと言ってさしつかえないと思います」という言葉を忘れるわけにもいかない。[1] たしかに私たちは量子力学を使用して新しい技術を設計し、実験の結果を予言している。しかし正直な物理学者なら、私たちが量子力学を本当に理解してはいないことを認めるだろう。私たちは、ある種の規定された状況に安全に適用できる処方箋なら持っている。そしてその処方箋は、データによってみごとに裏打ちされてきた、圧倒的に正確な予言を送り返してくれる。だが、そこをもっと深く掘り下げて、実際に何がどうなっているのかを知ろうとすると、これが皆目わからないのである。物理学者はともすると、量子力学を単純なロボットのように取り扱いがちだ。ある特定のタスクを遂行してもらうだけで、個人的に大事にする愛する家族の一員だとは見なさない。

専門家のあいだにあるこの態度は、量子力学が一般社会にどのように提示されるかに染み出している。私たちがやりたいことは、完全にできあがった自然の全体像を提示することなのだが、それがどうしてもできない。量子力学が実際に何を言っているかに関して、物理学者のあいだで合意がなされていないからだ。そのため大衆向けの取り扱いは、量子力学が謎めいていて、不可解で、理解できないものだと強調することに走りがちになる。そのメッセージは、科学が標榜する基本的な原理に反している。この原理には、世界は根本的に理解可能であるという考えが含まれているのだ。量子力学のこととなると、私たちはつい思考停止になってしまう。これを克服できるようにするためには、ちょっとばかりの量子セラピーが必要なのだ。

○
○
○

量子力学の授業において、学生は一連の規則を教えられる。そのうちの一部はおなじみのものだ。量子系の数学的記述があり、その系の経時的変化についての説明もある。しかしそれらとは別に、ほかのどの物理理論にも類似のものがない特別な規則の一群がある。これらの追加の規則は、量子系を観測するときに起こること、そしてそのときの量子系のふるまいが、観測していないときのふるまいとまったく違うことを教えてくれる。それはいったいどうしたわけなのか？

基本的に、考えられる答えは二つある。一つは、私たち教師が学生に伝えてきた話が情けないほど不完全で、量子力学がまともな理論としての資格を得るためには「測定」や「観測」が何であるのか、なぜそれがなされた場合となされない場合とで系のふるまいがまったく違って見えるのかを、私たちがきちんと理解する必要があるということだ。さもなければ、量子力学というのは従来の物理についての考え方から徹底的にかけ離れたものなのだから、世界は私たちがそれをどう感知するかとは関係なしに客観的に存在しているとする見方はもうやめて、観測という行為こそが（理由はともあれ）現実の本質の基本なのだとする見方に移行するという手もあるだろう。

どちらを選ぶにしても、教科書は本来これらのような可能性を探ることに時間を費やすべきで、たとえ量子力学が申し分なくうまくいっているとしても、完成されているとはまだ言えないことを認めるべきだ。しかし実際はそうでない。だいたいにおいて、教科書はこの問題を黙殺している。方程式を記載して学生にそれを解かせるというだけの、物理学者にとっての安楽な領域にとどまることを選んでいる。

じつに困ったことだ。しかも、問題はさらに深い。

この状況を考えると、量子力学を本当に理解しようとすることは、物理学全体における唯一最大の目標であるかのように思うかもしれない。何百万ドルという助成金が量子財団の研究者に流れていて、世界最高の知性がこの問題に群がり、最も重要な洞察に賞と名声が与えられるのだろうと思うかもしれない。大学はわれさきにとこの分野の代表的な人物を雇いたがり、そういった人物をライバル機関から引き抜くために巨額の給料をちらつかせているのだろうと。

残念ながら、そうではない。量子力学を理解するという探求は、現代物理学においてステータスの高い特別なものと見なされていないだけでなく、多くの面で、積極的に軽んじられてはいないにしても、尊敬すべきものとはとうてい見なされていないのである。大半の物理学部には、この問題に取り組んでいる研究者は一人もおらず、わざわざそんなことをしている研究者はけげんな目で見られるのがおちだ（私も先日、助成金の申請書を書いていたときに、重力理論と宇宙論の研究について述べることに集中するよう助言された。それならまっとうだと見なされているからで、量子力学の基礎に関する研究については黙っていたほうがいい、まじめさが足りないんじゃないかと思われるから、というわけだ）。過去九〇年のあいだに重要な前進はあったが、それはもっぱら、同僚に何と言われようとこの問題が重要だと考える頑固な人物や、あるいは何もわかっていないまま突き進み、結局はこの分野から完全に去ってしまう若い学生によってなされたものだった。

イソップの寓話の一つに、キツネがおいしそうな一房のブドウを見て手を伸ばすも、いくら飛び上がっても届かないという話がある。キツネは悔しまぎれに、このブドウはきっと酸っぱいだろうから、自分はそんなもの欲しくはなかったのだと言い放つ。言うなればこのキツネは「物理学者」で、ブドウは「量子力学を理解すること」だ。多くの研究者は、自然が本当はどう働いているかを理解することなど実際はちっとも重要でないんだと思うことにしてきた。ある特定の予言ができること、ただそれだけが重要なんだと思うようにしてきた。

科学者は具体的な結果に重きを置くよう教え込まれる。それは刺激的な実験上の発見でもいいし、定量的な理論モデルでもいい。一方、既存の理論を理解するための研究というアイデアは、ひょっとしたらその努力がどんな新しいテクノロジーや予言につながるとしても、なかなか評価してもらえない。この根深い相反は、『ザ・ワイヤー』というテレビドラマによく表れていた。勤勉な捜査官の一団が強力な麻薬組織を立件するために何か月もかけて綿密に証拠を集める。だが、上層部はそうしたつまらない積み重ねを猶予していられない。とにかく次の記者会見までに麻薬をどんと出して見せてほしいのだ。そこで警察に実力行使での派手な逮捕劇を促す。資金提供機関や雇用委員会は、この上層部のようなものだ。あらゆるインセンティブが人を具体的で定量化可能な結果へと押しやる世界では、急ぎでない全体像的な問題は脇に置かれ、人はひたすら直近のゴールに向かって走らされるのである。

○○○

本書には三つの主要なメッセージがある。その第一は、量子力学が――たとえ今はそうなっていなくても――理解できるものであるはずで、そうした理解を果たすことが現代科学の最優先の目標の一つであるべきだということだ。量子力学は、見えている姿と現実の姿とに区別をつけているという点で、物理理論の中でも独特のものだ。ふだんから何の疑いもなく「現実」と見なしているものについて考え、その現実観にしたがってものごとを説明するのに慣れている科学者（および、ほかのすべての人）にとって、そうした量子力学はひときわ厄介な課題を突きつけてくる。しかし、この課題は乗り越えられないものではない。昔ながらの直観的なものの考え方から頭を自由にすれば、量子力学はどうしようもなく不可思議なものでも神秘的なものでもないことがわかるだろう。これはただの物理学なのだ。

第二のメッセージは、実際に私たちが理解に向かって前進しているということだ。本書では、私が明らかに最も有望なルートだと感じるアプローチに焦点を絞る。それはエヴェレット流、もしくは多世界流と呼ばれる量子力学の定式化だ。多世界理論は、多くの物理学者に熱狂的に迎え入れられてきたが、自らのコピーが含まれた別の現実の増殖に嫌悪感を持つ人びとのあいだでは、うさんくさいものと見なされてもきた。あなたがそうした人びとの一人なら、私はあなたを少なくとも、こう言って説得したい――多世界理論は、量子力学を理解する最も純粋な方法であり、量子力学をまじめに受け止めることに最も抵抗を感じずにすむ道をたどっていけば、最終的にはそこに行き着くのだと。とくに、多数の世界というのはすでに確立している数学的形式の予言するところであって、誰かに勝手に付け加えられたものではない。とはいえ、多世界理論だけが検討に値するアプローチだというわけでもなく、本書では、その主要な競合説のいくつかについても言及していく（偏りがまったくないとは言わないが、それでもできるだけフェアであるつもりだ）。重要なのは、そのさまざまなアプローチのどれもが十分に練られた科学理論であり、潜在的にはそれぞれ違った実験結果が出る可能性があるとしても、ともあれ実務を終えたあとにコニャックとシガーを片手にもうろうとした頭で議論されるような、ただの適当な「解釈」ではないということだ。

そして第三のメッセージは、この量子力学を理解する試みは本当に重要で、しかもその意義は、科学的なつじつま合わせだけにとどまらないということだ。量子力学の「十分ではあるが完全に理路整然としてはいない」既存の枠組みのこれまでの成功があるからといって、そうしたアプローチではどうしても不十分であるような状況があるという事実に目をつぶるべきではない。とくに、翻って時空そのものの本質や、宇宙全体の起源と最終的な運命を理解しようとするときに、量子力学の基礎は絶対的に不可欠なものだ。本書では、量子もつれと時空の曲がり——一般に「重力」と呼ばれているもの——との挑発的な関係を引きずり出す、いくつかの新しい、刺激的な、しかしたしかに暫定的ではある提案を紹介していこう。もう何年ものあいだ、誰もが納得する完全な量子重力理論を見つけ出すことは、重要な科学的目標の一つと見なされてきた（名声の意味でも、賞の意味でも、教職員の座をかすめとる意味でも）。それをかなえる秘訣は、重力とその「量子化」を出発点とすることではなく、量子力学そのものを深く掘り下げて、重力はずっとそこに潜んでいたのだと発見することなのかもしれない。

確実なことは誰も知らない。それが最先端の研究のおもしろさであり、心もとなさだ。しかし、そろそろ現実の根本的な性質を真剣に考えてみるときに来ている。それはつまり、量子力学に正面から向き合うということなのである。

第一部　幽霊のように不気味な

第一章　何が起こっているのか　量子の世界をのぞく

アルベルト・アインシュタインは、方程式の達人であると同時に、言葉の達人でもあった。彼こそは量子力学に「spukhafte（シュプークハフテ）」というレッテルを貼りつけた人物であり、量子力学は以後ずっとそれを振り払えないでいる。このドイツ語は、直訳すれば「幽霊のような」という意味で、さらに意訳すれば不気味だということである。少なくとも、巷で聞かれる量子力学についてのおおかたの議論から受け取る印象はまさしくこれだろう。量子力学は物理学の中でもどうしようもなく妖しくて、奇怪で、不可解で、へんてこりんで、わけのわからない部分だと言われている。それこそお化けのようなものである。

一方で、不可解さは魅力でもある。見たことのない魅惑的な謎の人物に対してと同じように、量子力学にはあらゆる資質や能力を投影したくなる。それが実際にあろうとなかろうとおかまいなしにだ。ためしに「量子」という言葉が書名についた本をざっと探してみると、次のような不思議な適用例が出てくる。

量子的成功
量子的リーダーシップ

量子的気づき
量子的触れあい
量子的ヨガ
量子的食事
量子的心理学
量子的マインド
量子的栄光
量子的赦し
量子的神学
量子的幸福
量子的詩作
量子的教育
量子的信仰
量子的愛

一般に、原子以下の粒子のあいだの微視的過程にしか関係しない物理学の一部門とされているものが、このような履歴をお持ちだったとは、お見それしましたと言うほかはない。

もちろん正確を期すならば、量子力学——その呼び名は「量子物理学」でも「量子論」でもいいのだが――は微視的過程だけに関わるものではない。これはあなたや私から星や銀河まで、ブラックホールの中心部から宇宙の始まりまでの、全世界を記述する理論である。しかしながら奇妙な量子現象がつねについてまわるのは、あくまでも世界を極端なクローズアップで見たときだけだ。

本書のテーマの一つは、量子力学を不気味と考えるには及ばないということである。そもそも不気味という形容は、言語に絶するような、人間の頭ではとうてい理解できない謎に与えられるものではないのだろうか。量子力学はたしかに驚異的だ。従来の常識とはまったく異なる、新奇で深遠な、人間の知力をぐいぐい引き伸ばすような現実観である。科学とは往々にしてそういうものだ。しかし、いくら題材が難解に見えたり謎めいて見えたりした場合でも、それに対して科学がなすべきことは、その謎を解くことであり、何も問題がないかのようなふりをすることではない。量子力学に関しても、ほかのあらゆる物理理論に関してと同様に、謎はきっと解けると思ってしかるべきなのだ。

量子力学についての解説は、たいていお決まりのパターンをたどる。まずは直観に反する何らかの量子現象が指摘され、次いで、世界はもしかしたら本当にそうなっているのかもしれないという困惑と、そんなもののつじつまを合わせるのは無理だという絶望が表明される。そして最後に（読者の運がよければ）、何らかの説明がひねりだされる。

本書は謎よりも解明を重んじることを旨とするので、この戦略は採用したくない。最初から量子力学を最大限に理解できるように解説したい。それでも量子力学は奇妙なものに見えるだろうが、それがこの野獣の本性なのだ。ともあれ、量子力学が説明できないもの、理解できないものとだけは思われないようにするつもりである。

本書では、量子力学の歴史を順々に追っていくことはしない。まずは本章で、量子力学がどうしても必要となるような基本的な実験事実を見たあと、次の章で、その観測結果を理解する方法としての多世界アプローチをざっと説明する。そしてようやくその次の章で、そのような劇的に新しい物理をそもそも熟考させるにいたった発見について、少しばかり歴史に沿った説明をしよう。そのあとに、量子力学の意味するところのいくつかがどれほど本当に劇的なものであるかを、あらためて力説する。

それらすべてが整ったところで、あとは本書の残りを通じて、そのすべてがどこに帰着するかを見るという楽しい作業に取り掛かる。すなわち、量子的現実の最も驚くべき特徴の謎解きに挑むのである。

○　○　○

物理学は、最も基本的な科学の一つだ。それどころか、人間の最も基本的な試みの一つと言ってもいい。世界を見回せば、そこは何かしらで満ちている。それは何なのか。そして、どのようなふるまいをするのか。

これは人類の最古の疑問であり、今にいたるまでずっと問われてきた疑問だ。古代ギリシャでは、物理学は生物と非生物とにかかわらず、あらゆるものの変化と運動についての総合的な学問と見なされていた。アリストテレスはこれを傾向、目的、原因といった言葉で語った。あるものがどのように運動し、変化するかは、それが持っている内在的な性質と、それに作用する外在的な力の観点から説明できる。たとえば一般的な物体が、本質的に静止しているものだとすると、それが動くためには、その運動を生じさせる何かが必要になるということだ。

この考えを一変させたのが、アイザック・ニュートンという賢人だった。一六八七年にニュートンが出版した『自然哲学の数学的諸原理（プリンキピア）』は、物理学史における最重要の研究書の一つだ。この著作において、ニュートンは今日で言うところの「古典」力学、もしくは「ニュートン」力学とそのままに呼ばれているものの基礎を築いた。ニュートンは本質だの目的だのといったつまらない話をすべて吹き飛ばして、その下に隠れていたものを明らかにした。それは、今日まで一貫してこれを教わる学生を苦しめている、明快にして厳密な数学的形式だった。

あなたが高校や大学で出された振り子や斜面についての宿題にどんな思い出を持っているかはさておき、古典力学の基本的な考えはいたってシンプルなものだ。たとえば、一個の岩石のような物体を考えてみよう。この岩石について、地質学者が興味を持ちそうな色やら組成やらといったことはすべて無視する。この岩石をハンマーで叩き割ったときなどに、岩石の基本構造が変化する可能性についても忘れよう。ただひたすらに、岩石の最も抽象的な形態をイメージする。そうすると、何が浮かんでくるか。まず、岩石は一個の物体である。そしてこの物体には、空間の中での位置があり、その位置は、時間とともに変化する。

古典力学はまさにこのこと、すなわち、岩石の位置が時間とともにどう変化するかということを正確に伝えている。今ではすっかり当たり前になっているが、あらためて思い返してみると、これはじつにみごとな考えである。ニュートンは、岩石がどのようにどれだけ動くかの一般的な傾向に関して、ああだのこうだのと漠然としたつまらない規定を残したのではない。彼が伝えたのは、宇宙のあらゆるものがほかのあらゆるものに反応してどう運動するかについての、正確にして不変の法則である。この法則

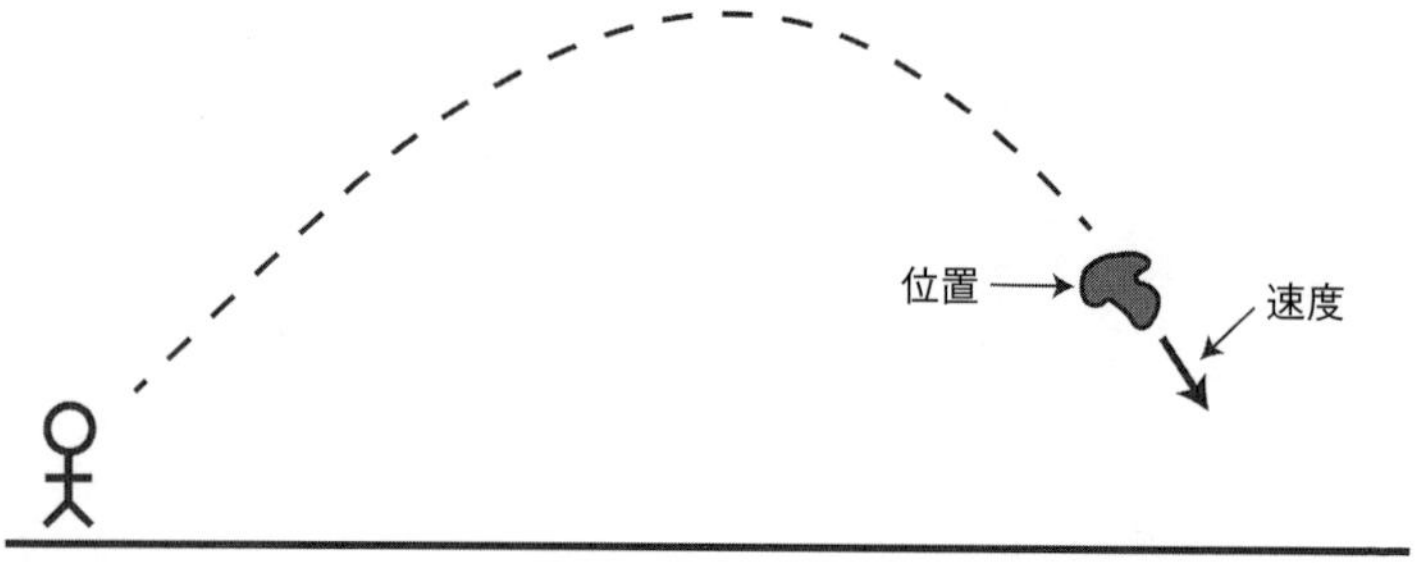

は、それこそ野球のボールを捕捉するときにも、火星に探査機を着陸させるときにも適用される。

その仕組みを説明しよう。いついかなるときも、岩石は一定の位置と一定の運動速度を持っている。ニュートンの考えにしたがえば、岩石にいっさい力が作用していなくても、岩石はいつまでも一定の速度で直線運動を続ける（これだけでもアリストテレスからの大きな飛躍だ。アリストテレスなら、物体が運動を続けるためにはつねに何かから押されている必要があると言っただろう）。この岩石に力が作用していた場合には、その力によって加速が生じる。つまり岩石の速度が変化するということで、岩石の進みが速くなるか、遅くなるか、あるいは速くも遅くもならずに進行方向だけが変化するかは、かけられた力の大きさに正比例する。

基本的には、これがすべてだ。岩石の全軌道を割り出したければ、岩石の位置と、速度と、どんな力が作用しているかの情報が必要になる。それさえわかれば、あとはニュートンの方程式で片がつく。岩石に作用する力には、もちろん重力も含まれるし、あなたがその岩石を拾いあげて投げたのだとすれば、あなたの手の力や、岩石が落下したときの地面からの力も含まれるだろう。ビリヤードの球や宇宙船や惑星の運動も、すべて同じ考え方で説明できる。この古典的なパラダイムの範疇にあるかぎり、物理研究とは基本的に、この宇宙のさまざまなもの（岩石でも何でも）が何でできていて、それにどんな力がかかっているかを突きとめるだけのことだ。

古典物理学は本質的にいたって単純な世界像だが、それは多くの重要な進展を経て確立されたものだ。ただし、さきほどの岩石の例で言えば、岩石がどういう運動をするかを突きとめるには、そのための必要な情報として、岩石の位置と、速度と、それに作用する力を、具体的に明確にしなければならなかった。このような力は外の世界の一部と考えればよく、岩石そのものに関する重要な情報は位置と速度だけで成り立つと考えればよい。対照的に、岩石の加速度は、どの瞬間の値であれ、いっさい具体的に知る必要がない。これこそニュートンの法則により、位置と速度からおのずと計算できるものだからである。

位置と速度の両方がそろっていれば、古典力学ではあらゆる物体の「状態」が成り立つ。運動している複数の部分からなる系があるとすると、この系全体の古典的な状態は、各部分の状態の集まりと考えればよい。標準的な広さの部屋の空気には、さまざまな種類の分子が一〇の二七乗個ほど含まれているから、この空気の状態は、それらの分子一個一個の位置と速度の総体となる（厳密に言えば、物理学者は各粒子の速度ではなく運動量を用いるのが普通だが、ニュートン力学に関するかぎり、この運動量は単純に粒子の質量に速度を掛けたものである）。ある系がとりうる状態すべてがそろった集合を、その系の「位相空間」と呼ぶ。

フランスの数学者ピエール＝シモン・ラプラスは、この古典力学の考え方から導かれる深遠な帰結を指摘した。もしもこの世にとてつもない知性が存在していて、文字どおり宇宙のあらゆる物体の状態を知ることができるとすれば、原理的に、この知性は過去に起こったすべてのことのみならず、未来に起こることすべてを推論できるはずである。この「ラプラスの悪魔」はあくまでも思考実験で、野心に満ちたコンピューターサイエンティスト向けの現実的なプロジェクトではないにしろ、この思考実験の意味するところはじつに奥深い。ニュートン力学が記述するのは決定論的な、時計仕掛けの宇宙なのだ。

古典物理学の機械性はたいそう美しく、説得力もあるので、一度これを理解すると、もはやこれは必然ではないのかとさえ思える。ニュートン以降の多くの賢人も、これで物理学の基本的な上部構造は解明されて、あとは厳密に古典物理学のどんな具現化が（どの粒子、どの力が）宇宙全体を記述する正しい理解なのかを突きとめるだけだと思い込んだ。相対性理論もこれはこれで世界を一変させた理論だが、それさえも古典力学に代わるものではなく、古典力学の一変種なのである。

そんなときに、量子力学が現れて、これがすべてを変えた。

○　○　○

量子力学の発明は、ニュートンがなした古典力学の構築と並んで、物理学史上の二大革命の一つだったと言っていい。それ以前のどんな理論とも違って、量子論は基本的な古典力学の枠組み内で何らかの物理モデルを提示したものではない。その枠組みをまるごと捨て去り、根本的に異なるものに置き換えたのだ。

量子力学をそれ以前の古典力学と明白に隔てている根本的な要素は、量子系に関するものを「観測する」とはどういうことなのかという問題を軸としている。観測とは厳密に何を意味するのか、あるものを観測するときに何が起こるのか、ひいては、その場面の背後で実際に起こっていることに関して何がわかるのか。これらの疑問をすべてあわせて、量子力学の「観測問題」と呼ぶ。この観測問題をどう解決するかについては、物理学的にも哲学的にも、有望なアイデアは多数あれども一致した見解はまったくない。

観測問題を解決しようとする数々の試みは、やがて「量子力学の解釈」と呼ばれる分野を生むにいたったが、この呼び名は必ずしも正確ではない。たとえば文学作品や芸術作品などに対しても「解釈」はなされるが、これは同一の基本的な対象に関して、見る人によってさまざまな考え方が許されているということだ。しかし、量子力学でなされているのはそういうことではない。本質的に種類の異なる科学理論のあいだ、物理世界に対する両立しえない説明のあいだで競争がなされているのである。そのため、この分野に携わる現代の研究者は、これをむしろ「量子力学の基礎論」と呼んでいる。量子基礎論は科学の一環であって、文芸批評ではない。

「古典力学の解釈」を語る必要を感じた人は誰もいなかった。古典力学はこのうえなく明白なものだからだ。一定の数学的形式が位置と速度と軌道を伝えてくれて、もっと言えば、ものの見え方を教えてくれる。この世界における一個の岩石の実際の運動は、つねにその数学的形式の予言するところにしたがうのである。観測問題のようなものは古典力学には存在しない。系の状態はその系の位置と速度によって決まるのであり、それらの量を観測したければ、ただ観測すればよい。もちろん、観測のしかたが粗雑だったり未熟だったりして、そのせいで不正確な結果が出てきたり、系そのものが変わってしまったりすることはあるだろう。しかし、そうなるのが必然ではない。必要な注意を払いさえすれば、その系になんら目につく変化を生じさせずに、系に関して知るべきすべてのことを正確に観測できる。古典力学は、観測者が見るものと理論が記述するものとのあいだの明白な、一片のあいまいさもない関係を提示する。

　ところが量子力学は、じつによくできた理論であるにもかかわらず、そのようなものを提示してくれない。量子的現実の核心をなす謎は、一つの単純な警句に要約できる。私たちが世界を見たときに見えるものは、実際にあるものとは根本的に違って見えるのである。

○　○　○

　たとえば電子で考えてみよう。原子核のまわりを回っているこの素粒子の相互作用は、あらゆる化学反応の遠因になっており、したがって、今あなたの身のまわりにある興味深いものも、すべては電子の相互作用に端を発している。これまで岩石で考えてきたときと同様に、電子のいくつかの特定の性質は——そのスピンにしろ、あるいは電場を持っていることにしろ——無視することができる（実際のところ、電子と同じく岩石も一つの量子系なのだから、このまま岩石を例にとりつづけてもかまわないのだが、量子力学の特異な性質があらわになるのは非常に小さな物体を対象にしたときだけだということを考えれば、ここで原子以下の粒子に替わってもらうほうが得策だろう）。

　古典力学なら、系の状態はその系の位置と速度で記述されるが、量子系の本質はそれほど具体的なものではない。一個の電子が生来の住環境にいるところ、つまり、原子核を取り巻く軌道上にいるところを想像してみよう。たいていの人は、この「軌道」という言葉からも、あるいはこれまでに何度となく

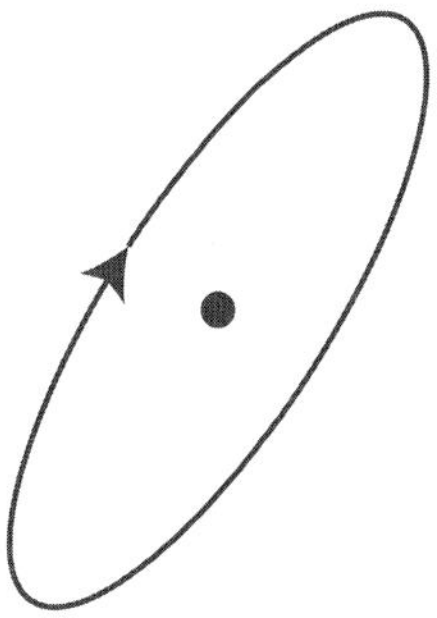

古典的な
電子軌道

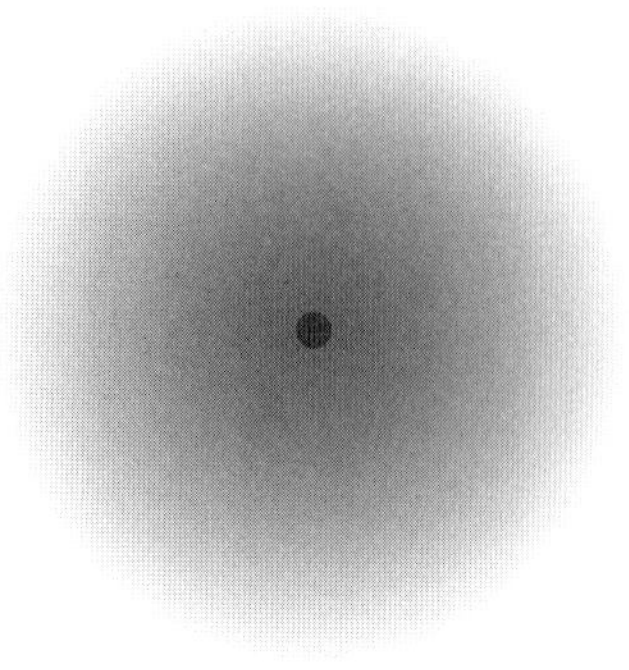

量子的な
電子波動関数

目にしてきたであろう原子のアニメーション図解からも、電子の軌道というのは多かれ少なかれ、太陽系内の惑星の軌道のようなものだと思っているのではないだろうか。だから、この電子にも位置があって、速度があって、時間の経過にともない中心の原子核のまわりを円状に、それでなければ楕円状に、びゅんびゅん移動しているのだろうと。

　しかし量子力学で考えると、そうはならない。位置や速度の値を観測することはできるので（ただし同時にはできないが）、実験者に十分な注意力と才能さえあれば、なにがしかの答えは得られるだろう。だが、そのような観測を通じて見られるものは、電子の実際の状態ではなく、粉飾のない完全な状態でもない。そもそもどんな観測結果が得られるにせよ、それは完璧な確信をもって予言できるものでなく、そこが古典力学の考え方との深遠なる違いだ。量子力学において予言できるのは、電子がある特定の位置にいるところ、もしくは、ある特定の速さを持っているところが見つかる確率——ただそれだけなのである。

　したがって、粒子の状態が「位置と速度」で表されるという古典力学での概念は、量子力学では別のものに置き換えられる。

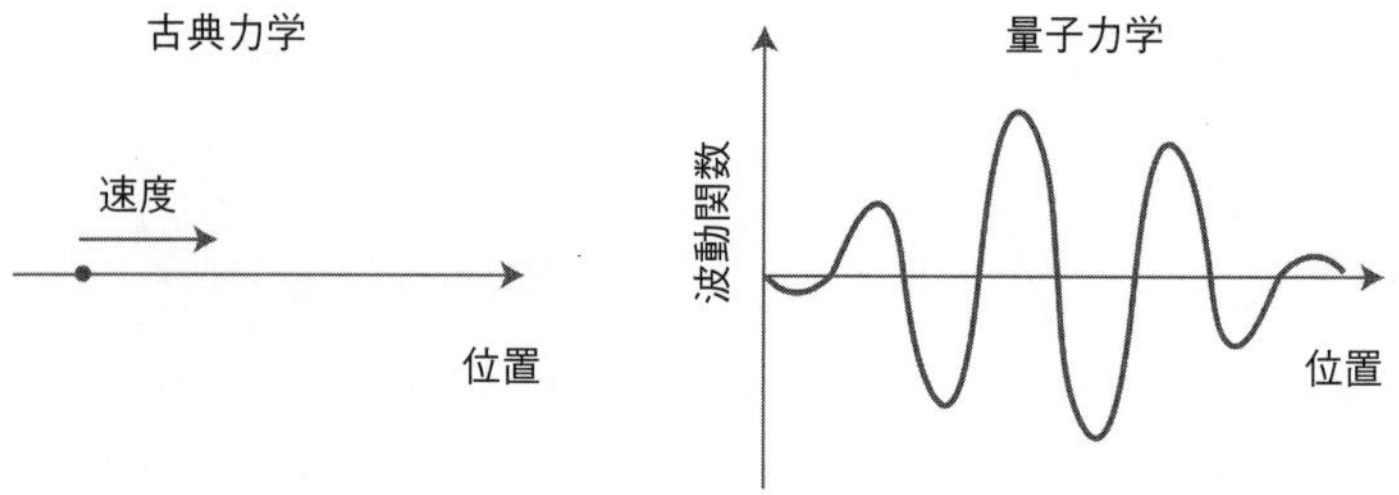

それは私たちの日常経験ではとんとお目にかからないような、確率の雲という概念である。原子内の電子で言うならば、この雲は中心部に近いほど濃く、周縁部に近いほど薄い。雲が最も濃いところは、電子の見つかる確率が最も高いところだ。逆に、雲があるのかないのかわからないぐらいに薄くなっているところでは、電子の見つかる確率が限りなくゼロに近いぐらいに小さくなっている。

この雲は、一般に「波動関数」と呼ばれる。得られる確率の最も高い観測結果は時間とともに変化して、波のような振動を示すからだ。通常、波動関数はギリシャ文字のΨ（プサイ）で表される。粒子の位置など、とりうるすべての観測結果に対して、波動関数はそれに関連した「振幅」という一定の数字を割り当てる。たとえば粒子がx_0の位置にいる場合の振幅は、$\psi(x_0)$と記述される。

観測をしたときにその結果が得られる確率は、振幅の二乗と決まっている。

ある特定の結果の確率＝｜その結果の振幅｜^{2}

この単純な関係は、これを発見した物理学者のマックス・ボルンにちなんで、「ボルンの規則」と呼ばれている。* このような規則がいったいどこから出てきたのかも、追って本書で探りだしてみよう。

とにかく強調しておきたいのは、一定の位置と速度を持った電子があるわけではないということだ。位置や速度の値はそもそもわからないのであって、波動関数というものには、それらの量を知りえないということが要約されている。この章では、何が「ある」のかについてはいっさい触れず、何が観測されるかについてだけ語ることにする。代わりに次の章で、机を叩いて主張しよう——波動関数とは実在の合計であり、電子の位置や速度といった概念は、私たちが観測できるというだけのものなのだ。とはいえ、誰もがそのような見方をしているわけではない。ここはしばし、あえて中立の装いを保って話を進めていこう。

○ ○ ○

＊これには少しばかり専門的な話が絡んでくる。それについては、ここでざっと触れておき、以後はすっぱり忘れるとしよう。じつのところ、どの観測結果に割り当てられる振幅も、それは複素数であって、実数ではない。実数というのは数直線上にあらわれる数で、負の無限大から正の無限大のあいだに挟まるあらゆる数のことだ。実数を二乗すれば、必ずまた別の、ゼロ以上の実数になる。したがって実数に関するかぎり、負の数の平方根のようなものは存在しない。しかし数学者はずっと前に、負の数の平方根があればいろいろと便利であることに気がついた。そこで、マイナス1の平方根として「虚数単位」（記号 i）というものを定義した。虚数とは「虚部」と呼ばれる実数に i を掛けただけのものだから、虚数を二乗すれば必ず負の実数になる。そして複素数というのは、実数と虚数を組み合わせただけのものだ。ボルンの規則の表記において振幅の二乗の記述の両端に小さなバーがつけられるのは、実際には実部と虚部の二乗を足しているのだということを表している。すべては目の前の難題をどうにかするためなので、結局のところ「確率は振幅の二乗」と言いきって、それで終わってしまってかまわないのである。

まずは古典力学の規則と量子力学の規則を並列して比べてみよう。古典力学での系の状態は、その系の中で運動している各部分の位置と速度によって定められる。系の時間発展（経時的な変化）をたどるなら、次のような手順になるものと考えられる。

古典力学の規則

1. 系の各部分に一定の位置と速度を与えて、その系をいったん確立する。
2. ニュートンの運動の法則を用いて、その系を時間発展させる。

以上。もちろん、神は細部に宿るものだから、古典的な系の中に運動している各部分がたくさんある場合もあるだろう。

対照的に、標準的な教科書量子力学の規則は、二部仕立てになっている。第一部では、古典力学の場合とまったく類似の構造が示される。量子系は位置と速度の代わりに波動関数で記述される。古典力学においてはニュートンの運動の法則が系の状態の時間発展をつかさどるが、それとまったく同じように、量子力学には「シュレーディンガー方程式」という、波動関数の時間発展をつかさどる方程式がある。シュレーディンガー方程式を言葉で説明すれば、「波動関数が量子系のエネルギーに比例して変化する速さ」ということになる。もう少し具体的に言うと、とりうるさまざまなエネルギー値の数を表せるのが波動関数であり、その波動関数の高エネルギーの部分は速く変化し、低エネルギーの部分は遅々として変化しないということをシュレーディンガー方程式は言っている。考えてみれば、もっともなことだ。

ここで重要なのは、そのような方程式があるということに尽きる。波動関数が時間とともになめらかに発展することを予言する方程式が存在しているのだ。この時間発展は予測可能な不可避の変化であり、その意味では、古典力学において物体がニュートンの法則にしたがって動くのとなんら変わりない。奇妙なことはまだ何も起こっていない。

つまり量子力学の処方箋の冒頭には、このように書かれている。

量子力学の規則（第一部）

1. 特定の波動関数Ψを与えて、その系をいったん確立する。
2. シュレーディンガー方程式を用いて、その系を時間発展させる。

ここまではよい。量子力学のこの部分は、それ以前の古典力学とまったく相似だ。しかしながら、古典力学の規則がここで終わりなのに対し、量子力学の規則にはまだ続きがある。

追加される規則はすべて観測に関係している。ある粒子の位置やスピンなどを実際に観測する段になると、量子力学は、あなたが得ることになりうる何らかの結果がある、としか言わない。得られるのがどの結果なのかは予言できないが、許容される結果それぞれの確率は計算できる。そしてひとたび観測がなされれば、そのあと波動関数はまったく別の関数に収縮し、今しがた得られた結果に新しい確率のすべてが集中する。したがって量子系を観測する場合、総じて望めるのはさまざまな結果の確率を予言することだけだが、その同じ量をふたたび即座に観測すれば、つねに同じ答えが得られるだろう。波動関数はすでにその結果に収縮しているからである。
これを、いやになるほど詳しく書き表してみよう。

量子力学の規則（第二部）

3．位置などの量は、観測しようと思えば観測できる量であり、それを実際に観測すると、一定の明確な結果が得られる。
4．ある任意の結果が得られる確率は、波動関数から計算できる。波動関数はあらゆる可能な観測結果に一定の振幅を関連づける。ある結果の確率は、その振幅の二乗である。
5．観測がなされると、波動関数は収縮する。観測前にどれほど大きく広がっていようとも、観測後には得られた結果の一点に集中している。

現代の大学カリキュラムでは、物理学専攻の学生が最初に量子力学に触れるとき、この五つの規則を何らかのかたちで教わる。この教えに関連したイデオロギー——観測は原理と心得よ、波動関数は観測された時点で収縮するのであって、背後で何が起こっているのかは考えなくてよい——は、一般に量子力学の「コペンハーゲン解釈」と呼ばれる。しかし、この解釈を考え出したとされるコペンハーゲン出身の物理学者を含め、この呼び名が厳密にどういうことと結びつけられるのかについては異論を持っている人も多い。そこで本書では、これを「標準的な教科書量子力学」と呼ぶにとどめたいと思う。

これらの規則が現実の実際のありさまを表しているという考えは、言うまでもなく、とんでもないも

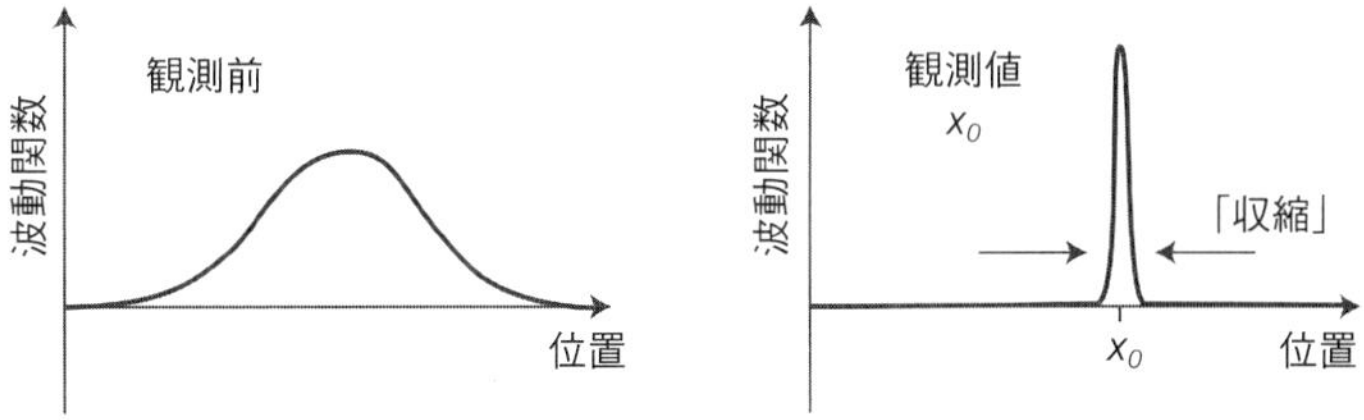

のだ。

「観測」とは厳密に何を意味しているのだろう。それはどれだけ迅速になされるのか。観測装置はそもそも何でできているのか。観測するのは人間でなければならないのか、それともある程度の意識があればいいのか、もしくは情報をコードする能力があればいいのか。あるいはまた、観測とは巨視《マクロ》的でなければならないのか、そうであればどれだけ巨視的でなければならないのか。観測は厳密にいつなされ、どれだけ迅速になされるのか。どうして波動関数はこんなにも劇的に収縮するのか。もし波動関数がとても大きく広がっていたなら、収縮は光速よりも速く起こるのだろうか。波動関数によって許容されていたはずだと見られるにもかかわらず、結局観測されなかったあらゆる可能性には、いったい何が起こったのか。それらはそもそも実際には存在していなかったのか。ただ消滅して無に帰してしまったというのか。

これらを最も端的に要約すると、次のようになる。なぜ量子系は、それを私たちが見ていないかぎりはシュレーディンガー方程式にしたがって、なめらかに、決定論的に時間発展するのに、それを見たときには劇的に収縮してしまうのか。見られているかいないかを、量子系はどうやって知るのだろう。そして、なぜそんなことにかまうのだろう（心配せずとも、これらの疑問にはこれから答えていくけれども）。

○　○　○

科学とは自然界を理解しようとする営みである、とたいていの人は思っている。私たちは起こっていることを観察する。そして、その起こっていることに対して説明を与えることを希求するのが科学である。

現在の教科書的な定式化では、量子力学はこの大志をかなえるのに失敗している。私たちは実際に何が起こっているのかを知りえていない。あるいは少なくとも、プロの物理学者のコミュニティは何が実像であるかに関して合意を得られていない。しかし代わりに、処方箋ならあり、私たちはそれを教科書に収めて学生に教えている。アイザック・ニュートンなら、地球の重力場に投げ込んだ岩石の位置と速度から、岩石のその後の軌道がどうなるかを明言できる。同じように、ある特定の条件で用意された量子系を前提として、量子力学の規則は、その量子系を観測することにしたときには波動関数が時間とともにどう変化するか、得られうるさまざまな観測結果の確率がどういう値になるかを明言できる。

量子力学の処方で与えられるのが確率であって、確定した値でないというのは悩ましいかもしれないが、そういうものだと慣れてしまえばどうということもない。むしろ本当に悩ましいのは、何が実際に起こっているのかに関して現在の理解が足りていないことだ。

たとえばの話で、どこぞの狡猾な天才が物理のあらゆる法則を見つけ出しておきながら、それを世界に公表せず、代わりに特定の物理問題に関する疑問に答えるコンピューターをプログラムして、そのプログラムへの接続手段をネット上に公開したとしよう。関心のある人は誰でもそのサイトにたどりつける。そこで物理学の疑問を適切に入力すれば、正しい答えが得られるようになっている。

こんなプログラムがあったなら、もちろん科学者や技術者にとっては大いに有益だろう。しかし、このサイトにアクセスできるからといって、物理法則を理解したことにはまったくならない。特定の疑問に答えを提供することを商売にしている神様のような存在があったとしても、そのやりとりの根本をなす規則について、私たち一人ひとりはなんら直観的な考えを持てていない。この神様以外の世界中の科学者は、そのような神託を提示されても、勝利を宣言するような気にはならないだろう。これまでと変わらずに、自然法則がどういうものなのかを解き明かす努力をしていくだけだ。

現時点で物理学の教科書に示されている範囲においての量子力学は、たしかにある種の神託で、真の理解にはなっていない。特定の問題を設定して、それに答えることは可能だが、その背後で何が起こっているかを正直に説明することはできない。ただし有望なアイデアならいくつもある。そしてもうずいぶん前から、物理学界はこの問題を真剣に考えはじめている。

第二章　勇気ある定式化　緊縮量子力学

現代量子力学の教科書によって若い学生に教え込まれる態度は、物理学者のN・デイヴィッド・マーミンの次の一言に要約される——「つべこべ言わずに計算しろ！」[1]。マーミン自身はそのような姿勢の推奨者ではなかったが、そのように言ってきた人は多くいた。まともな物理学者なら、量子力学に対する姿勢がどうであれ、誰しも多大な時間を計算に費やす。したがって訓戒を端的にまとめると、たしかに「つべこべ言うな！」で終わるのだろう。*

しかし、ずっとそうだったわけではない。量子力学は何十年もかけて少しずつ構築されてきたが、現代的な形式にまとまったのは、一九二七年ごろのことだ。この年、ベルギーで開催された第五回ソルベー会議において、世界の代表的な物理学者が一堂に会して量子論の地位と意義について議論した。すで

＊インターネットをのぞいてみると、無数のところで、この「つべこべ言わずに計算しろ！」はリチャード・ファインマンが言ったことにされている。たしかに難しい計算をこなすことにかけて、ファインマンは史上最高級の物理学者だった。しかし、彼は一度もそんなことは言っていないし、この意見は彼の性分にも合っていそうにない。ファインマンは量子力学について真剣に考えていたのだから、その彼が黙ってやれなどと言うとは誰も思わなかっただろう。ある発言が、実際の発言者よりも有名な、もっともらしい別の誰かのものにされるのはよくあることだ。社会学者のロバート・マートンは、これをマタイの福音書の一節にちなんで、「マタイ効果」と称した—「だれでも持っている者は与えられてもっと豊かになり、持っていない者は持っている物までも取り上げられるのだ」

1927年ソルベー会議の参加者。著名な科学者がずらりと並ぶ。1.マックス・プランク、2.マリー・キュリー、3.ポール・ディラック、4.エルヴィン・シュレーディンガー、5.アルベルト・アインシュタイン、6.ルイ・ド・ブロイ、7.ヴォルフガング・パウリ、8.マックス・ボルン、9.ヴェルナー・ハイゼンベルク、10.ニールス・ボーア。（Wikipediaより）

にこのころには実験的な証拠も明らかになっており、物理学者はついに量子力学の規則の定量的な定式化を手に入れていた。いよいよ気合いを入れて、この奇想天外な新しい世界観が実際のところ何を意味するのかを解き明かす時期に来ていた。

　この会議でなされた議論は基礎知識として役立つが、歴史を正確にたどることが本書の目的ではない。物理を理解することが何よりもの目標である。そこでこのあとは、量子力学がいかなる論理的道筋をたどって十分に成熟した科学理論にいたったかをざっと見ていこう。そこにはあいまいな神秘主義もなければ、その場しのぎのような規則もない。シンプルな一連の仮定から、驚くべき結論が導き出されているだけだ。これを頭に入れておくと、不気味にも思えるような多くの不思議なことが、突如として理路整然と見えてくるようになる。

○　○　○

歴史上、この第五回ソルベー会議は、アルベルト・アインシュタインとニールス・ボーアのあいだで交わされた、量子力学をどう考えるかについての一連の有名な議論が始まったところと位置づけられる。ボーアはコペンハーゲンを拠点としていたデンマーク人物理学者で、誰もが認める量子論の育ての親だ。そのボーアがとっていたのは、前章で述べた教科書処方と似たようなアプローチを是とする見方だった。観測結果の確率を計算するのに量子力学を用いればよい、しかしそれ以上のことは量子力学に求めるな、とくに、事象の背後で何が起こっているかを深く考えてはならない――というものである。ヴェルナー・ハイゼンベルクやヴォルフガング・パウリといった年下の同僚の支持を受け、ボーアは量子力学のことを、そのままで何の瑕疵もない理論だと主張した。

アインシュタインはこれをまったく認めようとしなかった。物理学の義務とはまさに事象の背後で何が起こっているかを問うことであり、一九二七年時点での量子力学の現状は、自然についての満足のいく説明をとうてい与えられるものではない、というのが、アインシュタインの頑として譲れない見方だった。エルヴィン・シュレーディンガーやルイ・ド・ブロイなど、アインシュタイン側にも支持者はいった。彼らとともに、アインシュタインは量子力学をもっと深く研究し、しっかりとした科学理論になるよう拡張し、一般化すべきだと主張した。

当然ながらアインシュタイン陣営も、そのような新しい、よりよい理論がそうやすやすと見つかるとは思っていなかったが、それなりに期待する理由はあった。ちょうど数十年前の十九世紀終盤に、物理学者は統計力学という理論を考案していた。これは多数の原子や分子の運動を記述する理論である。その発展の過程で——当時はまだ量子論は出てきていなかったから、あくまでも古典力学の範疇で——重要な一歩となったのは、多数の粒子一個一個の位置と速度を正確にわかっていなくても、それらの粒子全体のふるまいを有益に論じられるという考えだった。この理論では、粒子のさまざまなふるまいのうち、粒子がどれをとりそうかを記述する「確率分布」さえわかっていればよいのである。

言い換えれば、どの粒子にも実際には特定の古典的状態があるのだが、それについてはわからないものとして、わかるのは確率の分布だけだと考えるのが統計力学だ。幸い、そうした分布さえわかっていれば、たくさんの有用な物理を解明できる。その分布が系の温度や圧力といった性質を定めるからだ。とはいえ、分布だけで系が完全に記述されるわけではない。分布はただ、その系についてわかること（あるいはわからないこと）を反映するだけだ。この違いを哲学的な用語で区別するなら、統計力学での確率分布は、人間側の知識の状態を記述した認識論的な概念であって、現実の何らかの客観的な特徴を記述した存在論的な概念ではない。

一九二七年の時点では、量子力学もそれと同類として考えるべきではないかと思うのが自然だった。結局のところ、当時すでに明らかになっていたように、波動関数を用いる目的は、ある特定の観測結果の確率を計算することにあったのだ。だとすれば、次のように考えても何もおかしくはない——自然それ自体はどういう結果が出るのかを正確に知っているのだが、量子論の形式はその知識を完全に把握してはいないので、だから改善する必要があるのだと。この見方では、波動関数だけでよしとはならない。

実際にどういう観測結果が出るのかを定める別の「隠れた変数」があるはずなのだ。ただ、その変数が何であるのかがわからない（そしておそらく、その変数は観測前には定められない）というだけだ。

そうかもしれない。だが、その後の年月のあいだに得られた多くの科学的成果――最も有名なところでは、一九六〇年代に物理学者のジョン・ベルが提示した結果――から、ごく単純で明快なやりかたでは、その種の試みはすべて失敗する運命にありそうなことがわかってきた。たとえばド・ブロイは実際にある理論を提唱し、それを一九五〇年代にデイヴィッド・ボームが再発見して拡張した。アインシュタインとシュレーディンガーは二人でいろいろなアイデアを話し合った。しかしベルの定理からすると、そのような理論にはどうしても「遠隔作用」が必要になる。つまり、ある一箇所での観測が、任意の距離にある宇宙の状態に即座に影響を及ぼせるようでなくてはならないということだ。それでは相対論の字義はともかく、精神に反していることになる。相対論にしたがえば、物体も影響力も光速より速くは伝われないのである。「隠れた変数」アプローチは、現在もなお積極的に研究されているが、今のところその種の試みはすべて不格好で、素粒子物理学の標準模型のような現代理論とうまく合致せず、あとで詳述する量子重力のような仮説上のアイデアとももちろん折り合わない。相対論のパイオニアであるアインシュタインが納得のいく自説をついに見つけられなかったのも、考えてみれば当然だったかもしれない。

一般に、アインシュタインは例のボーアとの論争で負けたのだと思われている。若いころは独創的な革命児だったのに、年をとって保守的になり、新しい量子論のドラマチックな意味合いを受け入れるのはおろか、理解することさえできなかったのだ――というのはよく聞く話だ（ソルベー会議の時点でアインシュタインは四十八歳だった）。それからの物理学はアインシュタインなしで進み、この偉大な学者は表舞台を退いて、統一場理論を見つけるという特異な試みに没頭した。

これほど真実からかけ離れた話があるだろうか。アインシュタインは量子力学の完全な一般化を果たすことには失敗したが、黙って計算するだけでは済まされないのが物理学だろうというアインシュタインの主張は、まさに的確な訴えだった。彼が量子論を理解できなかったと思うなど、見当違いもはなはだしい。アインシュタインは誰にも劣らず量子論を理解して、このテーマに本質的な貢献を果たしつづけた。量子もつれの重要性を実証したのもその一つで、これは宇宙の本当の仕組みについての現在最良の理解の中心をなしている。アインシュタインのしくじりは、コペンハーゲン的アプローチの不十分さと、量子論の基礎をもっと必死に理解しようとすることの重要さを、仲間の物理学者たちに納得させられなかったことである。

○　○　○

自然界についての完全で、あいまいさのない、現実的な理論を見つけるのだというアインシュタインの野望に倣いたいのに、新しい隠れた変数を量子力学に追加することの困難さに挫折させられているというのなら、あとはどんな戦略が残っているだろう。

一つのアプローチは、新しい変数のことをいったん忘れ、観測過程に関わる問題もすべて放り投げ、量子力学を丸裸にして究極の要点だけに絞り、それでどうなるかを考えてみることだ。考え出せるかぎりの最も簡略で、最も貧弱な量子論とはどういうものなのか。そして、そのような量子論でも実験結果の説明ができるのだろうか。

あらゆる種類の量子力学は（実際に種類はたくさんある）、波動関数か、もしくはそれと同等のものを採用したうえで、その波動関数が――少なくとも十中八九――シュレーディンガー方程式にしたがうものと仮定している。これらは通常、まじめに検討する価値のある理論には必ず組み込まれていなくてはならない要件だ。そこで、これら以外にはほとんど何も形式に付け加えずに、頑としてミニマリストの姿勢を保つことが可能なのかどうかを見てみよう。

このミニマリスト的アプローチには、二つの側面がある。第一に、ここでは波動関数を、ただ人間側の知識の整理を助けるだけの帳簿作成装置ではなく、現実をそのまま写し取ったものとしてまじめに受け止める。つまり認識論的なものでなく、存在論的なものとして扱うということだ。これは私たちが採用するものとして想像できるかぎりの最も緊縮的な戦略だ。ほかの戦略はすべて、波動関数に重ねる追加の構造を仮定に入れるからである。しかし、これは劇的な一歩でもある。なにしろ波動関数は、私たちが世界を見たときに観測されるものとはまったく違うものなのだから。私たちが波動関数を見ることはない。私たちが見るのは粒子の位置のような観測結果なのだ。ところが、この理論は、波動関数が中心的な役割を果たすことを求めているように見える。そこで、現実はまさしく量子波動関数によって記述されるのだと想像することによって、どこまで論を進められるかを見ていこう。

第二に、一般に波動関数がシュレーディンガー方程式にしたがってなめらかに時間発展するものだと仮定して、どんなときでもそうであったらと考えてみよう。言い換えれば、量子力学の処方箋にある観測についての追加の規則をすべて完全に消去して、ものごとを古典的パラダイムの純然たる単純さに戻してみようということだ。すなわち、そこには波動関数があって、それは決定論的な規則にしたがって時間発展し、それ以外は何も関係しない。仮に、この提案を「緊縮量子力学（austere quantum mechanics）」と呼ぶことにしよう。略せばＡＱＭだ。これは教科書量子力学とは対照的な位置にある。教科書量子力学では、波動関数を収縮させることが求められ、さらに、現実の根本的な性質については論じるのをやめようとされているからだ。

なんとも大胆な戦略である。しかし、これには直近の問題がある。これだと波動関数がたしかに収縮するように見えるのである。波動関数が大きく広がった量子系を観測すると、ある一定の答えが得られる。電子の波動関数が原子核を中心として広がった雲であると考えたとしても、実際にそれを見るとき、私たちはそのような雲を見るのではなく、どこか特定の位置にある点状の粒子を見る。そして、それを直後にもう一度見ると、電子は基本的に同じ位置に見つかる。量子力学のパイオニアたちがなぜ波動関数の収縮というアイデアを考え出したのかには、もっともな理由がある。波動関数はまさにそのように見えるからだ。

だが、話を急ぎすぎたかもしれない。この問いを引っくり返してみよう。何が見えるかを出発点として、それを説明する理論を考案しようとするのではなく、最小限の量子力学（なめらかに時間発展する波動関数、ただそれだけ）を出発点として、その理論で記述される世界にいる人間は実際に何を経験するのかを考えてみよう。

それはつまり、どういうことか。前章ではいちおう慎重に、波動関数のことを、観測結果についての予言を引き出せる装置、すなわち一種の数学的ブラックボックスとして論じた。というのも波動関数は、あらゆる特定の結果に対して一定の振幅を割り当てる。そしてその結果が得られる確率は、その振幅の二乗なのである。このボルンの規則を提唱したマックス・ボルンも、一九二七年のソルベー会議の参加者の一人だった。

しかしここでは、もっと深い、もっと直接的なことを言おう。波動関数は帳簿つけの道具ではない。これはまさしく量子系のあらわれで、一組の位置と速度が古典的な系のあらわれであるのと同じである。世界はイコール波動関数なのであり、それ以上でもそれ以下でもない。「量子状態」というフレーズは、「波動関数」の同義語として使うことができる。一組の位置と速度を「古典的状態」と呼ぶのとそっくり同じだ。

これは現実の本質についての劇的な主張である。普通の会話では、白髪頭の古参の量子物理学者のあいだでさえ、人びとはつねに「電子の位置」のような概念について話している。しかし、この「波動関数がすべて」という見方をとると、そのような話はある重要な点で考え違いをしているようにしか思われない。そもそも「電子の位置」なんてものはない。あるのは電子の波動関数だけなのである。量子力学は、「私たちに観測できるもの」と「そこに現実にあるもの」とのあいだの深遠な違いを暗示する。観測をしたことによって、それまで知らなかった既存の事実が明らかになるわけではない。せいぜい観測が明らかにするのは、もっとはるかに大きな、基本的に把握することのできない現実の微細なスライスでしかない。

あなたもよく聞くであろうアイデアについて考えてみよう。「原子はほとんどが空っぽな空間である」というやつだ。緊縮量子力学の考え方でいけば、これはまったくの誤りだ。電子をそのまま波動関数ととらえずに、波動関数の内側を飛び回っている古典的な微小な点と考えるべきだと頑固に言い張るから、こういう説明が出てくるのである。緊縮量子力学で考えれば、飛び回っているものなど何もない。量子状態があるだけだ。原子はほとんどが空っぽの空間などではない。原子の大きさいっぱいに広がっている波動関数によって記述されるものだ。

　従来の古典的な直観から抜け出す道は、電子に何らかの特定の位置があるという考えをばっさりと捨てることである。電子は、その電子が見つかる可能性のあるあらゆる位置の重ね合わせの状態にあって、電子があるところに実際に存在するのを私たちが観測するまでは、どの特定の位置にもはめこまれない。「重ね合わせ」とは、電子があらゆる位置の組み合わせの中に存在することを強調するために物理学者が用いる用語で、それぞれの位置には特定の振幅がある。量子的現実は波動関数なのであり、古典的な位置と速度は、私たちがその波動関数を探ったときに観測できるものであるにすぎない。

○　○　○

　したがって、緊縮量子力学にしたがえば、量子系は波動関数、すなわち量子状態によって記述され、その量子状態とは、私たちが観測をしてみた場合のあらゆる可能な結果の重ね合わせと考えることができる。この観点と、そうした観測をすると波動関数が収縮するように見えてしまう悩ましい現実とのあいだの距離は、どうしたら埋められるのだろう。

　そこでまずは、「電子の位置を観測する」という一文を、もう少し深く検証してみよう。この観測過程には、実際のところ何が含まれているのだろうか。おそらくはそれなりの実験装置や、ちょっとした実験手腕なども必要になるだろうが、そうした細かいことは気にしなくてもいい。ここで知っておくべきは、何らかの観測装置が（カメラでも何でもいいが）存在し、その装置が最終的に電子と相互作用して、電子がどの位置に見つかったかを観測者に読み取らせてくれるということだ。

教科書量子力学の処方では、それが最大限得られる洞察だ。ニールス・ボーアやヴェルナー・ハイゼンベルクなど、このアプローチの先駆者の何人かなら、もう少し進んで、装置が観測する電子は量子力学的なものだとしても、観測装置そのものは古典的物体と考えるべきだという考えを明らかにしただろう。このような、世界のうちで量子力学を用いて扱われるべき部分と、古典的な記述で扱われる部分との境目は、「ハイゼンベルク・カット」と呼ばれる。教科書量子力学は、量子力学こそが基本であって、古典力学は適切な状況下での量子力学の良好な近似にすぎないと認めずに、古典的な世界をステージの中央に据える。微視的な量子系と相互作用する観測者やカメラといった巨視的なものを論じるのには、それがふさわしいと考えるからだ。

だが、これはどうも引っかかる。むしろ直感的には、量子的世界と古典的世界との境目は自然の基本的な一面ではなく、人間側の個人的な便宜の問題だと思うのではないだろうか。原子が量子力学の規則にしたがっていて、カメラがその原子でできているとすれば、カメラもまた量子力学の規則にしたがうのではないだろうか。その点からすれば、あなたも私も、やはり量子力学の規則にしたがっていることにならないか。私たちが大きくて重たい巨視的な物体であるという事実からして、古典物理学は私たちがどういうものであるかの良好な近似になっているかもしれないが、素直に考えれば、世界は実際のところ徹頭徹尾、量子的であるという考えになりそうなものだ。

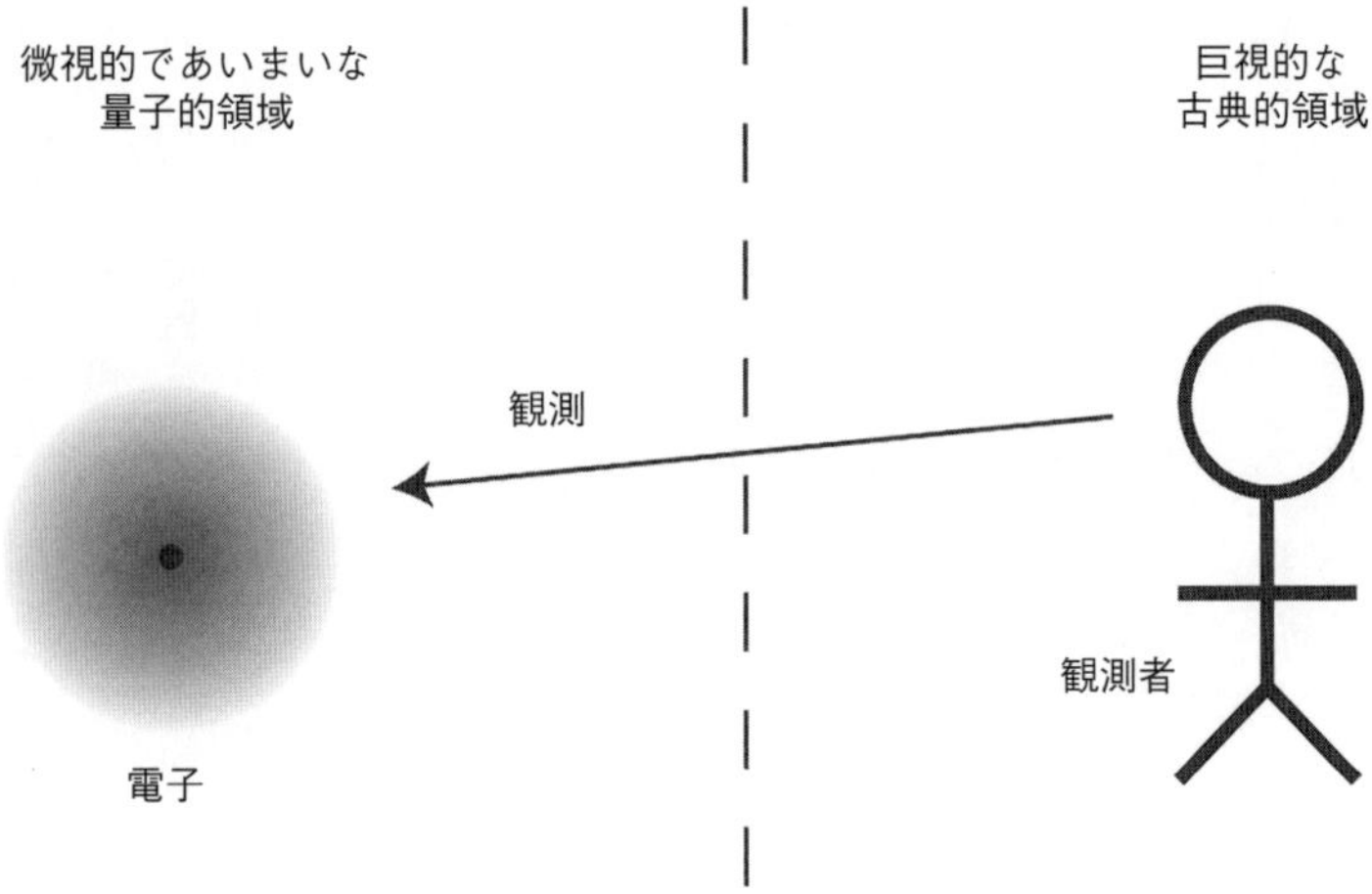

ハイゼンベルク・カット

もしもそのとおりなら、波動関数を持っているのは電子だけではない。カメラにもカメラ自体の波動関数があることになる。実験者にしても同様だ。そのほか、あらゆるものが量子的なのである。

この単純な視点の変化が、観測問題に新たな見方をもたらす。緊縮量子力学の考え方に倣えば、観測過程を神秘的なものととらえるべきではなく、そこに独自の一連の規則が必要とされるなどと考えるべきでもない。カメラと電子はただ物理原則にしたがって相互作用しているだけで、岩石と地面の関係とまったく同じなのだと見なせばよい。

量子状態は、系を多様な観測結果の重ね合わせとして記述する。一般的に、電子は最初、さまざまな位置——私たちが電子を見ようとしたときに、電子が見つかる可能性のあるあらゆる場所——の重ね合わせの状態にある。一方、カメラの最初の状態の波動関数は複雑に見えるかもしれないが、結局のところはこう言っている——「これはカメラで、まだ電子を見ていない」。

だがやがて、カメラは電子を見る。これは一種の物理的相互作用で、その相互作用を支配するのがシュレーディンガー方程式だ。ということは、この相互作用が起こったあとはカメラそのものも、カメラが観測しうるあらゆる結果の重ね合わせの状態にあると見なせるのではないか。つまり、カメラは電子がここにいるのを見たかもしれないし、あそこにいるのを見たかもしれない。そうしたすべての可能性が重ね合わせになっているということだ。

もしこれが話のすべてなら、緊縮量子力学はとうてい支持できない、とんでもない説だ。電子が重ね合わせの状態にあって、カメラも重ね合わせの状態にあり、私たちが経験している堅固な世界、ほぼ古典的な世界に似たものは何もないということになる。

幸い、私たちは量子力学のもう一つの驚くべき特徴に訴えることができる。二つの異なる物体（たとえば電子とカメラのような）があるとすると、これらはそれぞれ別の波動関数では記述されないのである。あるのは一つの波動関数だけで、それが議論の対象になっている系全体を記述する。もし議論の対象をどんどん広げて全部を含めるのなら、それこそ「宇宙の波動関数」にまで行き着くことになる。目下検討中のケースであれば、あるのは電子とカメラを組み合わせた系を記述する、ただ一つの波動関数だということだ。したがって、私たちが本当に持っているのは、電子が見つかるかもしれない場所と、カメラが実際に電子を見つける場所との、あらゆる可能な組み合わせの重ね合わせなのである。

このような重ね合わせには、原理的に、あらゆる可能性が含まれるわけだが、ありうる結果の大部分には、量子状態にゼロの重みが割り当てられる。電子の位置とカメラの画像のありうる組み合わせの大部分においては、確率の雲がきれいに消滅してしまう。とくに、電子がある場所にいるのにカメラがそ

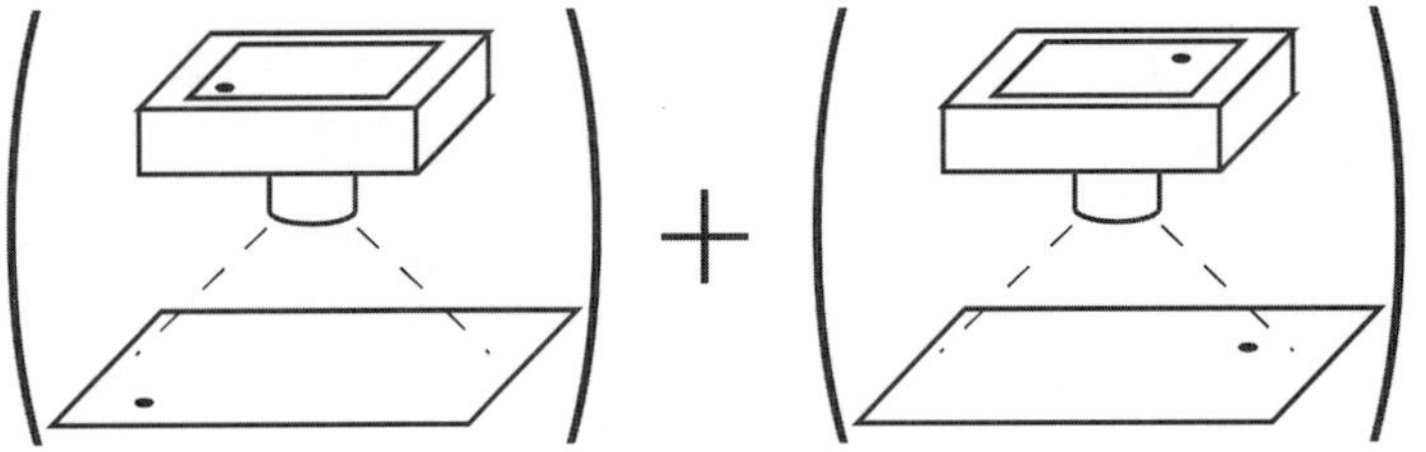

の電子を別の場所で見つける確率はゼロである（あなたのカメラが相対論的機能を備えていないかぎり）。

これが、「量子もつれ（エンタングルメント）」と呼ばれる現象だ。電子とカメラが組み合わさった系に対して単一の波動関数があり、その波動関数が、最終的に「電子はこの場所にあって、カメラはその同じ場所で電子を観測した」と言えるようになるさまざまな可能性の重ね合わせをなしている。電子とカメラがそれぞれ別のことをしているのではなく、その二つの系のあいだにつながりがあるということだ。

そこで今度は、これまでの話に出てきた「カメラ」という言葉をすべて取り去って、代わりに「あなた」を埋め込んでみよう。機械的な装置で画像撮影するのではなく、あなたが（ありえないけれども）すばらしい視力を持っていて、見ただけで電子がどこにいるのかをわかるのだと想像してみる。それ以外は何も変わらない。シュレーディンガー方程式にしたがえば、量子もつれを起こしていない最初の状態――電子はさまざまな可能な位置の重ね合わせの状態にあり、あなたはまだその電子を見ていない――はなめらかに時間発展して、やがてもつれた状態になる。電子が見つかる可能性のある場所それぞれと、ちょうどその場所にいる電子を見つけたあなたが重ね合わせになっているということである。

これが、量子力学の教えることだ——観測過程についての悩ましい追加のあれこれをまったく考慮しなければ。たぶん、それらの追加規則はすべて時間の無駄なのだろう。緊縮量子力学では、今したような、あなたと電子がもつれて重ね合わせに変わっていくという話は、それで一つの完結した話だ。観測に関して特別なことは何もない。二つの系が適切に相互作用すればそうなるというだけの話である。そしてそのあとで、あなたとあなたが相互作用した系は重ね合わせの状態になる。その重ね合わせのそれぞれの部分で、あなたと組み合わさっている電子はわずかに異なった場所にいる。

問題は、この話がそれでもなお、あなたが量子系を観測したときに実際に経験することと一致しないということだ。あなたはついぞ、自分がさまざまな可能な観測結果の重ね合わせへと時間発展したとは感じないだろう。あなたはただ、一定の確率でもって予測のできる、ある特定の結果を見たのだと思うだけだ。だからそもそも、これら追加の観測規則が付け加えられたのである。そうしなければ、一見したところはまったく無問題でエレガントな形式（量子状態、なめらかな時間発展）が得られるが、ただしそれは現実と一致しないのである。

○　○　○

ここで少し哲学的な話をしよう。前述の「あなた」とは、厳密に何を意味するのだろう。科学理論を構築するということは、ただいくつかの方程式を書き下ろせばいいという問題ではない。それらの方程式がどう世界に当てはまるかを示すことも必要なのだ。あなたや私という話になると、私たちはつい、科学的形式のどこかに自分自身を合致させる過程はいたって単純なのだと思いがちだ。たしかに前述の話のように、ある観測者がある電子の位置を測定する場合、観測者がありうるさまざまな観測結果のもつれた重ね合わせへと時間発展するようにしか思えないだろう。

だが、それとは別の可能性もある。観測がなされる前には、一個の電子があって、一人の観測者がいる（なんならカメラでもいい。電子と相互作用するのが大きい巨視的な物体であるかぎり、それが何であろうといっこうにかまわない）。しかし、ひとたび両者が相互作用したあとは、その一人の観測者がいくつもの可能な状態の重ね合わせへと時間発展したのだと考える代わりに、存在しうる多数の観測者へと時間発展したのだと考えることもできる。この見方だと、観測後のものごとを記述する正しい方法は、電子がどこに見つかるかについての多数の考えを一人の個人が持っているのではなく、多数の世界があって、その一つ一つの世界に、電子がどこに見つかるかについてのまったく異なる考えを持った一人の個人が含まれているものとすることだ。

さて、やっと種明かしの時間だ。今まで述べてきたような緊縮量子力学とは、もっと一般的にはエヴェレット流、もしくは多世界流の、量子力学の定式化と呼ばれている。これはヒュー・エヴェレットという物理学者が一九五七年に初めて提出したものである。このエヴェレット的な見方は、標準的な教科書量子力学の処方の一部として提示される、観測に関わるあれこれの特別な規則に対する根本的な嫌気から生じている。そこで、そうした見方をとる代わりに、ただ一種類の量子的な時間発展があるだけなのだという見方をとる。こう考えると理論的形式のエレガントさはぐんと増すが、その代償として、この理論では私たちが「宇宙」と考えているもののコピーが多数あって、それぞれは少しずつ違っているが、どれもある意味では本当に実在するということになる。この利益がこのコストに見合うかどうかは、人びとのあいだで意見が一致しない問題だ（それはそうだろう）。

多世界流の定式化が出てきたといっても、通常の量子力学にたくさんの宇宙が追加されたわけではない。そのような多数の宇宙が存在する可能性はつねにあった——この宇宙には波動関数があり、その波動関数は、多くの異なるものごとのありかたの重ね合わせを、宇宙全体の重ね合わせも含めて、ごく自然に記述できるからだ。ただ、その可能性が普通の量子的な時間発展の過程で自然に実現されることを、この理論が指摘しただけである。一個の電子がさまざまな位置の重ね合わせの状態で存在できることをひとたび認めれば、その当然の帰結として、一人の人間がさまざまな異なる位置に電子を見つける重ね合わせの状態で存在しうるし、実際、その現実が全体として重ね合わせの状態で存在しうるのであり、その重ね合わせの状態にあるすべての観点を別個の「世界」として扱うのが自然となるのである。量子力学には何も付け足されていない。そこにずっとあったものがきちんと直視されただけのことである。

エヴェレット式のアプローチは、量子力学の「勇気ある」定式化と呼べるかもしれない。このアプローチには、私たちが見ているものを最も単純に説明する、根本的な現実の最も簡潔な表現を、たとえその現実が私たちの日常経験とはまったく違っていても、まじめに受け取るべきだという哲学があらわれている。私たちにはこれを認める勇気があるだろうか？

○　○　○

まずは多世界理論を簡単に紹介してきたが、これだけではまだ多くの疑問に答えが出ていない。波動関数は厳密にいつ多くの世界へと分岐するのか？　何がある世界と別の世界とを分離させるのか？　世界はいったいいくつあるのか？　別の世界も本当に「現実」なのか？　別の世界を観測できないのなら、どうしてそれがあるとわかるのか（それとも観測できるのか）？　最終的に私たちがある一つの世界にいて、別の世界にいない確率を、これはどうやって説明するのか？

これらの疑問のすべてには、妥当な答えが――あるいは少なくとも、もっともらしく見える答えが――ある。そして本書のこれからの大部分は、その答えを示すことに費やされる。だが、その全体像がじつは間違っていて、まったく違う何かが必要になるかもしれないことも認めておくべきだろう。

あらゆる種類の量子力学は、次の二つのものを取り入れている。（1）波動関数、そして（2）波動関数が時間とともにどう発展するかを支配する、シュレーディンガー方程式だ。エヴェレット流の定式化は、まさにその全体が、これら以外には何もないという主張をなしている。この二つの構成要素だけで十分に、世界についての完全にして経験的に十分な説明を与えられるというのである（「経験的に十分」とは、哲学者が好んで用いる、「データに一致する」のしゃれた言い換えだ）。量子力学へのほかのあらゆるアプローチは、この骨子たる形式に何かを付け加えてできているか、もしくは最初にあるものに何らかの改変を加えてできている。

純粋なエヴェレット量子力学からすぐさま連想される驚異的な帰結は多数の世界の存在だから、これを多世界理論と呼ぶのはもっともなことだ。しかしながら、この理論の神髄は、なめらかに時間発展する波動関数ただそれだけで、現実が記述されるということである。この哲学には解決しなければならない課題もいろいろと付随する。とくに、この形式の尋常ならざる簡潔さを、私たちの見ている多様性に富んだ世界とうまく合致させなければならないとあってはなおさらだ。しかし、そうした課題に釣り合うだけの明瞭さと洞察という利点もある。本書で最終的に場の量子論と量子重力理論に目を向けたときにわかるように、波動関数をもともと第一のものとして、私たちの古典的経験から継承されるいかなるお荷物にもとらわれないものとして受けとめることは、現代物理学の深い問題に取り組むにあたってとてつもなく有用なことなのである。

この二つの構成要素（波動関数とシュレーディンガー方程式）が必要であることを前提として、多世界アプローチに代わりうる、いくつかの考慮に値しそうな案もある。一つは、波動関数の上に新しい物理的存在を追加してみたらどうかと想像することだ。このアプローチは、アインシュタインのような人びとの頭の片隅に最初からあった、隠れた変数モデルにつながっている。昨今、そうしたアプローチの中で最も一般的なのは、ド・ブロイ＝ボーム理論、もしくは簡単にボーム力学と呼ばれるものだ。あるいは波動関数そのものは放っておいて、たとえば波動関数のリアルでランダムな収縮が導かれるように、シュレーディンガー方程式を変更できないものかと考えてみることもできる。そして最後に、波動関数はそもそも物理的なものではなく、単に私たちが現実について知っていることを特徴づける一つの方法なのだと考えてみることもできるかもしれない。このアプローチは一般に認識論的モデルと呼ばれ、現時点で人気があるのはQBイズム、もしくは量子ベイズ主義と呼ばれるものである。

これらのオプションは――および、ここには挙げていないものがほかにもたくさんあるが――すべて、それぞれまったく別個の物理理論であって、同一の基本的なアイデアを別々に「解釈」しているだけのものではない。このように多数の競合説があり、そのどれもが量子力学の観測可能な予言を（少なくともこれまでは）導けるということは、量子力学が本当のところ何を意味しているのかを論じたいと思うすべての人にとって、難しい問題を生んでいる。量子力学の処方については現役の科学者や哲学者のあいだで合意されている一方で、その根底にある現実——個々のさまざまな現象が実際に何を意味しているか——については、合意がなされていないのである。

私個人はある一つの現実観、すなわち多世界版の量子力学を支持しており、本書の大部分においては、その多世界理論の観点でものごとを説明していく。だからといって、エヴェレット流の見方がまぎれもなく正しいと言っているのだと思ってもらっては困る。私はこの理論が何を言っているのか、なぜこれに今日最良の現実観としての高い信頼性を置くのが妥当であるかを説明したいだけだ。あなた自身が最終的に何を信じるかは、あくまでもあなたしだいである。

第三章　誰がどうしてこんなことを考える？　量子力学はいかにして生まれたか

「私はときどき朝食前に、ありえないことを六つも信じたものだよ」。これは『鏡の国のアリス』の白の女王がアリスに言った台詞だが、[1]量子力学全般はもちろん、とくに多世界理論に取り組むにあたっては、まさにこんな技能が役に立ってくれそうだ。幸いにして、私たちが信じることを求められるありえそうにないことは、奇妙な創作物でもなければ論理破りの禅の公案でもない。それは私たちが受け入れざるを得ない世界の特徴なのである。いくらじたばたしようと泣き叫ぼうと、実際の実験が私たちをその世界に向けて引きずってきたからだ。私たちが量子力学を選んだわけじゃない。しかし目の前に突きつけられれば、向き合うしかあるまい。

物理学が目指すのは、世界がどのようなものでできているか、それらが時間とともにどう自然に変化するか、そして、そのさまざまな構成要素がどう相互作用しているかを突きとめることだ。たとえば今、私が自分の周囲を見回せば、多種多様な構成要素がすぐに目に入る。紙、本、机、コンピューター、コーヒーカップ、くずかご、二匹の猫（そのうち一匹はくずかごの中身にたいへんに興味を持っている）、もちろんそれらほど堅固でない、空気や光や音なども ある。

十九世紀末までに、科学者はこれらのものを一つ残らず、二種類の基礎的な実体に落とし込められるまでになっていた。すべては本質的に「場」と「粒子」なのである。粒子は空間内の特定の位置にある点状の物体で、一方、場は（重力場などのように）空間に広がって、すべての点で特定の値をとっている。場が空間と時間を伝わるように振動していると、それは「波」と呼ばれる。そのため粒子に対する波という言い方がしばしばなされるが、実際のところ、それは粒子と場が対比されているのである。

量子力学は最終的に、粒子と場を波動関数という一つの存在に統一した。これがなされたきっかけは、二つの方向からやってきた。まず、物理学者は電場や磁場など、自分たちが波と考えていたものに粒子のような性質があることを発見した。次いで、今度は電子など、粒子だと思っていたものが場のような性質を見せることにも気がついた。これらの謎は、世界は基本的に場のようなものだが（これが量子波動関数である）、綿密な観測を行なったときには粒子のように見えるのだと考えれば折り合いがつく。それがわかるまでにはしばらくかかった。

○ ○ ○

粒子はいたって単純なものに見える。空間内の特定の点に位置する物体——ただそれだけだ。この考えは古代ギリシャにさかのぼるもので、当時の何人かの哲学者が、物質は点状の「アトム」でできているのだと提唱した。「アトム」といえば原子のことだが、もともとはギリシャ語で「分割できないもの」という意味である。原子論の創始者であるデモクリトスの言葉を借りれば、「甘いのもしきたり、苦いのもしきたり、熱いのもしきたり、冷たいのもしきたり、色もしきたり。真実においては、原子と空虚があるのみ」なのだ。(2)

当時、この説を裏づける実際の証拠はほとんどなかったため、原子論は長らくそのまま打ち捨てられていた。様子が変わったのは一八〇〇年代の初めである。このころには、実験家たちが化学反応を定量的に研究するようになっていた。決定的な役割を果たしたのは酸化スズだ。このスズと酸素の化合物は、二種類の形態をとることが発見されたのである。イギリスの科学者ジョン・ドルトンは、一定量のスズにつき、一方の形態の酸化スズに含まれる酸素の量はもう一方に含まれる酸素の量のちょうど二倍になっていると指摘した。もし両方の元素が個別の粒子のかたちをしているのなら、この理由が説明できると一八〇三年にドルトンは述べ、その粒子に対してギリシャ語の「原子《アトム》」という言葉を当てた。こうなれば、あとは酸化スズの一方の形態が一個のスズ原子と一個の酸素原子でできていて、もう一方の形態が一個のスズ原子と二個の酸素原子でできていると考えるだけでいい。あらゆる種類の化学元素はそれぞれ決まった原子と関連していて、それらの原子がどう組み合わさるかがあらゆる化学反応の原因なのだとドルトンは主張した。要はそれだけだが、そこには世界を一変させる意味合いがあった。

ただし用語の使い方に関しては、ドルトンは少しばかり早とちりをした。ギリシャ語のアトムの要点は、分割できないということであり、ほかのあらゆるもののもとになる最も基礎的な構成要素であるということだ。かたや、ドルトンの原子は分割できないものではない。コンパクトな原子核と、そのまわりを回る電子からなっているものなのだ。しかし、それがわかるまでには一〇〇年以上を要した。まず一八九七年に、イギリスの物理学者J・J・トムソンが電子を発見した。当時それは、まったく新しい種類の粒子のように思われた。なにしろ電荷を持っていて、最も軽い原子である水素原子の一八〇〇分の一の質量しかない。次いで一九〇九年、かつてトムソンの教え子だった物理学者のアーネスト・ラザフォード（ニュージーランド出身だが専門研究のためイギリスに移ってきていた）が、原子の質量の大部分

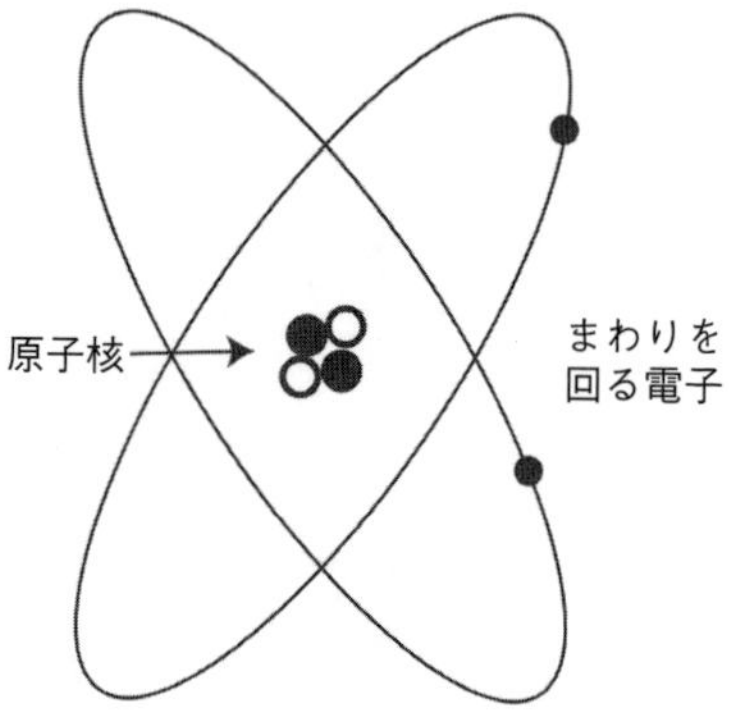

ラザフォードの原子模型

は中心部の核に集中している一方で、原子全体の大きさは、その中心核のまわりを回っている、中心核よりもずっと軽い電子の軌道によって決まることを明らかにした。原子の一般的なアニメーション図解は、太陽系の惑星が太陽のまわりを回っている図とそっくりなかたちで電子が原子核のまわりを回っているが、あれがラザフォードの原子構造模型をなぞったものだ（ラザフォードは量子力学のことを知らなかったから、あとで見るように、このアニメーション図は重要な面で現実からずれている）。

その後、ラザフォードが始めた研究はほかの人びとに引き継がれ、原子核そのものも基本要素ではないことがわかった。原子核は、正の電荷を持った陽子と、電荷を持たない中性子からなっていたのである。電子の電荷と陽子の電荷は、大きさは同じだが符号が逆だから、原子に含まれている電子と陽子の数が同じなら（中性子の数は何でもいい）、その原子は電気的に中性になる。さらに一九六〇年代から七〇年代にかけて、陽子と中性子がさらに小さな粒子でできていることも初めて確認された。このさらに小さな粒子はクォークと名づけられた。そしてクォークとクォークを結びつけていたのは、力を伝えるまた別の新たな粒子だった。この粒子はグルーオンと呼ばれた。

化学的な観点からすれば、見るべきものは電子である。原子核は原子に重さを与えるが、放射性崩壊や核分裂反応や核融合反応などの希少なケースを除くと、基本的に原子核はただ尻馬に乗っているだけだ。一方、原子核のまわりを回っている電子は軽くて、すぐにぴょんぴょん飛び移る。この電子の動き回る性向が、私たちの人生をおもしろくしている。なぜなら二つ以上の原子が電子を共有すると、化学結合が起こる。適切な状況下で電子が気まぐれに自分の結びつきたい原子を変更すると、化学反応が起こる。電子は自分のいる原子の束縛から完全に抜け出して、物質内を自由に進むこともできる。この現象を「電気」という。そして一個の電子を揺り動かせば、たちまちそのまわりで電場と磁場が振動する準備が整って、光や、その他さまざまな種類の電磁放射が発せられることになる。

小さいけれどもゼロではない一定の大きさがある物体に対して、本当に点状のものであるという考えを強調するために、空間内の文字どおりの点を定義する粒子を「基本」粒子（素粒子）と呼んで、本体よりも小さい構成要素が集まってできている「複合」粒子と区別することがある。現在わかっているかぎり、電子はまさしく基本粒子だ。量子力学の議論において何かを例にとるときに、つねに電子が持ち出されるのも道理であって、電子は最も扱いやすい基本粒子であるとともに、私たち自身を含め、この世のあらゆるものを構成している物質のふるまいに、中心的な役割を果たしている粒子なのである。

デモクリトスと仲間たちにとっては悲報だが、十九世紀物理学は、世界を粒子のみで説明してはくれなかった。世界を説明するには二つの基本的なもの、すなわち粒子と場が必要であることを示したのである。

○　○　○

少なくとも古典力学の範疇では、場は粒子の対極のものと考えられる。粒子の決定的な特徴は、空間内のある一点に位置していて、それ以外のどこにもいないということである。一方、場の決定的な特徴は、あらゆる場所に位置しているということだ。文字どおり空間内のすべての点で値を持っているのが場である。粒子は粒子どうしで相互作用する必要があり、場の影響を通じてその相互作用をする。

たとえば磁場を考えてみよう。これはベクトル場である。空間内のあらゆる点が小さな矢印になっているようなもので、一点一点に大きさがあり（場は強くもなれば弱くもなり、まったくのゼロにもなりうる）、さらに方向もある（場はある特定の軸に沿った方向を指す）。磁場が指す方向は、方位磁石を取り出して、針がどの方向を示すかを見るだけで測定できる（地球上のほとんどの場所では、すぐそばに別の磁石がないかぎり、針はおおよそ北を指す）。重要なのは、たとえ見えてはいなくても、磁場が空間のいたるところに広がって存在しているということだ。それが場というものなのである。

電場を考えてみてもいい。これもやはりベクトル場で、空間内のあらゆる点において大きさと方向を持っている。方位磁石で磁場を見つけられるように、空間に静止した電子を置いてから、それが加速するかどうかを見れば電場の存在を発見できる。加速が速いほど、その電場は強い。*十九世紀物理学の大手柄の一つは、ジェームズ・クラーク・マクスウェルが電気と磁気を統一し、電場と磁場がともに単一の基本的な「電磁場」の異なるあらわれと考えられることを明らかにしたことだった。

十九世紀によく知られていたもう一つの場は、重力場である。アイザック・ニュートンが教えてくれたとおり、重力は天文学的な距離にわたって広がっている。太陽系内の惑星はどれも太陽に向かって引っ張られる重力を感じており、その重力の強さは惑星の質量に比例し、太陽からの距離の二乗に逆比例する。一七八三年にはピエール＝シモン・ラプラスが、ニュートン重力は「重力ポテンシャル場」、すなわち電場や磁場と同じように、空間内のあらゆる点に値を持つ場から生じていると考えられることを明らかにしていた。

○　○　○

一八〇〇年代の末ごろには、物理学者は世界についての完全な理論の概略がはっきりしつつあるのを感じられていた。物質は原子でできていて、その原子はさらに小さな粒子でできていて、場が伝えるさまざまな力を通じて相互作用する。これらの働きをすべて、古典力学という大枠のもとで理解できた。

＊悩ましいことに、電子は電場が指すのと正反対の方向に加速する。なぜなら人間の慣習として、私たちは電子の電荷を「負」と呼び、陽子の電荷を「正」と呼ぶことにしているからだ。その責任は十八世紀のベンジャミン・フランクリンにあると言える。フランクリンは電子も陽子も知らなかったが、「電荷」という統一概念があることは突きとめた。どの物質が正の電荷を持っていて、どの物質が負の電荷を持っているとするかを任意に決めることになったとき、フランクリンは何かを選ばなくてはならず、そこで彼が正の電荷と呼ぶことにしたものは、現在ならば「電子の数が本来よりも不足している」と言われるものに相当する。しかたない。

世界は何でできているか（十九世紀版）

・粒子（点状で、物質を構成する）

・場（空間に広がっていて、力を生む）

二十世紀に入ると新しい粒子も新しい力も発見されることになるが、一八九九年の段階では、基本的な全体像は掌握済みだと思っていてもなんらおかしくはなかっただろう。じつは量子革命がすぐそこまで迫っていたのだが、およそ気づかれていなかった。

量子力学に関して何かしら知識のある人なら、こんな問いに見覚えがあるだろう――「電子は粒子なのか、それとも波なのか」。その答えは、「波だが、その波を見たとき（つまり、観測したとき）には、粒子に見える」。これが量子力学の根本的な新しさだ。あるのは波動関数それだけなのに、適切な状況のもとで観測すると、私たちには粒子のようなものが見えるのである。

世界は何でできているか（二十世紀以降）

・量子波動関数

十九世紀の世界像（古典的な粒子と古典的な場）から二十世紀の統合体（波動関数ただ一つ）に進むまでには、いくつもの概念上の飛躍が必要だった。粒子と場は基本的に同じものであり、その別々の側面としてあらわれているのだという筋書きは、あまり正当に評価されていないものの、物理学における統一の探求の立派な成功例の一つだ。

そこにいたるのに、二十世紀の物理学者は二つのことを認める必要があった。場（たとえば電磁気）はときに粒子のようなふるまいをすること、そして、粒子（たとえば電子）はときに波のようなふるまいをすることである。

最初に認められたのは、場が粒子のようなふるまいをすることだった。電子のような電荷を持った粒子はいずれもその周囲に電場を生み出し、その電荷から遠ざかるほど、電場の大きさが弱まっていく。一個の電子を揺すって上下に振動させれば、それにともなって場が振動し、さざ波となって周囲にひたひたと広がる。これが電磁放射で、要するに「光」である。材質を十分な温度まで熱するたびに、その材質の原子内の電子が揺らぎだし、材質は発光しはじめる。この現象を「黒体放射」といい、均一な温度を持ったあらゆる物体は、何らかの種類の黒体放射を発する。

赤色の光はゆっくり振動する低周波の波に相当し、青色の光は急速に振動する高周波の波に相当する。二十世紀への変わり目の時点で原子と電子についてわかっていたことをもとにして、物理学者は黒体がさまざまな周波数での放射をどれだけ発するかを計算できた。これがいわゆる黒体スペクトルである。その計算は、低周波ではうまくいったが、周波数が高くなるほど精度が落ちていき、最終的にはあらゆる物体から無限の量の放射が発せられるという予言をすることになってしまった。これはのちに、青色の光や紫色の光よりもさらに周波数の高い、目に見えない放射が予言されてしまうという意味で、「紫外破綻」と呼ばれた。

しかし一九〇〇年、ドイツの物理学者マックス・プランクが、ついにデータとぴったり一致する式を導き出すことに成功した。その重要な秘訣は、ある抜本的なアイデアを提示したことだった。光は発せられるたび、その光の周波数（振動数）に関連した特定の量のエネルギー、すなわち「量子」として放出されているというのである。電磁場の振動が高速であればあるほど、そこから一回に放出されるエネルギーは高くなる。

プランクはこれを導く過程で、自然界の新しい基本的パラメーターの存在を仮定しなくてはならなかった。これが現在で言うところの「プランク定数」であり、記号hで表される。光の量子一個に含まれるエネルギー量は、光の振動数に比例し、プランク定数がその比例定数である。つまり、このときのエネルギーは振動数のh倍にあたる。プランク定数の変種として、hよりもいろいろと使い勝手のいい$\hbar$という記号もある。これは「エイチバー」と発音し、プランク定数を2πで割った値である。プランク定数が数式に出てくれば、それはすなわち、量子力学が働いているということだ。

プランク定数の発見は、エネルギー、質量、長さ、時間などの物理単位に関して、新たな考え方が必要なことを示唆していた。エネルギーはエルグやジュールやキロワット時などの単位で測られ、振動数は、ある一定期間のあいだにあることが何回起こるかを示す数なので、周期の逆数（1／T）の単位で測られる。したがってエネルギーを振動数に比例させるため、プランク定数はエネルギーに時間を掛けた単位を持つことになる。プランク自身は、この新しい物理量がほかの基本定数――ニュートンの重力定数G、光速のc――と組み合わさって、普遍的に定義される長さや時間などの尺度を形成することに気がついていた。プランク長さはおよそ一〇のマイナス三三乗センチメートルで、プランク時間はおよそ一〇のマイナス四三乗秒だ。プランク長さはとんでもなく短い距離だが、おそらくこれには物理学的な関連性がある。あるスケールでは、量子力学（h）、重力理論（G）、相対性理論（c）のすべてが同時に関連すると考えられるのだ。

おもしろいことに、このあとプランクの思考がただちに向かった先は、地球外文明とのコミュニケーションの可能性だった。いつか人間が星間無線信号を使って地球外生命との会話を始められたとしても、地球の人間は約二メートルの大きさです、などと言ったりすれば、向こうは何のことだかさっぱりわからないだろう。しかし先方も、少なくとも私たちと同じぐらいは物理を理解しているだろうから、プランク単位ならきっとわかってくれるはず――。この提案は今のところ実用にはいたっていないが、プランク定数はそれ以外のところで非常に大きな影響を与えてきた。

光が振動数に関連した個別のエネルギーの量子として発せられているというアイデアは、考えてみれば、とても奇妙だ。光に関して私たちが直観的にわかることからして、光が運ぶエネルギーの量は光の明るさに依存しているのだと誰かに言われれば、なるほどそうかと思うかもしれない。だが、光の色に依存しているのだと言われたならどうだろう。しかし、この仮定から、プランクは正しい式を導出した。ということは、このアイデアはどういうわけか合っているようだった。

ほかの誰にもできない流儀で常識を振り払い、新しい考え方への劇的な飛躍を果たすのは、アルベルト・アインシュタインの仕事だった。一九〇五年、アインシュタインはこう提唱した――光がある一定の決まったエネルギーで発せられるのは、光が文字どおり個別の離散的な束でできていて、連続的な波でできているのではないからである。光は粒子なのだ。これが現在で言うところの「光子」である。光が離散的な、粒子状のエネルギー量子のかたちをとるというこのアイデアこそ、量子力学の真の誕生だった。そしてこの発見により、アインシュタインは一九二一年のノーベル物理学賞を獲得した（少なくとももう一回は相対性理論で受賞してもよかったはずだが、そうはならなかった）。アインシュタインは馬鹿ではないから、これがたいへんな事件であることをわかっていた。彼自身が友人のコンラート・ハビヒトに告げたように、この光量子仮説は「非常に革命的」なものだった(3)。

ただし、プランクの説とアインシュタインの説とのあいだには微妙な違いがある。プランクの説では、一定の振動数の光はある特定のエネルギー量で発せられると提唱され、アインシュタインの説では、それは光が文字どおり個別の粒子だからであると説明される。ある特定のコーヒーメーカーは一度にちょうど一杯分のコーヒーを作ると言うのと、コーヒーはちょうど一杯分の量でしか存在しないと言うのは、同じではないということだ。電子や陽子のような物質粒子についての話なら問題はないかもしれないが、たった数十年前には、マクスウェルが光は波であって粒子ではないとみごとに説明していた。アインシュタインの説は、その輝かしい功績を無効にしかねないものだったのだ。プランク自身、この大胆な新しいアイデアを素直には認められずにいたが、それがデータをうまく説明することは事実だった。大胆な新しいアイデアが承認を求めるときに、データを説明できるというのはたいへんな強みだ。

○　○　○

一方、波の側ではなく粒子の側にも、また別の問題が潜んでいた。原子核のまわりを回る電子という見方で原子を説明した、アーネスト・ラザフォードの原子模型に関してである。

すでに述べたとおり、電子を揺り動かせば、その電子は光を発する。「揺り動かす」というのは、つまり加速させることだ。等速直線運動ではないことをしている電子は、つねに光を発することになっている。

ラザフォードの原子模型では、原子核のまわりを電子が回っているのだから、それらの電子は明らかに直線運動をしているようには見えない。円軌道、もしくは楕円軌道を描いて動いている。古典的世界では、それはまぎれもなく、電子が加速していることを意味する。そして同じぐらいまぎれもなく、この電子は光を発しているはずだと考えられる。あなたの体内の原子も、あなたの身のまわりの環境にある原子も、もし古典力学が正しければ、一つ残らずすべて輝きを発しているはずだ。それなら当然、電子は放射を発するとともにエネルギーを失っているはずだから、電子は中心部の原子核に向かってらせん状に落ち込んでいかなくてはおかしい。古典的には、電子の軌道が安定しているはずがないのである。

おそらくあなたの原子はすべて光を発しているのだが、弱すぎて目に見えないだけなのだろう。考えてみれば、太陽系の惑星にもまったく同じ論理が当てはまる。各惑星は重力波を発しているはずだ——加速している電荷が電磁場にさざ波を生じさせるように、加速している質量は重力場にさざ波を生じさせるはずなのだから。そして実際、そのとおりである。これに少しでも疑いがあったとしても、その疑いは二〇一六年、重力波観測所ＬＩＧＯとＶｉｒｇｏの研究者たちが初めての重力波の直接検出を発表したときに吹き飛ばされた。この重力波は、一〇億光年以上も遠くの空で互いに向かってらせん状に近づいていた、二つのブラックホールの衝突で生み出されたものだった。

だが、太陽系の惑星は、そうした太陽質量の三〇倍以上もあるようなブラックホールよりずっと小さ

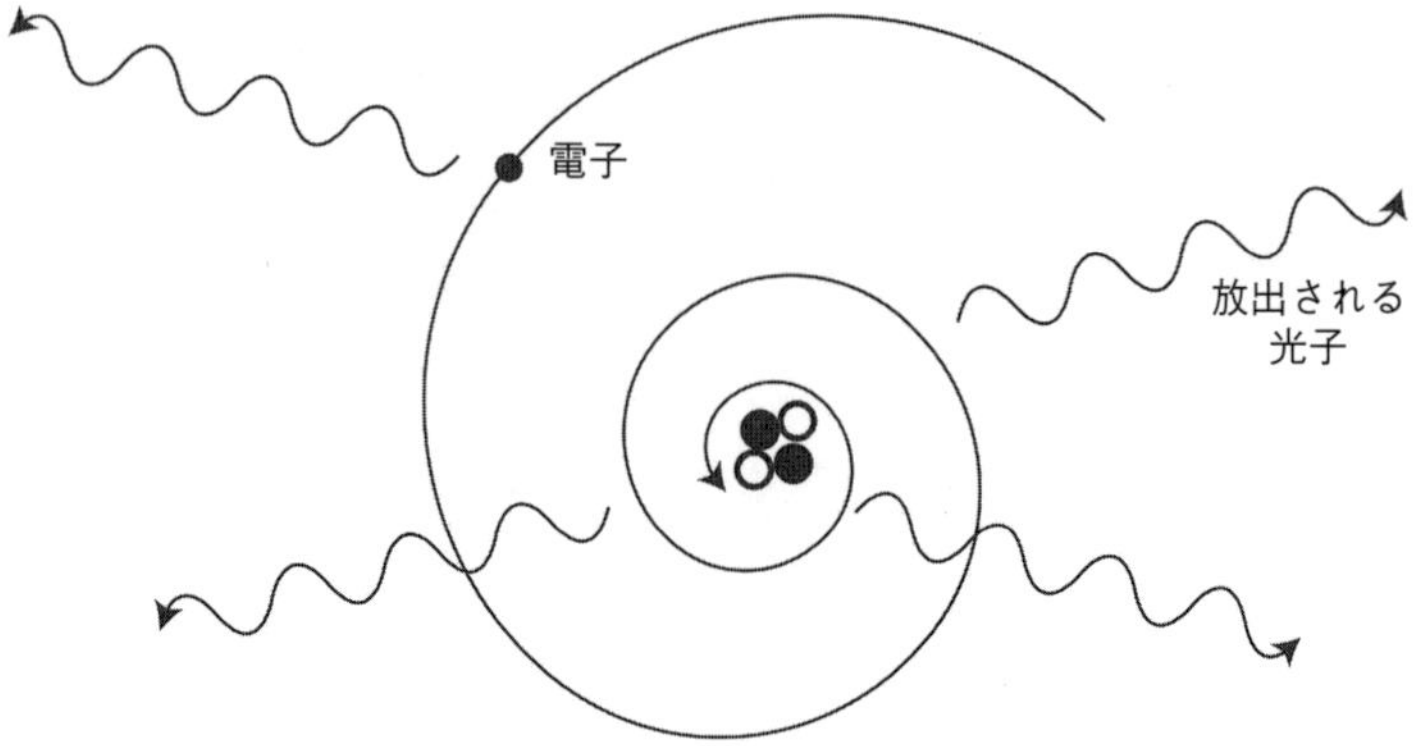

古典的なラザフォード原子の不安定性

いし、動きもずっと遅い。だから結果として、太陽系の惑星から放射される重力波はとてつもなく弱い。太陽のまわりを回っている地球から重力波として発せられるパワーは、せいぜい二〇〇ワット程度にしかならず、数個の電球の発電量と変わらないのである。太陽放射や潮力などの影響と比べても、まったくどうでもいいような値だ。仮に、重力波の放射が地球の軌道に影響を及ぼす唯一のものだとしてみると、周回している地球が太陽にぶつかるまでに一〇の二三乗年以上がかかることになる。だから、原子の場合もおそらく同じなのだろう。電子の軌道は本当は安定していないのだが、必要十分には安定しているということなのだろう。

これは定量的な問題である。したがって、適当な数字を代入し、結果がどうなるかを見ればよさそうなものだ。すると答えは、とんでもないものになる。なぜなら前提として、電子は惑星よりもずっと速く運動しており、電磁気は重力よりもずっと強い力であるからだ。電子が原子核にぶつかるまでの時間は、計算上では約一〇ピコ秒。一秒の一〇〇〇億分の一という短さである。原子でできた普通の物体がそれだけの時間しか存続しないのであれば、とっくに誰かがそのことに気づいていただろう。

これが多くの人びとを悩ませた。その代表として最も有名なのが、一九一二年に一時的にラザフォードのもとで研究していたニールス・ボーアだ。一九一三年、のちに「三部作」と総称されるボーアの三本の論文が発表された。ボーアはその中で、初期の量子論の特徴となるもう一つの大胆な、突拍子もないアイデアを提示していた。もしも電子が原子核に向かってらせん状に落ち込んでいくことができないのだとしたら、とボーアは考えた。ひょっとしたらその理由は、電子がどの軌道でも、好きな軌道にいるのを許されていなくて、ある一定の特別な軌道にしかいられないからではないのか。電子の軌道には、最小限のエネルギーの軌道があり、その外にもう少し高いエネルギーの軌道があって、さらにその外に……と続いているのだが、電子が原子核に近づくことを許されるのは最も内側の、最も低エネルギーの軌道までであって、さらに電子は軌道と軌道のあいだにいることも許されない。つまり電子に許されている軌道は、量子化されているのではないか。

ボーアの説は、一見するとかなり奇抜だが、じつはそれほど変わっていたわけではなかった。すでに物理学者は、光がさまざまな気体状の元素——水素、窒素、酸素など——とどう相互作用するかを研究していた。その結果、光を低温の気体に通すと、光の一部が吸収されることがわかっていた。同じように、気体の入った管に電流を通すと、気体が光りはじめることもわかっていた（これが今でも使われている蛍光灯の原理だ）。だが、このように放出されたり吸収されたりするのは厳密に限られた振動数の光だけで、ほかの色の光はそのまま気体を通過していた。とくに、一個の陽子と一個の電子だけでできた最も単純な元素である水素は、放出と吸収の振動数に関して非常に規則的なパターンを持っていた。

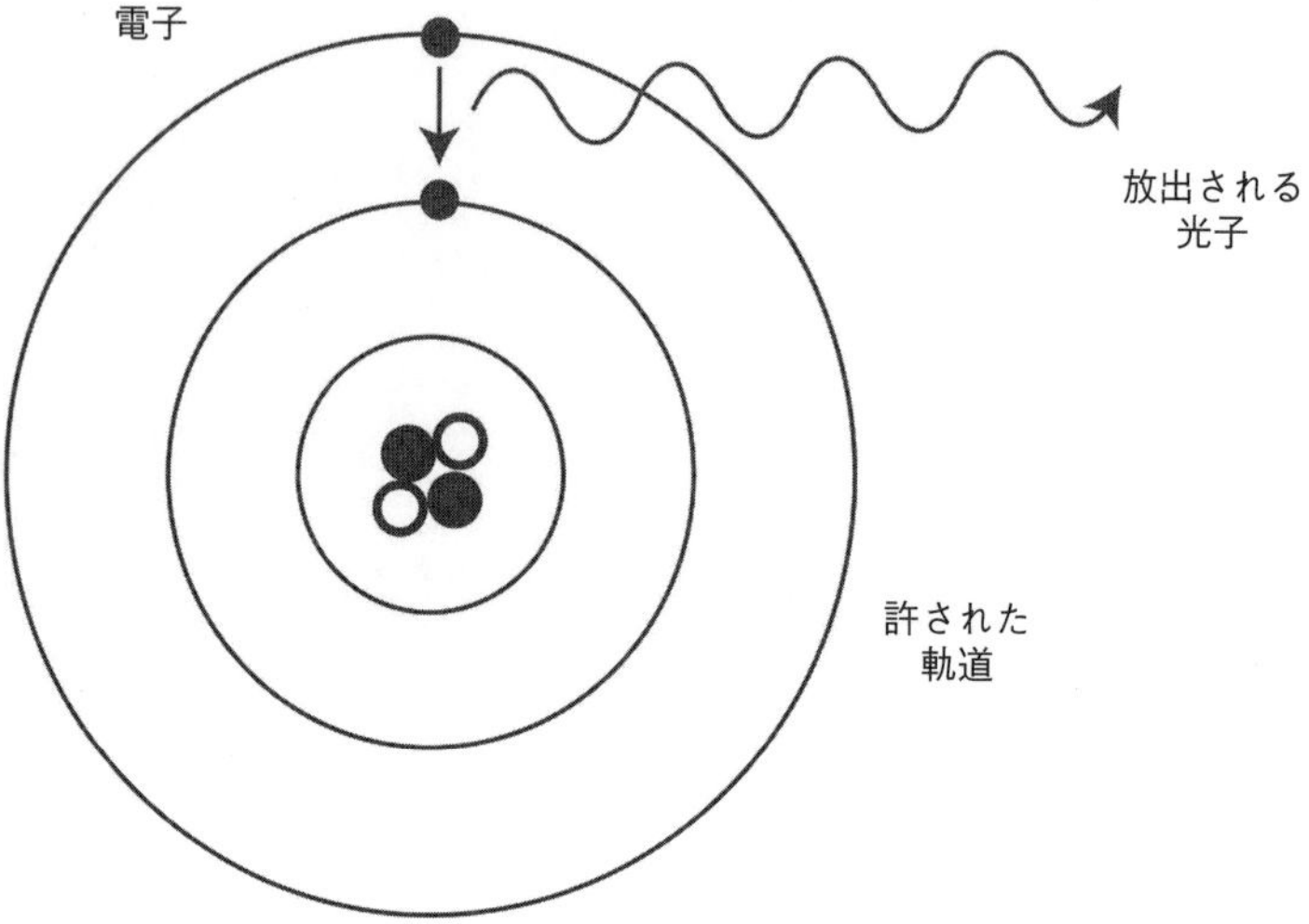

ボーアの原子模型では、電子は許された軌道のあいだを飛び移れる。

古典的なラザフォード原子で考えると、これはまったく意味不明な現象だった。しかしボーアの模型で考えれば、電子にはある一定の軌道しか許されていないのだから、簡単に説明がつく。電子は許された軌道と軌道のあいだにいることはできないとしても、ある軌道から別の軌道へと飛び移ることならできる。つまり電子は高エネルギーの軌道から低エネルギーの軌道へと、その落差にちょうどぴったりのエネルギー量の光を放出すれば落下できるし、低エネルギーの軌道から高エネルギーの軌道へも、周辺の光からちょうど必要な分だけのエネルギーを吸収すれば飛躍できる。軌道そのものが量子化されているので、電子と相互作用した光のエネルギーはつねに一定の値でしか見られないはずだ。これを、光の振動数は光のエネルギーに関係するというプランクのアイデアと組み合わせると、物理学者が一定の振動数でしか放出と吸収を確認できなかった理由も説明される。

ボーアは自らの説の予言することと、水素による光の放出という観測結果を比較することにより、ある一定の電子軌道だけが許されることをただ仮定するだけでなく、どういう電子軌道が許されるのかを計算することもできた。軌道運動をしている粒子は必ず「角運動量」という物理量を持っており、その量は簡単に計算できる。粒子の質量に速度を掛けて、さらに軌道の中心からの距離を掛ければよい。ボーアはこれをもとにして、許される電子軌道は、電子の角運動量がある基本定数の倍数になっている軌道であろうと考えた。そして電子が軌道間を飛び移るときに放出されるべきエネルギーと、水素ガスから発せられる光の実際に観測されたエネルギーとを比較して、データに適合するのに必要な定数は何であるかを突きとめた。それは、プランク定数hだった。もっと正確に言えば、その変種であるh、すなわちh／2πだった。

このような結果が出るのは、自分が確実に正しい方向に進んでいることのあかしだ。ボーアは原子内の電子のふるまいを説明しようとして、その場しのぎの規則を仮定した。その規則にしたがえば、電子はある一定の量子化された軌道に沿ってしか運動できない。そして自分の定めた規則をデータと一致させるには、最終的に、新しい自然定数が必要になった。その新しい定数は、なんとプランクが光子のふるまいを説明しようとしたときに必要に迫られて考案した、新しい定数と同じだった。どれもこれもなるまいを説明しようとしたときに必要に迫られて考案した、新しい定数と同じだった。どれもこれもなんとも無節操な、およそ完成されているとは思えない図式ではあった。しかし全部を考えあわせてみると、原子や素粒子の領域では、何か深遠なこと、古典力学の神聖な規則とうまく一致しないことが起こっているように見えてきた。この時期のアイデアは、のちの一九二〇年代後半に現れたハイゼンベルクやシュレーディンガーの「新しい量子論」と対比して、わざわざ「古い量子論（前期量子論）」と呼ばれることがある。

○○○

前期量子論は刺激的で、しばしのあいだは成功もしていたが、誰もこれに心から満足してはいなかった。プランクとアインシュタインの光量子仮説を用いれば、多くの実験結果を理解できたのはたしかだが、光を電磁波と見なすことで大成功していたマクスウェルの理論とうまく両立させるのは難しかった。電子軌道の量子化というボーアのアイデアも、水素による光の放出と吸収を理解するのには役立ったが、手品の帽子からひょいと出されたもののようにも見え、実際、水素以外の元素には当てはまっていなかった。これらに「古い量子論」という呼び名が与えられる以前から、これらのアイデアはただの前触れで、もっとはるかに深遠なことが奥底で起こっているのは明らかと思えた。

ボーアの模型のとくに納得がいかない特徴の一つは、電子がある軌道から別の軌道へと「飛躍」できると言っている点だった。低エネルギーの電子が一定のエネルギー量の光を吸収したのなら、この電子がちょうど必要なだけのエネルギーを得て上の軌道に飛び移ることになるのは納得がいく。しかし、高エネルギー軌道にいる電子が光を放出して下の軌道に飛び移るとき、厳密にどれだけ遠くへ移るのか、どの低エネルギー軌道に行き着くかには、電子に選択権があるように思われた。その選択は何によって決まるのか。ラザフォード自身、これについての疑問を手紙でボーアに伝えている。

きみの仮説には深刻な難点があるように思う。それについてはきみも完全にわかっていると確信するが、要するに、電子がある定常状態から別の定常状態に移るとき、どの振動数で振動するかを電子はどうやって決めるのかということだ。きみの仮説だと、電子はあらかじめどこで止まるかを知っていると考えなければならないように思える。(4)

この電子が行き先を「決めている」問題は、一九一三年当時の物理学者が覚悟していたよりもはるかに激烈に、古典力学のパラダイムが一新される未来を予兆していた。ニュートン力学では、未来のあれこれのすべてを現在の状態から——少なくとも原理的には——予言できるラプラスの悪魔がいるものと想像できた。当時の量子力学の発展段階では、その想像を完全に捨て去らなければならないときが来るなど、まだ誰も本当にはわかっていなかった。

「新しい量子論」という、もっと完成した枠組みがついに出現するまでには、さらに一〇年以上を必要とした。実際、当時は行列力学と波動力学という二つの競合するアイデアが出されていたが、最終的に、それらは同じものの表現を変えているだけで、数学的に等価であることが証明された。これを現在では一言で、量子力学と呼んでいる。

行列力学を初めて定式化したのは、ニールス・ボーアとともにコペンハーゲンで研究をしていたヴェルナー・ハイゼンベルクである。ボーアとハイゼンベルク、および二人の共同研究者であったヴォルフガング・パウリは、量子力学のコペンハーゲン解釈を生んだ張本人だが、今も進行中の歴史的、哲学的な議論の的になっているものを、彼らはまさしく信じていた。

ハイゼンベルクの一九二六年のアプローチには、このころ登場した若い世代ならではの大胆さがよくあらわれていた。彼は量子系で実際に起こっていることは何なのかという問題を棚上げし、実験での観測結果を説明することだけに焦点を絞ったのである。ボーアは電子の軌道になぜ許されるものと許されないものがあるのかを説明せずに、とにかく電子の軌道が量子化されていると仮定した。ハイゼンベルクは軌道そのものを完全に無視した。電子が何をしているのかは考えずに、電子について観測できることは何かということだけを考えたのだ。古典力学では、ある電子を特徴づけるものは、位置と角運動量だった。ハイゼンベルクはその題目を守りつつ、それらを観測者が見ていようといまいと変わらずに実在する物理量と考える代わりに、観測したときのありうる結果だと考えた。ハイゼンベルクにとっては、ラザフォードらを悩ませていた予測不能な飛躍こそが、量子世界を最もうまく論じる方法の核心部となった。

行列力学を初めて定式化したとき、ハイゼンベルクは二十四歳という若さだった。彼は明らかに天才だったが、この分野ではまだまだ無名の人物で、学術界で終身的な地位を得るのも一年先のことだった。ハイゼンベルクはもう一人の師であるマックス・ボルンへの手紙の中で、「いかれた論文を一つ書きましたが、わざわざ出版のために送ったりはいたしません」と、いらだたしげに書いている。[5] しかし最終的に、ボルン、およびハイゼンベルクよりもさらに若かったパスクアル・ヨルダンとの共同研究において、行列力学には明白な、数学的に強固な基盤が与えられた。

この行列力学の確立により、ハイゼンベルクとボルンとヨルダンは共同でノーベル賞を受賞してもおかしくなかったし、実際にアインシュタインは彼らを推薦した。しかし、ノーベル賞委員会に認められて一九三二年に表彰されたのは、ハイゼンベルクただ一人だった。ヨルダンを含めるのが問題だったのではないかとも噂された。ヨルダンは激しい右翼的な弁を弄することで有名になっていたからで、最終的にはナチの党員になり、突撃隊に入ることにもなる。しかし同時に、ヨルダンはナチの仲間からは不信の目で見られてもいた。それはアインシュタインをはじめとするユダヤ人科学者を、ヨルダンが擁護していたからだった。結局、ヨルダンはついにノーベル賞をもらえなかった。ボルンも行列力学では受賞から外されてしまったが、一九五四年に確率規則の定式化によってノーベル賞をもらったことで埋め合わされた。量子力学の基礎についての研究にノーベル賞が授与されたのは、これが最後の年となる。

第二次世界大戦の勃発後、ハイゼンベルクはドイツ政府の核兵器開発プログラムを主導した。ハイゼンベルクがナチのことを実際にどう思っていたのか、核兵器プログラムを本当にまじめに進展させようとしていたのかについては、昔からちょっとした議論がある。一見するところ、ほかの多くのドイツ人と同様に、ハイゼンベルクもナチのことは好きでなかったが、ソ連に蹂躙されるようなことになるよりは、この戦いでドイツに勝ってほしかったのだろうと思われる。ハイゼンベルクが積極的に核爆弾計画の妨害行為を働いたという証拠はない。しかし、彼のチームが遅々として進展を果たさなかったのは明らかだ。その原因がある程度まで、ナチが権力を握ったドイツから、あまりにも多くの優秀なユダヤ人物理学者が逃げてしまったことにあったのは間違いない。

○　○　○

行列力学はみごとな理論だったが、売れるかどうかということにかけては一つ、深刻な欠点があった。数学的形式がかなり抽象的で、決して理解しやすいものではなかったのである。この理論に対するアインシュタインの反応が典型的で、「正真正銘の魔術師の計算だ。文句なく独創的で、そのすばらしい複雑性に守られており、いかなる反証も受けつけない」とアインシュタインは言った（非ユークリッド幾何学の観点から時空を記述することを提唱していた人物が、この発言である）[6]。一方、その直後にエルヴィン・シュレーディンガーが考案した波動力学は、すでに物理学者がすっかり慣れ親しんでいた概念を使って量子論を表現したものであったため、新しいパラダイムの受け入れを加速するのに大きく貢献した。

物理学者は前々から波のことを研究しており、マクスウェルが電磁気を場の理論として定式化したこともあって、波について考えることには熟達していた。プランクとアインシュタインからもたらされた量子力学の最初の前触れは、その波を離れて、粒子に接近するものだった。しかしボーアの原子模型は、その粒子さえも見かけどおりではないことを示していた。

一九二四年、フランスの若い物理学者ルイ・ド・ブロイは、アインシュタインの光量子について考えていた。この時点でも、光子と古典的電磁波との関係はいまだ明確になっていなかった。とりあえず明らかに考察するべきは、光が粒子と波の両方でできており、よく知られた電磁波によって粒子状の光子が運ばれているらしいということだった。もしそれが事実なら、電子にも同じことが起こっていると想像できない理由はない。おそらく何か波のようなものがあって、それが電子という粒子を運んでいるのではないのか。これがまさに、一九二四年にド・ブロイが博士論文で提案したことで、そこに示されていた「物質波」の運動量と波長との関係は、プランクの光の式と同様のものだった。つまり運動量が大きいほど、それに対応して波長が短くなるという関係である。

当時の多くの説と同様に、ド・ブロイの仮説もいささか場当たり的なものと見られていたかもしれな

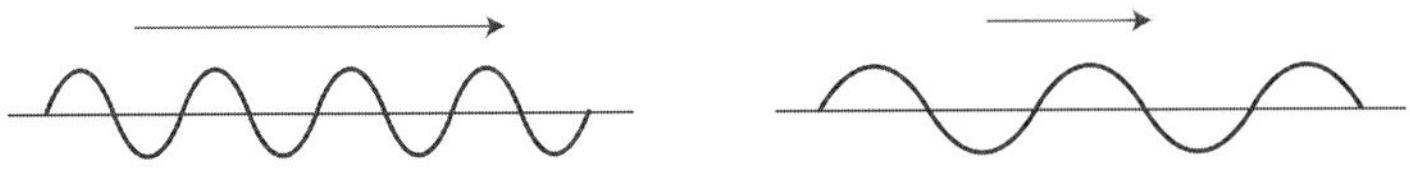

波長が短い＝
エネルギーが高く、運動量が大きい

波長が長い＝
エネルギーが低く、運動量が小さい

いが、これが意味するところは深遠だった。とくに原子核のまわりを回る電子に対し、物質波が何をもたらすかを考えるのは自然な流れだった。これについては、驚くべき答えがおのずと出ていた。波が定常配置に落ち着くためには、波の波長が対応する軌道の円周のちょうど倍数になっていなければならない。ボーアの量子化された軌道はただそのように仮定できるというのではなく、原子核を取り巻いている電子という粒子に波を関連づけることで導けるのだ。

　両端を固定された一本の弦があると考えてみよう。ギターやバイオリンの絃のようなものだ。弦はどこでも好きな位置で引き上げたり押し下げたりできるが、弦の全体的なふるまいは、両端が固定されていることによる制約を受けている。結果として、弦はある特別の波長、もしくはその波長の組み合わせでしか振動しない。だから楽器の弦は不明瞭な雑音でなく、音符どおりの明確な音を発するのだ。この特別な振動を、弦の「モード」と呼ぶ。原子以下の世界の基本的に「量子的」な性質は、この図式だと、現実が実際に個々の塊に細分されているからもたらされているのではなく、波の自然な振動モードがあって、それが物理系を構成しているからもたらされていることになる。

　ものが何らかの量に限定されていることを示す「量子」という用語は、量子力学の記述する世界が基本的に不連続な、コンピューター画面やテレビ画面を拡大して見たときに現れるようなピクセル化した世界だとの印象を与えるかもしれない。しかし実

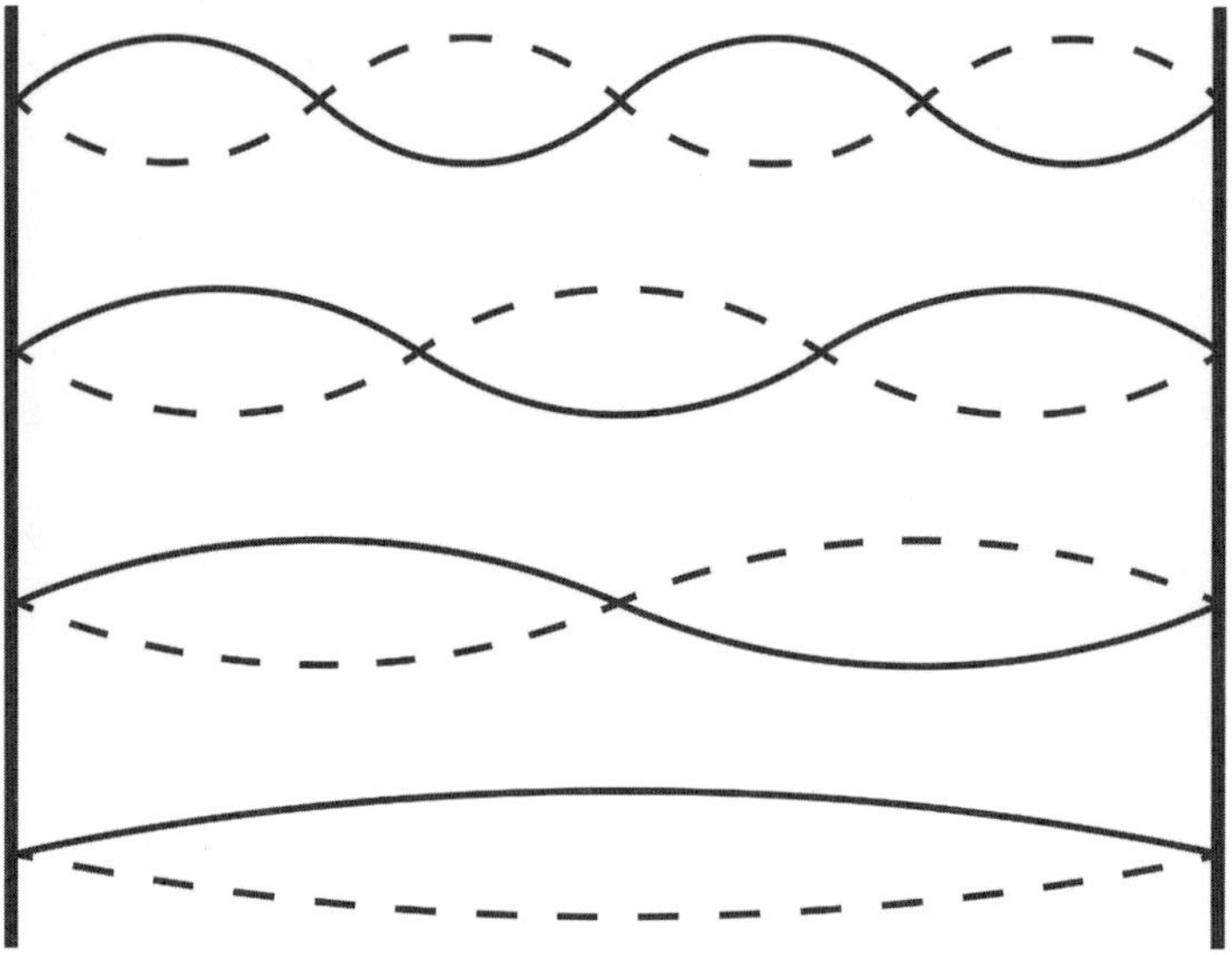

両端が固定された弦に許される波長（モード）

際は、その反対だ。量子力学は世界をなめらかな波動関数として記述する。ただし適切な状況下、つまり波動関数の個々の部分がある状態に固定されている場合には、波は別個の振動モードが組み合わさったかたちをとる。そのような系を観測すると、それらの個別の確率が見つかる。電子の軌道はまさにこのとおりで、こう考えれば量子場が個々の粒子の集合のように見える理由も説明がつく。量子力学では、世界は基本的に波状である。世界の見かけが量子的に不連続になっているのは、それらの波がある特定の状態でしか振動できないからなのだ。

ド・ブロイのアイデアは興味深いものだったが、包括的な理論を示すまでにはいたらなかった。それを引き受けたのはエルヴィン・シュレーディンガーである。一九二六年、シュレーディンガーは波動関数についての動力学的な理解を発表した。そこに含まれていた波動関数がしたがう方程式は、のちに彼の名をとってシュレーディンガー方程式と呼ばれるようになった。物理学における革命は、だいたい若者がやるものと相場が決まっており、量子力学についても例外ではなかったが、シュレーディンガーはこの傾向に逆らった。一九二七年のソルベー会議の主要な参加者のうち、四十八歳のアインシュタイン、四十二歳のボーア、四十四歳のボルンは、いわゆる大御所組だった。一方、ハイゼンベルクは二十五歳、パウリは二十七歳、ディラックは二十五歳という若さだった。そして当時のシュレーディンガーは、すでに三十八歳という成熟した年齢で、このような過激な新しいアイデアを引っさげて出てくるには薹《とう》が立ちすぎているのではないかと思われなくもなかった。

ここで注意しておきたいのは、ド・ブロイの「物質波」からシュレーディンガーの「波動関数」への移行である。シュレーディンガーはド・ブロイの研究に大いに影響を受けていたが、シュレーディンガーの概念はもう少し先進的で、独自の名前をもらうに値する。何より明白なのは、ある任意の点での物質波の値が何らかの実数であるのに対し、波動関数によって記述される振幅は複素数、すなわち実数と虚数の和であるということだ。

さらに重要なことを言うと、もともとのアイデアは各種の粒子が物質波に関連づけられるというものだった。しかしシュレーディンガーの波動関数はそのように働くのではない。あるのはただ一つの関数で、それが宇宙の全粒子に依存している。この単純な移行が、世界を一変させる量子もつれという現象を導くことになる。

○
○
○

シュレーディンガーのアイデアが即座に歓迎された要因は、彼が提案した方程式にあった。それは波動関数が時間とともにどう発展するかを定めるものだった。物理学者にとって、よい方程式はとてつもない効果を生む。よさそうな気配のあるアイデア（「粒子には波のような性質がある」）が、厳密な容赦ない枠組みへと高められるのだ。容赦のなさは、人間の資質としてはひどいものに入れられるかもしれないが、科学理論においてはこれこそが求められるものである。この特徴があればこそ、正確な予言が可能になるからだ。量子力学の教科書は、学生に方程式を解かせることに多大な時間を費やすと言われるが、そのとき物理学者が思い浮かべるのは、たいていシュレーディンガー方程式だ。

シュレーディンガー方程式は、量子版のラプラスの悪魔が宇宙の未来を予言するときに解くものだ。しかも、もともとシュレーディンガーがこの方程式を書き下ろしたときの最初の形式は、個々の粒子の系を記述することを意図していたのだが、それはじつのところ非常に普遍的なアイデアで、スピンにも、場にも、超弦にも、そのほか量子力学を用いて記述したい系であればどんなものにも等しく適用できるのである。

これ以前の行列力学は、当時の物理学者の大半にとっても初めて見たような数学的概念のもとで表現されていた。一方、シュレーディンガーの方程式は、今でも物理学専攻の学生の愛用Tシャツの図柄になっているマクスウェルの電磁方程式と、形式においてそれほど変わりはしなかった。波動関数は誰でも思い描けるし、そうでなくても、少なくともそう思い込むことならできるだろう。ハイゼンベルクを

$$\frac{\partial \Psi}{\partial t} = \frac{1}{i\hbar} H\Psi$$

どう判断するべきかの答えが出ていなかった物理学界も、シュレーディンガーについては受け入れられた。コペンハーゲンの一同——とりわけ若手のハイゼンベルクとパウリ——は、チューリッヒのぱっとしない中年男から出てきた競合説に、あまりいい気分はしていなかった。しかしほどなくすると、ほかの誰もと同様に、彼らもまた波動関数でものを考えるようになっていた。

シュレーディンガー方程式には見慣れない記号が含まれている。とはいえ、この式が伝える基本的なメッセージを理解するのは難しくない。もともとド・ブロイは、波の波長が小さくなるとともに波の運動量は大きくなると言っていた。シュレーディンガーも同じことを提唱したが、その対象はエネルギーと時間だった。つまり波動関数が変化する速さは、波動関数のエネルギーの大きさに比例すると言ったのである。彼の有名な方程式を最も普遍的なかたちで表すと、上のようになる。

わざわざ詳細に踏み込む必要はないのだが、物理学者がこのような方程式を考えるときの実際のやりかたを見てもらっても損はないだろう。多少の数学は絡んでくるが、要は、これまで言葉で述べてきたアイデアを記号に置き換えているだけだ。

Ψ（ギリシャ文字のプサイ）は波動関数である。左辺は波動関数が時間とともに変化する速さを表す。右辺では、量子力学の基本単位であるプランク定数$\hbar$（エイチバー）を含んだ比例定数と、マイナス1の平方根であるiが示されている。波動関数Ψは、記号Hで表されるハミルトニアンというものの作用を受ける。このハミルトニアンは、

「あなたはどれほどのエネルギーを持っているのか」と問いただす審問官のようなものだと思ってほしい。この概念は一八三三年、アイルランドの数学者ウィリアム・ローワン・ハミルトンにより、古典的な運動法則を再定式化する方法として考案された。しかし長い年月を経て、これが量子力学で中心的な役割を担うことになる。

物理学者がさまざまな系をモデル化しようとするときに、まず初めに取り組むのは、その系のハミルトニアンの数学的表現を見つけ出すことだ。粒子の集まりのようなもののハミルトニアンを見つけ出す標準的な方法は、まず個々の粒子のエネルギーを調べて、それから各粒子の相互作用を表す追加のエネルギー分を足すことである。各粒子はビリヤードの球のように互いを跳ね飛ばしているかもしれないし、あるいは互いに重力相互作用を働かせているかもしれない。そうした一つひとつの可能性が、ある特定のハミルトニアンを示唆している。そしてひとたびハミルトニアンがわかれば、あとはすべてがわかる。これでもう、物理系のあらゆる動力学が完全に捕獲できている。

波動関数がある一定のエネルギー値を持った系を記述していれば、ハミルトニアンは単純にその値に等しい。そしてシュレーディンガー方程式は、この系が一定のエネルギーを維持したまま、ずっと同じことをしつづけていることを意味する。だいたいにおいて、波動関数はいくつもの異なる可能性の重ね合わせであるから、系は複数のエネルギーの組み合わせになる。その場合、ハミルトニアンはそのすべてのエネルギーを少しずつ捕獲する。要するに、シュレーディンガー方程式の右辺は、量子的重ね合わせの状態にある波動関数に足されている追加分によってどれだけのエネルギーが運ばれているかを特徴づける方法なのだ。それが高エネルギーの成分ならば速く時間発展し、低エネルギーの成分ならば遅く時間発展する。

とにかく重要なのは、ある種の決定論的な方程式が存在しているということである。これを手にした時点で、世界はもうあなたの遊び場だ。

○ ○ ○

波動力学は大反響を呼び、さらにほどなくしてシュレーディンガーや、イギリスの物理学者ポール・ディラックらが、この波動力学は本質的に行列力学と同等であることを実証した。こうして量子世界の統一された理論ができあがったわけだ。しかし、これで万々歳というわけにはいかなかった。物理学者にはまだ疑問が残されていて、それは今日でもなお解決されていない。そもそも波動関数というのは何なのだ？　これは本当に物理的実体を表しているのか？　だとすれば、それはいったい何なのか？

ド・ブロイの見方では、物質波は粒子をぐるぐると回しているのであって、完全に粒子に取って代わっているのではなかった（のちにド・ブロイはこのアイデアをパイロット波理論に発展させており、それは今日でも量子基礎論への実行可能なアプローチだが、現役の物理学者にはあまり支持されていない）。対照的にシュレーディンガーは、基本粒子を完全に排除したかった。彼が最初に期待していたのは、自分の方程式で、比較的小さな空間領域に閉じ込められた局在的な振動パケットが記述されることだった。その場合、巨視的な観測者の視点からは各パケットが粒子のように見えるだろう。波動関数は、空間内の質量の密度を表すものと考えればよかった。

残念ながら、シュレーディンガーの願いは自らの方程式によって果たされなくなった。ある空っぽな空間領域に近似的に局在化されている一個の粒子を記述する波動関数というものを最初に仮定すると、シュレーディンガー方程式は、次に何が起こるかを明白に示唆する。波動関数は急速にあたり全体に広がるのだ。そのままでは、シュレーディンガーの波動関数はまったく粒子のようには見えない。*

最後のミッシングピースをもたらす仕事を受け持ったのは、ハイゼンベルクとともに行列力学を確立した、あのマックス・ボルンだった。波動関数をどう考えるべきなのかというと、要は観測者が粒子を探したときに、粒子が任意の位置に見つかる確率を計算する方法と考えればよいのである。とくに大事なのは、複素数の値を持つ振幅の実部と虚部の両方を考慮して、それぞれを独立に二乗し、二つの数字を足し合わせることだ。そうすると、その振幅に対応する結果が観測される確率が得られる（ここで使われるのが振幅ではなく、振幅の二乗であるという注意は、ボルンの一九二六年の論文に土壇場で追加された脚注に出てくる）。そしてひとたび観測がなされると、波動関数は収縮して、粒子が見つかった場所に局在化される。

このシュレーディンガー方程式の確率解釈を気に入らない人がいたのをご存じだろうか？　シュレーディンガー本人である。彼もアインシュタインと同様に、量子現象の確実な数学的基盤を明らかにすることを目標としていたのであって、確率を計算するのに使えるツールができればそれでよいというものではなかったのである。のちにシュレーディンガーは、「私はこれが気に食わないし、できればこんなものとはいっさい関わりたくなかった」とまで言っている。(7) シュレーディンガーの猫という有名な思考実験では、猫の波動関数が（シュレーディンガー方程式を通じて）「生きている」状態と「死んでいる」状態の重ね合わせに時間発展するのだが、この実験のポイントは、世の人びとに「うわあ、量子力学は本当にミステリアスだ」と言わせることにあったのではない。彼は人びとに、「うわあ、こんなことが正しいなんてありえないよ」と言わせたかったのだ。しかし現在わかっているかぎり、これは正しいのである。

○　○　○

二十世紀の最初の三〇年には、たくさんの知的活動が詰まっていた。すでに一八〇〇年代に、物理学者は物質と力についての正しそうな構図をまとめあげていた。物質は粒子でできていて、力は場によって伝えられる。そしてそれらをすべて包括するのが古典力学だった。しかし実験データと向き合うと、物理学者はこのパラダイムの先を考えなければならなくなった。温度を持った物体からの放射を説明するために、プランクは光が個別のエネルギー量で発せられているのだと提案し、アインシュタインはそのアイデアをさらに押し進めて、光は実際に粒子状の量子のかたちをとっているのだと提案した。一方、原子が安定している事実と、光が気体からどう発せられているかの観測結果から、ボーアは電子が許された軌道に沿ってしか運動できないこと、そして場合によっては軌道間を飛び移れることを提案した。ハイゼンベルクとボルンとヨルダンは、この確率論的な飛躍の仮説を完全な理論に磨きあげ、行列力学

＊私はずっと波動関数はただ一つ、この宇宙の波動関数があるのみと強調してきたが、注意深い読者なら、私がしばしば「粒子の波動関数」について論じているのに気づいただろう。この後者の表現は、粒子が宇宙のほかの部分と量子もつれの状態になっていないのなら——その場合だけは——問題ない。幸いにして、たいていの場合はそうなのだが、注意を怠らないのはどんなときでも重要なことである。

を確立した。ド・ブロイはまた別の角度から、電子などの物質粒子が実際のところは波であると考えれば、ボーアの量子化された軌道を仮定とせずに、それ自体を導出できると指摘した。シュレーディンガーはこの提案を独自の完全な理論に発展させ、それが最終的に、波動力学と行列力学が同一のものについての等価な表現であることを実証した。もともと波動力学は、この理論の必須の部分のように見られていた確率の要素を排除しても成り立つことを目指していたのだが、その期待はかなわずに、ボルンがシュレーディンガーの波動関数についての正しい考え方を証明した。波動関数は、観測結果の確率を得るために二乗するものと考えればよいのだった。

はあ。なんという道のりだろう。一九〇〇年のプランクの観測から、新しい量子力学がはっきりと実体化された一九二七年のソルベー会議まで、たったこれだけの期間にどれだけ多くのことがなされたものか。これは二十世紀初頭の物理学者たちの多大なる功績である。彼らは実験データの突きつけるものをしっかりと直視して、その結果、すばらしくうまくいっていた古典的世界のニュートン的見方を完全に引っくり返してくれたのである。

だが、彼らが精巧に作り上げてきたものの意味するところを理解することにかけては、彼ら自身もさほど成功してはいなかった。

第四章　存在しないゆえに知りえないもの　不確定性と相補性

警官がヴェルナー・ハイゼンベルクをスピード違反で引き止める。「どれだけ速度が出てたか知ってますか？」と警官が聞く。「いいや」とハイゼンベルクは答える。「でも、どこにいるかなら正確に知ってるよ！」

物理のジョークは、この世で最も笑えるジョークだ――これに異論はないと思う。ただ、物理を正確に伝えることには長けていない。今のすっかり聞き飽きられた冗談は、有名なハイゼンベルクの不確定性原理をみんなが知っているから成り立つものだが、この原理はたいていこのように説明される――どんな物体でもその位置と速度を同時に知ることはできないと言っているのだと。しかし、現実はもっと深い。

それは位置と運動量を知りえないということでなく、位置と運動量が同時には存在しないということである。ものすごく特殊な状況のもとでだけ、物体は位置を持つとされる。それはつまり、その物体の波動関数が空間内の一点に完全に集中していて、ほかのすべてのところではゼロになっているという状況だ。そして同じことが速度にも言える。この二つのうちのどちらかが正確に定義されるときに、もう片方を測定しようとすると、それは文字どおりどうにでもなれる。たいていの場合、波動関数には二つの量どちらもの確率の広がりが含まれており、したがって、どちらの量も明確な値を持たない。

一九二〇年代には、こうしたことがまだそれほどよくわかっていなかった。量子力学の確率論的な性質は、この理論が不完全であって、本当はもっと決定論的な、古典的なものに近い全体像があることを示唆しているだけだと考えるほうが自然だった。言い換えれば波動関数は、本当に起こっていることを私たちがいかに知らないかのしるしであって、本書で主張しているような、実際に起こっていることについての完全な真実なのではないだろうと思われていたのだ。当時の人びとが不確定性原理というものを知ってから、真っ先にやっていたことの一つは、この原理の抜け穴を探すことだった。結局それは見つからなかったが、その努力をしているうちに、多くのことがわかってきた。量子的現実は、私たちが慣れ親しんできた古典的世界とは、根本的に大きく違っていたのである。

私たちが最終的に観測できるものに多かれ少なかれ直接的に写像されている現実の根底に明確な物理量がないということは、最初に接したときには受け入れがたい、量子力学の奥深い特徴の一つである。単に知られていないのではなく、存在さえしていない物理量がある──たとえ表向きにはそれらを測定できるように見えるとしても。

量子力学は、私たちを見かけの現実と本当の現実との大きな裂け目に直面させる。本章では、その裂け目が不確定性原理においてどう姿を現すかを見ていこう。そして次章では、その裂け目を量子もつれという現象において今一度、さらに否応なしに見せられることになる。

○　○　○

そもそも不確定性原理が存在できるのは、位置と運動量（質量と速度の積）との関係が、量子力学においてと古典力学においてで根本的に異なっているおかげである。古典力学では、ある粒子の位置を時間に沿って追跡し、どれだけ速く動いているかを見ることで、その粒子の運動量を測定したものと考えられる。しかし、もし観測者に与えられた時間が一瞬しかなければ、位置と運動量はそれぞれ完全に独立している。ある瞬間に粒子がどこそこにいると私があなたに言えるとしても、それ以外に言えることが何もなかったら、あなたには粒子のスピードがわからないし、逆もまた同じだ。

物理学者は、何かを特定するのに用いる各種の変数のことを、その系の「自由度」と呼ぶ。ニュートン力学では、たとえば私がある粒子の一群の完全な状態を教えてほしいと言えば、私はそれらの粒子一個一個の位置と運動量を伝えてもらわなければならない。この場合、自由度は位置と運動量だ。加速度は自由度ではない。これは系に作用する力がわかれば計算できるからだ。自由度の本質は、それ以外の何にも依存しないことである。

量子力学に話を移して、シュレーディンガーの波動関数について考えてみると、ことは少々違ってくる。一個の粒子の波動関数を求めるには、その粒子を観測したときに、粒子が見つかる可能性のあるすべての位置を考慮する。それから各位置に振幅を割り当てる。振幅は複素数で、各数字の二乗がそこに粒子の見つかる確率であるという性質を持っている。ここに一つ制約があって、すべての数字の二乗を足し合わせた数は、ぴったり一でなくてはならない。粒子がどこかに見つかる全体の確率は、一に等しいと決まっているからだ（確率はよくパーセンテージで言い表されるが、パーセンテージは数値的には実際の確率の一〇〇倍だから、可能性二〇パーセントは確率〇・二と同じである）。

注意したいのは、ここで「速度」や「運動量」を出してこなかったことだ。これは量子力学の場合、古典力学とは違って、運動量を分けて特定する必要がないからである。ある特定の速度を観測する確率は、ありうるすべての位置に対応する波動関数によって完全に定められる。速度は独立した自由度ではなく、位置に依存するのだ。なぜそうなるかの基本的な理由は、波動関数が――ご存じのとおり――波だからだ。古典的な粒子を考えるのとは違って、ここでは単一の位置も単一の運動量もなく、あるのはあらゆる可能な位置の関数であり、その関数はだいたいにおいて上下に振動している。この振動の速さが、速度や運動量を測定したときにどんなものが見られそうかを定めるのである。

たとえば単純な正弦波を考えてみよう。規則的なパターンを描いて上下に振動しながら空間いっぱいに広がっている。このような波動関数をシュレーディンガー方程式に代入し、どう時間発展するかを考えてみる。すると、正弦波には一定の運動量があって、短い波長ほど速い速度に対応していることがわかるだろう。しかし、正弦波に一定の位置はない。それどころか、あらゆるところに広がっている。しかも、もっと一般的な波の形状は、一点に局在化されてもいなければ、完璧な正弦波のように一定の波長で広がってもいないわけだから、一定の位置にも一定の運動量にも対応していない。位置も運動量もそれぞれ混合した波になっている。

ここに、基本的なジレンマがある。波動関数を空間内で局在化しようとすれば、運動量がどんどん広がってしまい、波動関数をある一定の波長に（ひいては運動量に）とどめようとすれば、位置がどんどん広がってしまう。これが不確定性原理である。この原理は、二つの量をどちらも同時に知ることはできないのだということではない。単に、位置がある場所の付近に集中していて、運動量が完全に定まらない場合、もしくはその逆の場合に、波動関数がどう働くかについての事実なのだ。「位置」と「運動

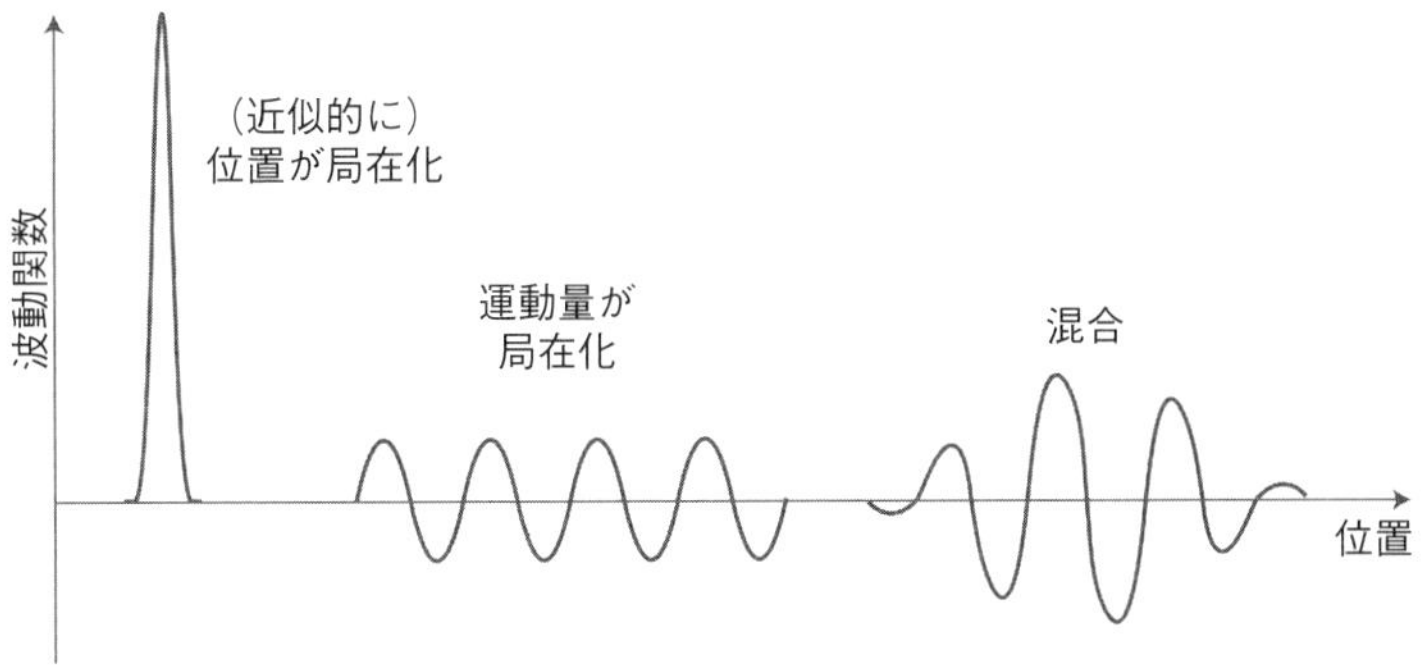

量」という昔ながらの古典的な物理量は、実際の値を持った量ではなく、生じうる観測結果なのである。

物理学の教科書のような方程式だらけの言語ではない、普通の会話の文脈においても、不確定性原理という言葉はときどき出てくる。だから、ぜひともここでは、この原理が言っていないことを強調しておいたほうがいいだろう。まず、これは「何もかもが不確定である」という断言ではない。位置も運動量も、適切な量子状態においては確定できる。ただ、同時には確定できないだけだ。

さらに不確定性原理は、系が観測されると必然的にそれによって系が乱される、とも言っていない。ある粒子が一定の運動量を持っているときに、私たちが出ていってそれを観測しても、粒子の運動量はなんら変化しないだろう。要は、位置と運動量が同時に明確になるような状態は存在しないということだ。不確定性原理は、量子状態の本質について、および量子状態と観測可能な物理量との関係についての提言であって、観測という物理的行為についての提言ではない。

そして最後に、不確定性原理は系に関する私たちの知識の限界についての提言でもない。私たちは量子状態を正確に知ることができていて、これ以外に知るべきものは何もない。それでも未来のあらゆる可能な観測結果を予言することを、完璧な確定性をもってはできないのである。何らかの波動関数を与えられながら、なお「私たちの知らないものがある」と考えるのは、私たちが観測するものは現実にそこにあるものだという直観的なとらわれの古臭い遺物でしかない。量子力学は、そうではないのだということを私たちに教えてくれる。

○
○
○

不確定性原理に憤慨してか、ときどきこんなふうに言われることがある——量子力学は自ら論理に違反する、と。馬鹿らしい考えだ。論理は公理から定理を演繹し、そうして導かれた定理は単純に正しい。公理は任意の物理的状況に当てはまることもあれば当てはまらないこともある。たとえばピタゴラスの定理は、直角三角形の斜辺の二乗はほかの二辺の二乗の和に等しい、というものだが、これはユークリッド幾何学の公理からのフォーマルな演繹としては正しい。ただし平らなテーブル面ではなく曲面について論じている場合には、もともとの公理が成り立たない。

量子力学が自ら論理に違反するという考えは、原子はほとんどが空っぽであるという考えと同じ界限に属している（あまりよくない界限だ）。どちらの考えも、これまで学んできたことすべてに反して、実際には粒子は何らかの位置と運動量を持った点であって、広がりを持った波動関数などではないという深い思い込みから発している。

箱に一個の粒子が入っていると考えてみよう。箱の中には線が引いてあって、箱はそれを境に左側と右側に分かれている。粒子の持っている波動関数は、箱いっぱいに広がっている。「粒子が箱の左側にいる」のを命題P、「粒子が箱の右側にいる」のを命題Qとしよう。ともすると、どちらの命題も偽であると言いたくなる。なにしろ波動関数は箱の左側にも右側にも及んでいるのだから。しかし、命題「P」か「Q」のどちらかは真でなくてはならない。なにしろ粒子は箱の中にいるのだから。古典論理では、PとQの両方を偽にすることはできないが、PとQのどちらかを真にすることはできる。これは何やらうさんくさい状況ではないか。

これがうさんくさくなっているのは論理のせいでも量子力学のせいでもなく、私たちがふだんのように量子状態の本質を軽く無視したままで、PとQの内容に真偽値を与えようとしているせいである。この二つの内容は、真でもなければ偽でもない。定義がまずいだけだ。「箱の中の粒子がいる側」なんてものは存在しない。波動関数が箱のどちらかの側に完全に集中していて、もう一方の側では完全にゼロになっているのなら、PとQに真偽値を与えて終われるだろう。しかしその場合、一方が真で、一方が偽なのだから、古典論理で十分ということになる。

適切に適用されているかぎり、古典論理が完璧に正しいのは事実である。しかし量子力学は、その発展過程において、もっと普遍的なアプローチを生じさせてきた。それが「量子論理」というもので、その先駆者がジョン・フォン・ノイマンと共同研究者のギャレット・バーコフである。標準的なものとは少し異なる論理的公理を前提とすることで、量子力学のボルンの規則の帰結である確率がしたがっている一連の規則を導くことができるのだ。この意味で、量子論理は興味深くもあり、有用でもある。しかし、これがあるからといって、適切な状況で用いられた通常の論理の正しさが無効になるわけではない。

量子論がなぜこんなにも独特なのかをはっきりさせようとして、ニールス・ボーアは「相補性」という概念を提案した。このアイデアは、量子系の見方には場合によると二通り以上があって、そのいずれもが等しく正当であるが、それらを同時には採用できない性質を持っている、というものだ。粒子の波動関数は位置の観点からも運動量の観点からも記述できるが、同時に両方の観点からは記述できない。同じように、電子は粒子のような性質と波のような性質のどちらかを見せるが、同時に両方の性質を見せることはないものと考えられる。

この特徴がどこよりも明白にあらわれるのが、かの有名な「二重スリット実験」である。[1] この実験が初めて実際に行われたのは一九七〇年代のことだが、提案されたのはそれよりもずっと早い。これは理論家が新しい考え方の発明を迫られるような、理解しがたい驚くべき結果を出した実験というわけでなく、もともとは思考実験であり（最初の形式を提案したのはボーアと論争中だったアインシュタインで、のちにファインマンによるカリフォルニア工科大学の学部生への講義で有名になった）、量子論の劇的な帰結を示すことを意図していたものだった。

○
○
○

この実験の眼目は、粒子と波の区別に切り込むことである。まずは古典的な粒子の発射源（弾がそこそこ予測不可能な方向に散乱しがちなペレット銃のようなもの）を用意して、発射した粒子に一本の細長いスリットを通過させ、それからスリットの向こう側のスクリーンで粒子を検出してみよう。たいていの場合、粒子はまっすぐスリットを通過するが、スリットの側面にぶつかった場合だけは、ごくわずかに

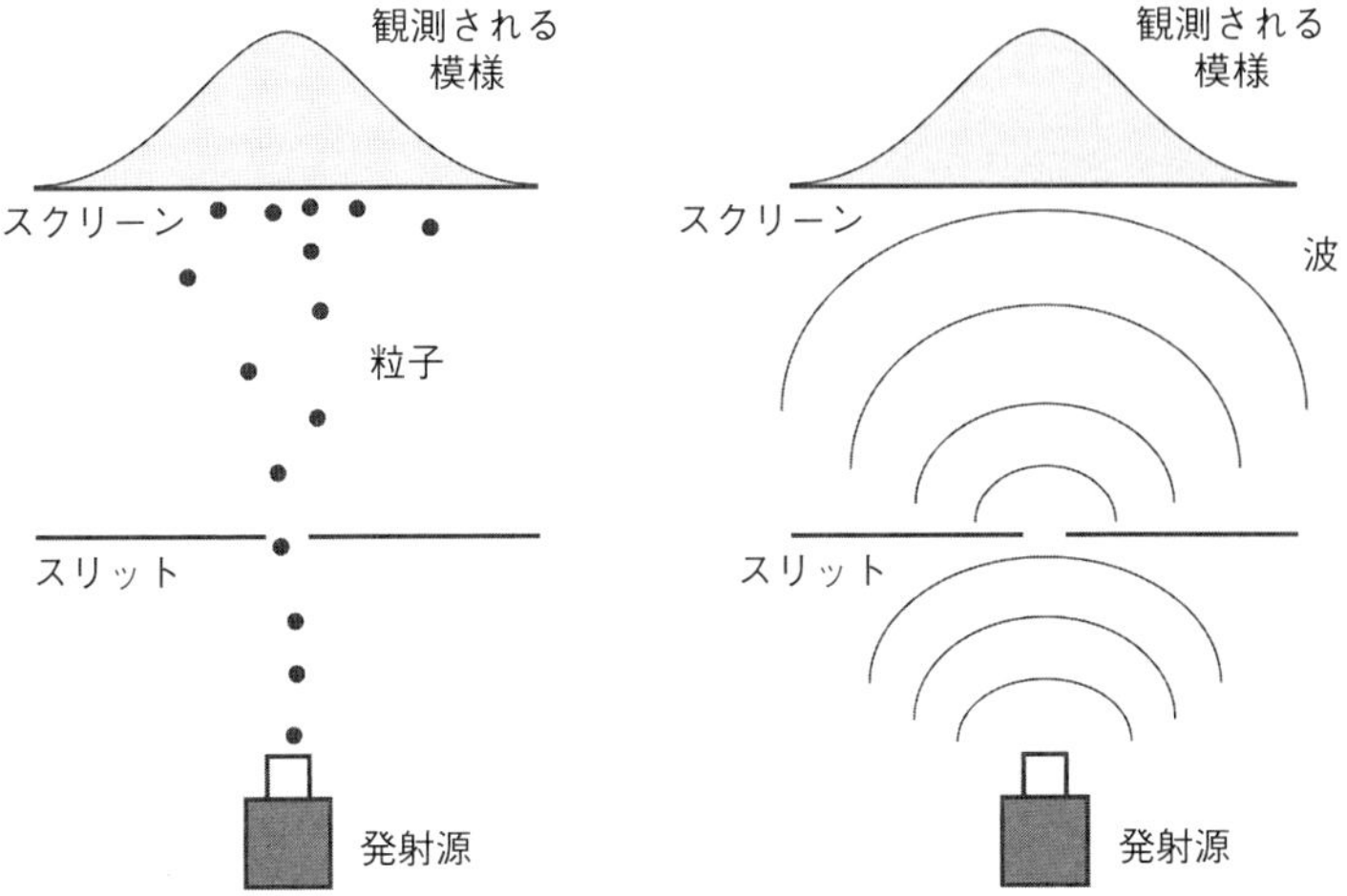

方向が逸れることになる。したがって検出器にあらわれる結果を見てみると、粒子が検出された個々の点からなる模様は、多かれ少なかれスリットと同じような形状になっているだろう。

これと同じことを、波でも試してみることができる。たとえば水槽の中にスリットを設置してから波を起こし、スリットを通過させる。スリットを通過した波は、半円形の模様を描いて広がったあと、最終的にスクリーンに到達する。もちろん、水の波がスクリーンにぶつかっても粒子状の点は観測されない。しかしここでは、ある特定の点での波の振幅の大きさに応じた明るさで点灯する、特殊なスクリーンが使われているものと想像しよう。そうすると、スクリーン上の光はスリットに最も近い点で最も明るく輝き、そこから遠ざかるにつれてだんだんと暗くなっているだろう。

さて、今度は同じことを、一本のスリットではなく二本のスリットを挟んで試してみよう。粒子の場合は、さほど大きな違いはあらわれない。粒子の発射源が十分にランダムで、両方のスリットを粒子が通過できているかぎり、反対側には個々の点からなる二本の直線が、二本のスリットに対応してできているだろう（あるいは二本のスリットどうしが十分に近接していれば、一本の太い直線ができている）。ところが波の場合には、興味深い変化があらわれる。波は下向きにも上向きにも振動できるので、反対方向に振動している二つの波は、互いを打ち消しあうことになる。これが「干渉」という現象だ。したがって、二本のスリットを同時に通過した波は、スリットから半円形を描いて広がるが、そこで干渉パターンを生むことになる。結果として、スクリーンに到達した波の振幅を観測すると、そこには単純に二本の明るい直線ができているのではなく、中央（両方のスリットから最も近いところ）に明るい直線が一本あって、その両側に明るい領域と暗い領域が交互に並び、その縞模様が端に向かうにつれて少しずつぼやけていっている。

ここまでは、私たちの愛する勝手知ったる古典的な世界だ。粒子と波は別物で、誰もが簡単に両者を区別できる。では、次はペレット銃や波の発生器を片付けて、量子力学の王様たる電子の発射源を用意しよう。これから始まる実験にはいくつかの仕掛けがあるが、そのいずれにも刺激的な結果がともなっている。

まずは単純にスリット一本で考えてみよう。この場合、電子はまったく古典的な粒子のようにふるまう。スリットを通過して、反対側のスクリーンで検出され、個々の電子が粒子のような痕跡を一つ残す。多数の電子を通過させれば、その痕跡は、電子が通過したスリットの形状をそのまま映したような中央の直線を中心に散在する。何もおかしなことは出てきていない。

今度は、スリットを二本にしてみる（ここでは実験の目的上、スリットを非常に近接させておかなくてはならない。この実験が実行されるまでに長い時間がかかったのはそのためでもある）。ふたたび電子はスリッ

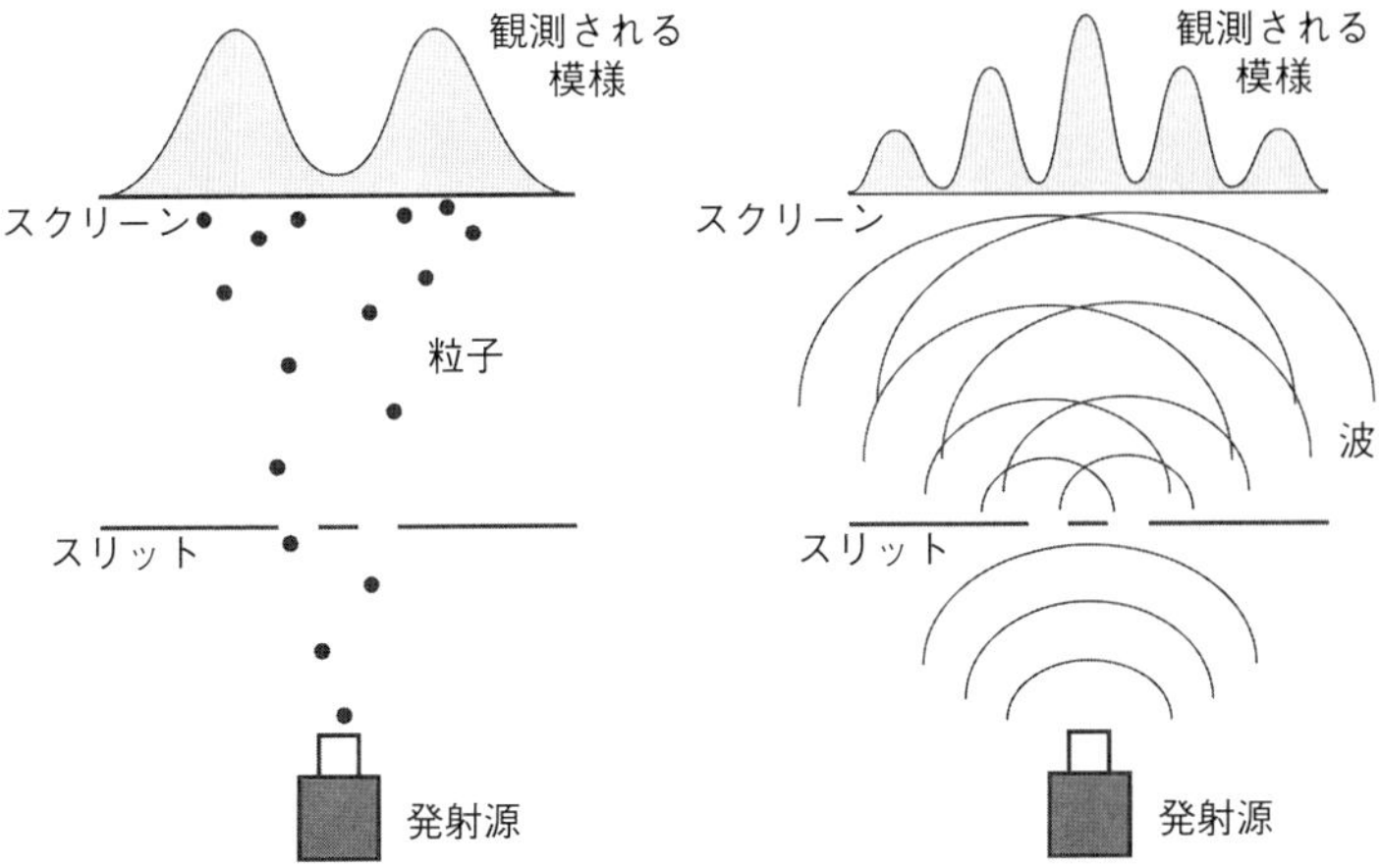

トを通過して、向こう側のスクリーンにそれぞれの痕跡を残す。しかしながら、これらの電子の痕跡は、古典的なペレット弾のときのように二本の直線を中心にして群がってはいない。スクリーンには何本もの直線ができていて、中央に密度の高い直線があり、その両側に並ぶ平行線は端に向かうにつれて少しずつ電子の痕跡が少なくなっており、それらの線のあいだには痕跡のほとんどない暗い領域が差し挟まれている。

言い換えれば、二本のスリットを通過した電子は、まぎれもない干渉縞を残すのだ。これは波が見せるものである。しかし実際に電子はスクリーンにぶつかって、粒子とまったく同じように個々の痕跡を残している。この現象から、電子は「本当」は粒子なのか波なのか、あるいは電子はときに粒子のようにふるまい、ときに波のようにふるまうものなのか、といった無数の無益な議論が起こってきた。いずれにしても、電子がスクリーンに到達するまでのあいだに、何かが両方のスリットを通過していることには議論の余地もない。

この時点では、驚くことは何もない。スリットを通過する電子は波動関数によって記述される。波動関数も古典的な波

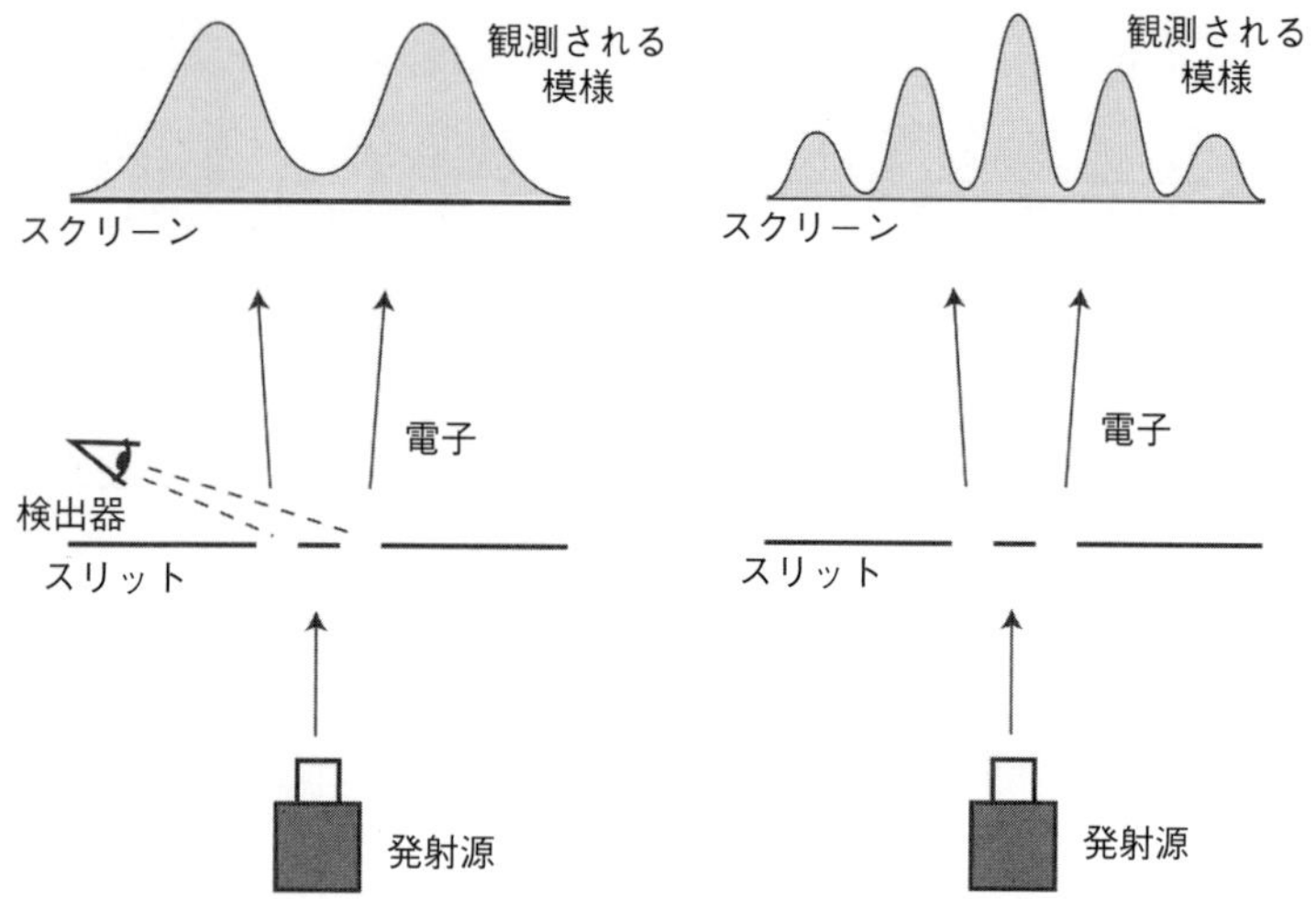

とまったく同様に、上下に振動しながら両方のスリットを通過するわけだから、干渉パターンがあらわれるのは当然である。そのあとスクリーンにぶつかって、観測される段になると、そこで私たちの目には電子が粒子のように見えるのである。

ここでもう一つ、ちょっとした案を追加しよう。二本のスリットそれぞれに小さな検出器を設置して、そこを電子が通過したかどうかがわかるようにしたと考えてみる。これで、一個の電子が二本のスリットを通過できるという馬鹿げたアイデアにきっぱり片がつくだろう。

さて何が見られるか、あなたにも推測がつくはずだ。検出器は一個の電子の半分が二本のスリットを一本ずつ通過するのを観測するわけではない。まるまる一個の電子が一本のスリットを通過し、もう一本のスリットは何も通過しないのを観測する。何度やっても同じことだ。これは検出器が観測装置として働いているからで、私たちが電子を観測するとき、私たちに見えるのは粒子なのである。

だが、スリットを通過する電子を見たことの結果はそれだけではない。スリットの向こう側のスクリーンでは、干渉縞が消滅している。そしてふたたび、検出された電子によってできる二本の痕跡の帯が、それぞれのスリットに対応したかたちで見えている。検出器が自らの仕事を果たしたことにより、電子がスリットを通過した時点で、波動関数は収縮している。だから両方のスリットを同時に通過した波による干渉が見られないのだ。私たちが見ているとき、電子は粒子のようにふるまう。

二重スリット実験を経たあとでは、もう電子が古典的な一個の点であるという確信にしがみついてはいられなくなる。その点がどこにあるかを私たちが知らないだけなのを、波動関数でごまかしているだけだとも言えなくなるだろう。無知で干渉縞は生まれない。波動関数には何かしらの現実がある。

○　○　○

波動関数は現実かもしれないが、抽象的であることには違いなく、しかも一度に一個以上の粒子を考えはじめると、とたんに思い描くのが難しくなる。この先、ますますとらえにくくなる量子力学の実例を見ていくなかで、まずはすぐに理解できる単純な例を押さえておいて、いつでもそれを参照できるようにしておけば、大いに役に立つことだろう。粒子の「スピン」――位置と運動量に加えての、もう一つの自由度――は、まさにその目的にうってつけのものだ。初めに量子力学におけるスピンの意味を少しばかり考えないといけないが、そこを越えれば、あとの人生はぐんと楽になるだろう。

スピンそのものの概念は、そうわかりにくいものではない。軸を中心とした回転というだけで、地球が毎日やっていることでもあり、バレエダンサーが爪先立ちになってくるくる回っている、あの動きで

もある。しかしながら、原子核のまわりを回っている電子のエネルギーと同様に、量子力学においては粒子のスピンを観測したときに得られる結果が、ある一定の離散的な値にしかならない。

たとえば電子の場合、スピンの可能な観測結果は二つある。まずは軸に注目し、その軸に対してスピンがどうなっているかを観測する。そうすると、その軸に沿って見たときに、電子はつねに時計回りか反時計回りに、つねに同じ速さで回転している。この二種類を慣例的に、「上向きスピン」と「下向きスピン」と呼ぶ。ここで思い出してほしいのが「右手の法則」(右ねじの法則)だ。右手の指を回転方向に丸めて親指を立てたとき、その親指の指している方向が、軸の正しい上下である。

回転している電子は極小の磁石のようなもので、北と南の磁極を持つ。そして地球と同じように、スピン軸が北極を向いている。ある一個の電子のスピンを観測する一つの方法は、その電子を磁場に撃ち込んでみることだ。電子のスピンの向きに応じて、磁場が少しずつ電子を偏向させるだろう(細かいことを言えば、磁場が適切に収束していないと——片方が広がっていて、もう片方がすぼまっていないと——これは成功しない)。

ここで電子には一定のスピン総量があると言ったら、それを確かめるような実験では、次のような結果が出ると予測されるかもしれない。電子のスピン軸が外部の場と同じ向きになっていれば電子は上向きに偏向し、反対の向きになっていれば下向きに偏向し、スピンの向きがそのあいだなら、どこか中間の角度で偏向するだろう。だが、そのよう

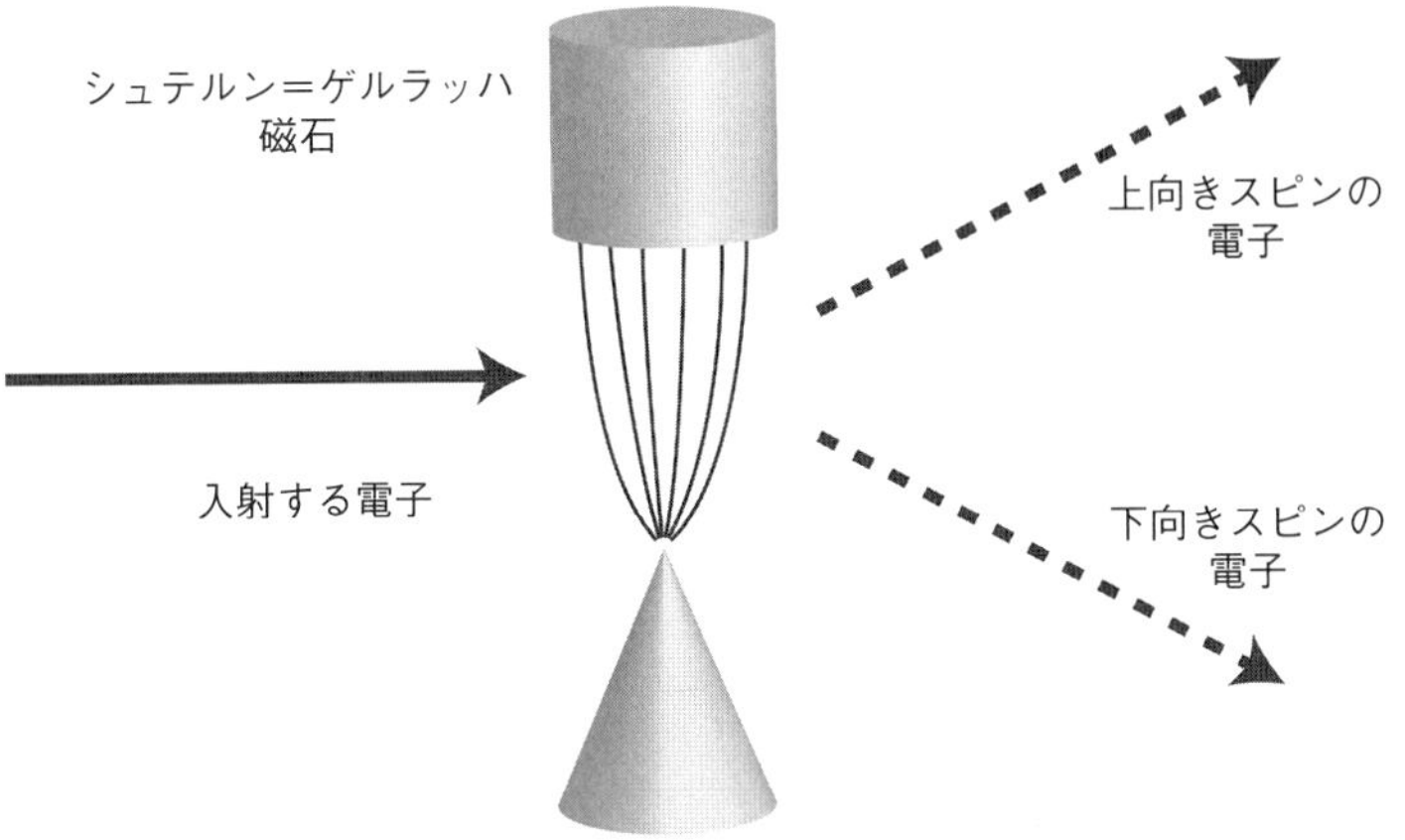

な結果にはならない。

この実験は一九二二年、ドイツの物理学者オットー・シュテルン（マックス・ボルンの助手だった）とヴァルター・ゲルラッハによって初めて実践された。まだスピンの概念が明確に説明されていなかったころのことである。彼らが見た結果は驚くべきものだった。たしかに電子は磁場を通過することによって偏向するが、上に向かうか下に向かうかのどちらかであり、その中間はない。ためしに磁場を回転させても、電子はやはり通過する磁場の方向に沿って同方向か逆方向に偏向するが、中間の値はとらない。原子核のまわりを回る電子のエネルギーと同様に、観測されたスピンは量子化されているようである。

これは意外に思える。原子核のまわりを回る電子のエネルギーが量子化された一定の値にしかならないという考えには慣れてきたものの、少なくともそのエネルギーは、電子の客観的な性質のように見える。ところが、この電子の「スピン」と呼ばれるものは、観測のしかたによって違う答えを出してくるようである。どの特定の方向に沿ってスピンを観測

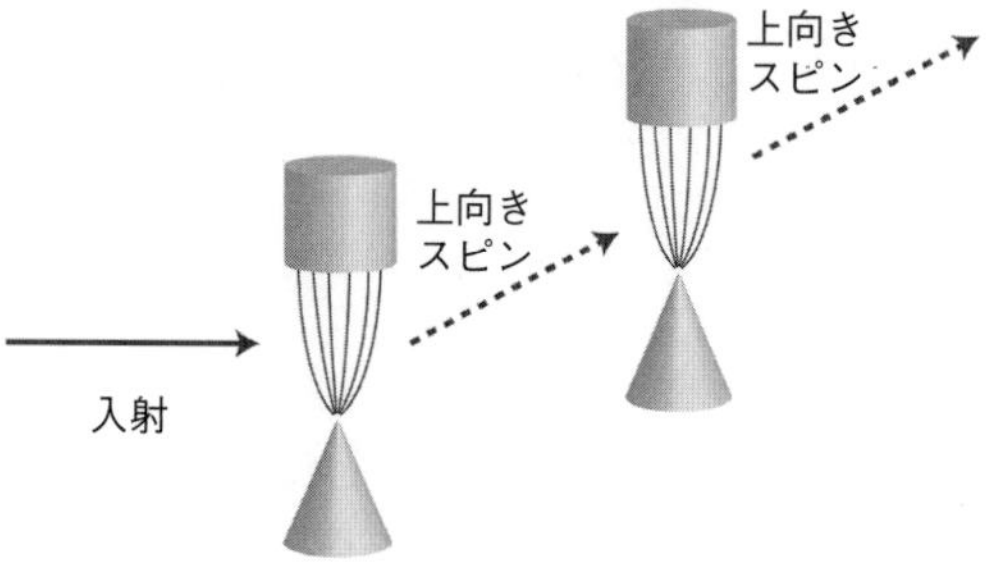

するかにかかわらず、得られるのは可能な二つの結果だけだ。

こちらの頭がおかしくなっているのではないことを確認するために、電子を二個の磁石に続けて通すという賢い実験をしてみよう。前に述べたとおり、教科書量子力学の規則によれば、ある何らかの観測結果を得たあとに、すぐさまふたたび同じ系を観測すると、決まって同じ答えが得られることになっている。そして実際、そのとおりになる。一番目の磁石によって電子が上向きに偏向すれば（したがって上向きスピンであるならば）、この電子は同じ向きの二番目の磁石によっても必ず上向きに偏向するだろう。

では、どちらか一個の磁石を九〇度回転させてみたらどうなるだろう。そこで、発射した電子ビームが垂直に置かれた磁石で観測されるときに、これらの電子が上向きスピンと下向きスピンに分かれるようにして、その上向きスピンの電子だけが水平に置かれた磁石を通過するようにする。さて、結果はいかに。電子は息を殺すだろうか、それとも通過するのを拒むだろうか。なぜならこれらは垂直に向けられた上向きスピンの電子なのに、強制的に水平軸に沿って観測されようとしているのだから。

結果は、どちらにもならない。二番目の磁石は上向きスピンの電子を二つのビームに分ける。電子の半分は右に（二番目の磁石の方向に沿って）偏向し、もう半分は左に偏向する。

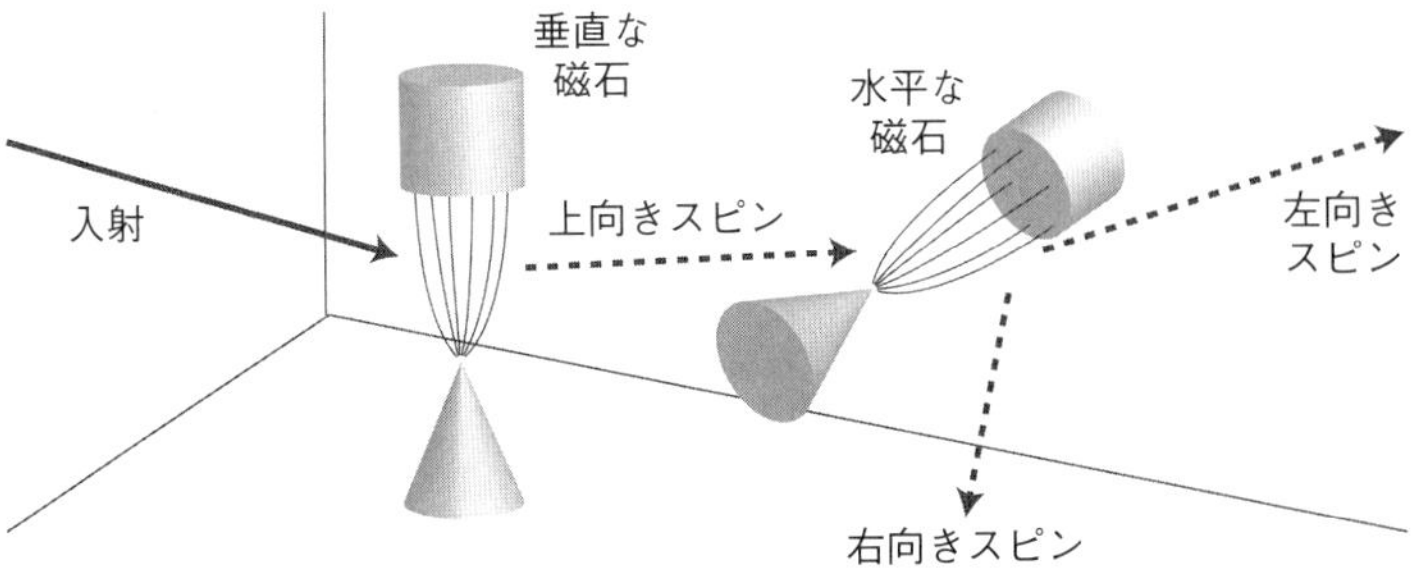

そんな馬鹿な。私たちの古典的な直観では、「電子の回転の中心になっている軸」というものがあると考えるのが自然であって、その軸を中心としたスピンが量子化されているというのなら納得がいく（たぶん）。だが、この実験で明らかになったのは、スピンの量子化の中心にある軸は、粒子そのものによってあらかじめ定められているのではなく、磁石を適切に回転させればどんな軸でも好きに選べるということなのだ。そしてスピンはその軸に対して量子化される。

いま私たちがぶつかっているものは、不確定性原理のまた別のあらわれだ。私たちが学んだ教えは、「位置」と「運動量」は電子が持っている性質ではないということである。これらは私たちが観測できるものにすぎない。とりわけ、どんな粒子も両方の明確な値を同時に持つことはできない。位置に関して正確な波動関数を特定した時点で、何らかの運動量を観測する確率が完全に定まるのであり、逆もまた同じだ。

同じことが「垂直スピン」と「水平スピン」にも当てはまる。* これらは電子が持てる独立した性質ではない。私たちが観測できる別種の物理量で

＊および、三番目の直角方向にも当てはまる。これについては観測しなかったが、「前向きスピン」とでも呼べばいいのかもしれない。

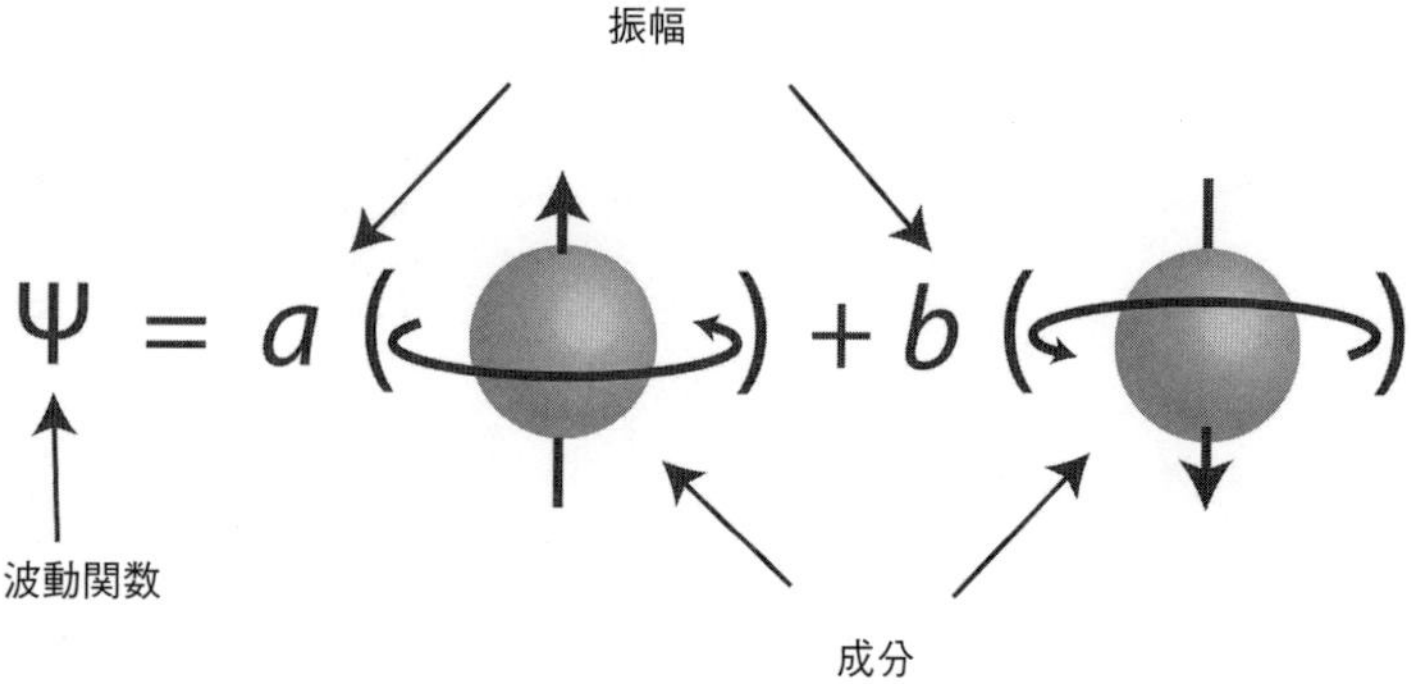

あるというだけだ。私たちが垂直スピンの観点で量子状態を表現すれば、左か右の水平スピンを観測する確率が完全に定まる。私たちが得られる観測結果はおおもとの量子状態によって決まるのであり、この量子状態はさまざまに、しかし同等に表現することができる。不確定性原理が表現しているのは、どの特定の量子状態についても私たちはさまざまな、両立しえない観測ができるという事実である。

○ ○ ○

ありうる観測結果が二つだけだという系は、量子力学では非常にありふれていて、非常に便利でもあるので、これには「量子《キュー》ビット」というすてきな名前がつけられている。この命名の背景は、古典的な「ビット」に可能な値が0と1の二つしかないことだ。量子ビットは可能な観測結果を二つ持っている系のことであり、ある特定の軸に沿った上向きスピンと下向きスピンもその一例だ。一般的な量子ビットの量子状態は、両方の可能性の重ね合わせであり、それぞれの可能性がどの程度の重みで重ね合わされているかは、それぞれの振幅である複素数によって表される。量子コンピューターは、普通のコンピューターが古典ビットを操作するのと同じように量子ビットを操作する。

量子ビットの波動関数を記述すれば、右のようになる。

記号aとbは複素数で、それぞれ上向きスピンと下向きスピンの振幅を表す。さまざまな可能な観測結果のそれぞれを表す、波動関数の各要素（この場合なら上向きスピンと下向きスピン）は「成分」と呼ばれる。この状態において、上向きスピンである粒子を観測する確率は$|a|^2$（複素数aの絶対値の二乗）、下向きスピンである粒子を観測する確率は$|b|^2$（複素数bの絶対値の二乗）である。たとえばaとbがともに二分の一の平方根に等しければ、上向きスピンでも下向きスピンでも、それを観測する確率は二分の一だ。

量子ビットを知っていると、波動関数の決定的な特徴が理解しやすくなる。つまり量子ビットは直角三角形の斜辺のようなもので、これに対する短いほうの二辺が、可能な観測結果それぞれの振幅である。言い換えれば波動関数は、ベクトル、すなわち長さと方向を持った矢印のようなものだと考えられる。

ここで論じているベクトルは、「上」とか「北」とか、現実の物理的な空間内での方向を指しているのではない。あらゆる可能な観測結果によって定義される空間内での方向を指している。一つのスピン量子ビットの場合、これは上向きスピンか下向きスピンのどちらかだ（どの軸に沿って観測するかを選んだ時点で決まる）。「量子ビットが上向きスピンと下向きスピンの重ね合わせの状態にある」と言ったときの、その本当の意味は、「量子状態を表すベクトルに上向きスピン方向の成分が多少あり、下向きスピン方向の成分もまた多少ある」ということなのだ。

普通に考えると、上向きスピンと下向きスピンは逆の方向を指しているのだと思いたくなる。なにしろ矢印を見ればそうなのだから。しかし量子状態としては、これらは互いに対して直角にある。完全に

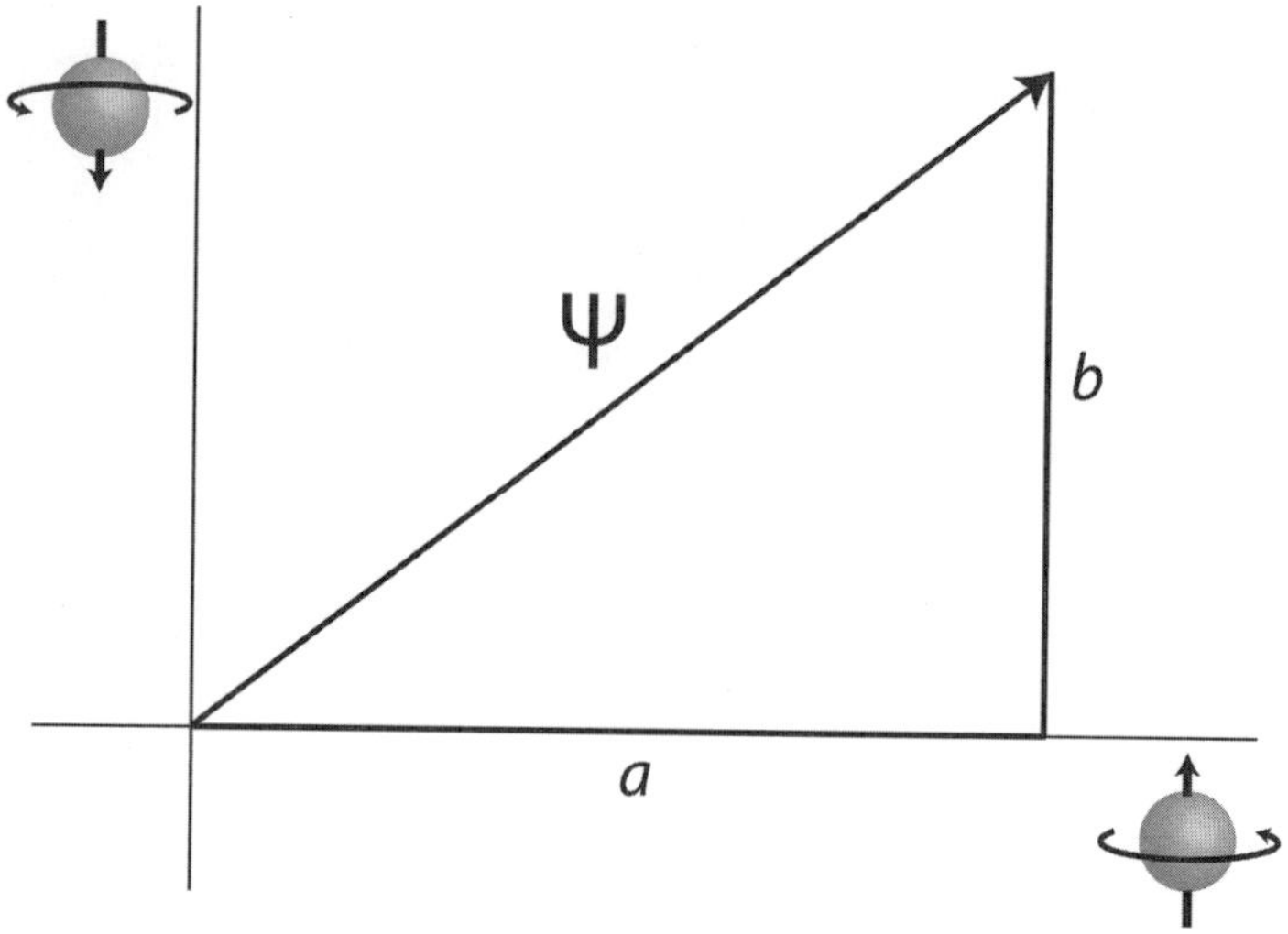

上向きスピンである量子ビットには、下向きスピンの成分がまったくなく、逆もまた同じだ。粒子の位置についての波動関数にしろ、空間いっぱいになめらかに広がる関数として描かれることが多いとはいえ、やはりひとつのベクトルである。要は、空間内のあらゆる点を、別々の成分を定義しているものだと考えることだ。そして波動関数は、それらすべての重ね合わせなのである。このようなベクトルの数は無限にあるので、あらゆる可能な量子状態からなる空間（これを「ヒルベルト空間」という）は、一個の粒子の位置に関して無限の次元を持っている。ここに、量子ビットが非常に考えやすいものだと言う理由がある。次元が二つしかなければ、無限次元よりもずっと思い描きやすいはずだからだ。

量子状態に成分が無限にたくさんあるのではなく、二つしかない場合、その量子状態を「波動関数」として考えるのは難しくなるかもしれない。大きく波打たないし、空間のなめらかな関数のような見かけにもならない。これについては、逆に考えればよい。量子状態は通常の空間の関数ではなく、抽象的な「観測結果の空間」の関数である。そして、そこに二つだけの可能性が含まれているのが量子ビットだ。観測する対象が一個の粒子の位置ならば、量子状態はあらゆる可能な位置に振幅を割り当てるから、それが通常の空間では波のように見える。だが、これが異例なのだ。波動関数はもっと抽象的なものであり、一個以上の粒子が関わってくれば、波動関数を思い描くのは難しくなる。しかし、それでも私たちは「波動関数」という用語を使わなければならない。量子ビットが偉大なのは、少なくともこの波動関数には二つしか成分がないからである。

○　○　○

ずいぶん余計な数学的回り道をしてきたように思われているかもしれないが、波動関数をベクトルとして考えることができていて損はなく、この苦労はすぐ報われる。この考え方は、ボルンの規則を説明するものだ。前にも触れたとおりボルンの規則とは、ある特定の観測結果が得られる確率は、その振幅の二乗によって与えられるというものだ。詳しくは後述するが、なぜこのアイデアが理にかなっているかは難なくわかる。ベクトルであるからには、波動関数は長さを持っている。この長さは時間とともに伸びたり縮んだりするものだと思われがちだが、そうではない。シュレーディンガー方程式にしたがえば、波動関数はただ「方向」を変えるだけで、長さはずっと一定に維持されている。そしてこの長さは、高校の幾何学で習うピタゴラスの定理を使って計算できる。

ベクトルの長さの数値は重要でない。それがずっと一定であるのはわかっているわけだから、どれで

も使いやすい数を選べばよい。たとえば一を選んだとしよう。すべての波動関数が長さ一のベクトルだ。ベクトル自体は直角三角形の斜辺のようなもので、成分が短いほうの二辺をなしている。したがってピタゴラスの定理から、単純な関係が得られる。振幅の二乗を足し合わせると一、つまり、$|a|^2+|b|^2=1$だ。

この単純な幾何学的事実を基本として、ボルンの量子確率の規則は成り立っている。振幅そのものは足し合わせても一にならないが、その二乗は一になる。これこそが確率の重要な特徴らしく、さまざまな結果の確率の合計は一に等しくなくてはならないのである（何かは必ず起こるわけで、そのあらゆる排他的な何かの全確率を足し合わせると一になる）。もう一つの規則は、確率は非負数でなければならないということだ。ここでもまた、振幅の二乗が条件を満たす。振幅なら負の数（あるいは複素数）がありえるが、その二乗は必ず非負実数である。

このように、それほど深く考えなくても、「振幅の二乗」が結果の確率と見なされるにふさわしい特性を持っていることはわかる。これは足し合わせるとつねに一になる非負数の集まりで、その理由は、これが波動関数の長さだからなのである。これがすべての核心だ。ボルンの規則は本質的にピタゴラスの定理で、それがさまざまに分岐した振幅に当てはめられている。だから振幅の二乗なのであり、振幅そのものでも振幅の平方根でもなく、ほかのどんなでたらめなものでもない。

このベクトルの考え方は、不確定性原理のエレガントな説明にもなる。前に述べたように、垂直な磁石を通過した上向きスピンの電子が続けて水平な磁石を通過すると、半々の割合で右向きスピンの電子と左向きスピンの電子に分かれる。これはすなわち、上向きスピンの状態にある電子とは、右向きスピ

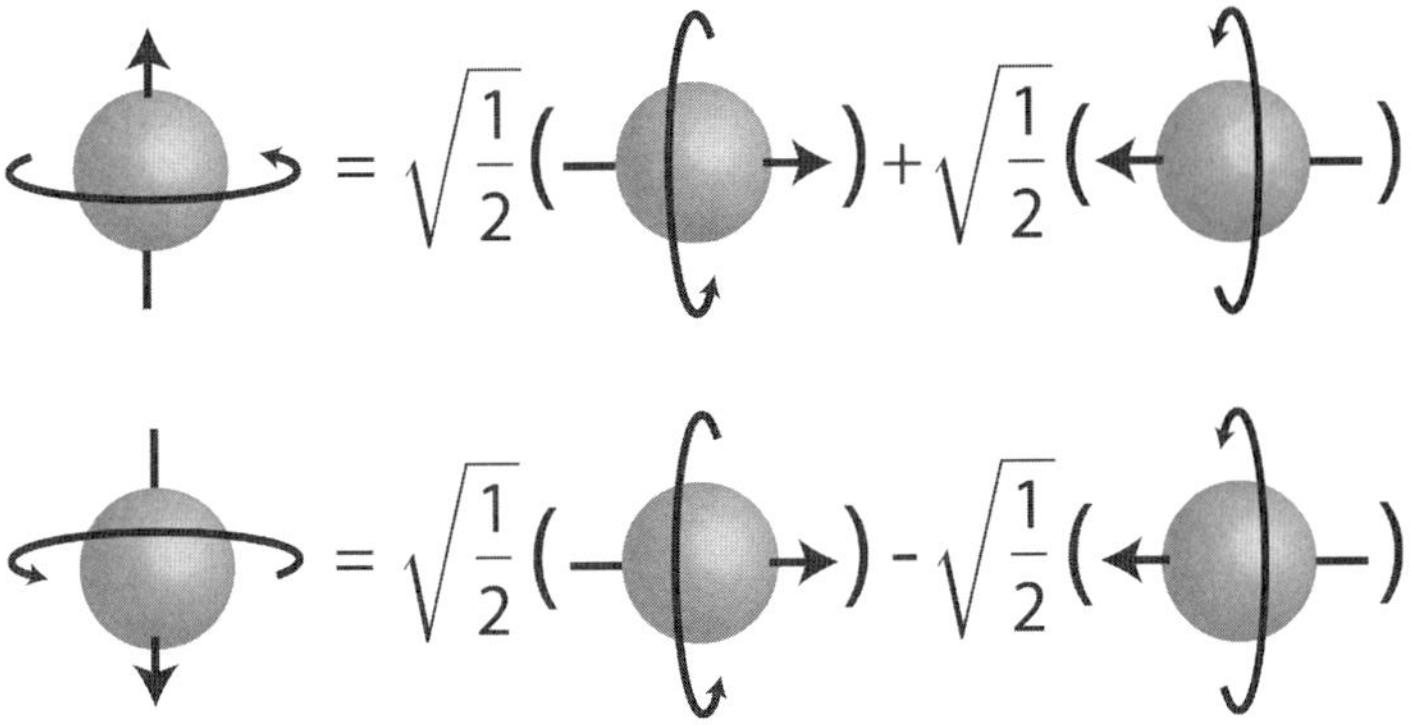

ンの電子の状態と左向きスピンの電子の状態の重ね合わせに等しく、下向きスピンの電子にしても同様だということである。

　したがって左向きスピンや右向きスピンという概念は、上向きスピンや下向きスピンから独立しているものではない。これらのどの可能性も、別の可能性の重ね合わせであると考えられるからだ。上向きスピンと下向きスピンは両方あわせて量子ビットの状態の基礎をなすと言われるが、これはつまり、どんな量子状態もこの二つの可能性の重ね合わせとして記述できるということだ。しかし、それを言うなら左向きスピンと右向きスピンもまた別の基礎をなしている。前者とは異なるが、同じだけきちんとした基礎だ。その一方を記述すれば、完全にもう一方が定まる。

　これをベクトルで考えてみよう。上向きスピンを横軸に、下向きスピンを縦軸に持った二次元の面を描くと、前述の関係から、右向きスピンと左向きスピンはそれらに対して四五度の角度を指すのがわかる。任意の波動関数を考えるとき、それは上下を基礎にして表現できるが、左右を基礎にしても等しく表現できる。一組の軸はもう一組の軸に対して回転しているが、どちらも完璧に正当にベクトルを――どんなベクトルでも――表現できる。

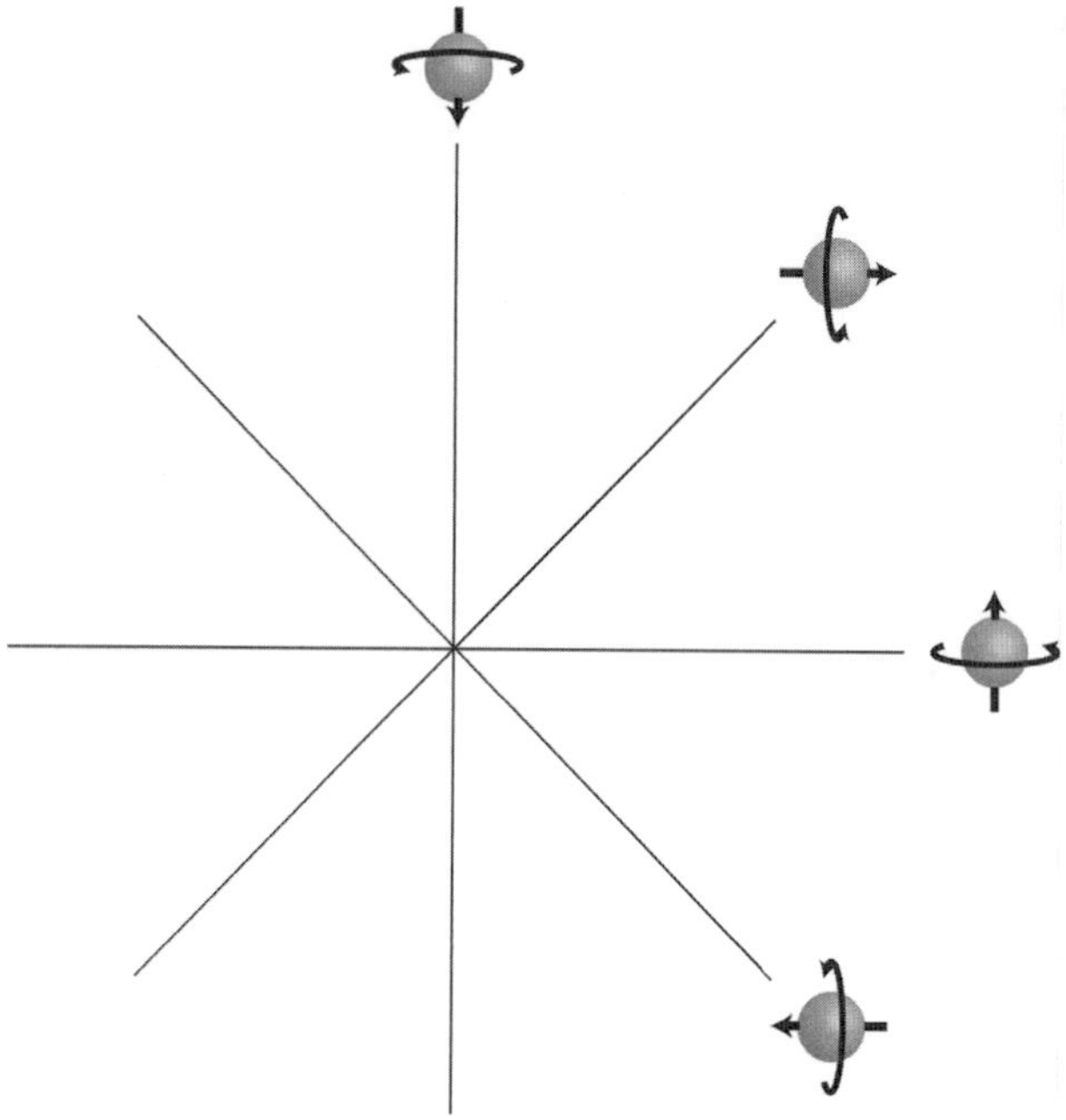

さて、これで不確定性原理がどこから出てきたのかもわかる。一つのスピンに関して、不確定性原理はこう言っている――量子状態は、最初の軸（上下）を中心にしたスピンと回転した軸（左右）を中心としたスピンとで、それぞれの明確な値を同時には持てない。これは図を見れば明らかだ。状態が純粋に上向きスピンだとしても、それは自動的に左向きスピンと右向きスピンの何らかの組み合わせであり、逆もまた同じなのだ。

位置と運動量が同時に局在化されている量子状態が存在しないように、垂直スピンと水平スピンの両方が同時に局在化されている状態も存在しない。不確定性原理には、本当に存在するもの（量子状態）と私たちが観測できるもの（一度に一つだけの観測可能量《オブザーバブル》）との関係が反映されている。

第五章　もつれたまま青空へ　多数の部分の波動関数

アインシュタインとボーアの論争についてのよく聞く話からは、アインシュタインが不確定性原理を扱いかねて、どうにかこれをうまく避ける方法を考案することに時間を費やしていたという印象をしばしば受ける。だが、アインシュタインが量子力学に関して本当に悩ましく思っていたのは、これが非局所的に見えるところだった。要するに、空間内のある一点で起こることが、遠く離れたところでなされる実験にすぐさま影響を及ぼせるようなのである。アインシュタインが自らの懸念をしっかりと定式化された反論にまとめるまでにはしばらくかかったが、その過程で、アインシュタインは量子世界の最も深遠な特徴の一つに光を当てるのに貢献した。すなわち、量子もつれ（エンタングルメント）の現象である。

量子もつれが起こるのは、この宇宙の構成要素のそれぞれに別々の波動関数があるのではなく、宇宙全体に一つの波動関数があるだけだからだ。だが、どうしてそうだと言えるのだろう。なぜすべての粒子やすべての場に波動関数があってはいけないのか。

そこで、こんな実験を考えてみよう。二個の電子が互いに向かって発射される。それぞれの運動速度の大きさは同じだが、方向は逆になっている。どちらもが負の電荷を持っているので、電子は互いに反発するだろう。古典的には、これらの電子の最初の位置と速度がわかっていれば、それぞれの電子が散乱する方向を正確に計算できる。しかし量子力学的には、両方の電子が相互作用したあとに、それぞれの電子がさまざまな経路上で観測される確率を計算することしかできない。それぞれの電子の波動関数はほぼ球状に広がって、最終的に電子が観測されたところで電子の進んでいた明確な方向が突きとめられる。

実際にこの実験をして、散乱したあとの電子を観測してみると、ある重要なことに気づく。これらの電子はもともと大きさが同じで方向が逆の速度を持っていたわけだから、全体の運動量はゼロだった。運動量は保存されるから、相互作用後の運動量もゼロであるはずだ。ということは、これらの電子はさまざまな異なる方向に運動しているところで姿を現すかもしれないが、一方の電子がどの方向に進んでいても、もう一方の電子は必ずその正反対の方向に進んでいることになる。

考えてみると、これはおかしな話だ。一個目の電子がさまざまな角度で散乱する確率を持っているなら、二個目の電子にしても同じである。しかし、もしそれぞれが別々の波動関数を持っているなら、その二つの確率はまったく無関係になる。たとえば一方の電子だけを観測して、その進行方向を測定したとする。もう一方の電子は何も影響を受けないだろう。それなのに実際に観測されると反対方向に進んでいるはずであることを、この電子はどうやって知るのだろう?

その答えはすでに与えられている。二個の電子は別々の波動関数を持ってはいない。これらの電子のふるまいは、この宇宙のたった一つの波動関数で記述されるのだ。この場合、宇宙のほかの部分は無視してもよく、この二個の電子だけに着目すればよい。しかしながら、電子の一方は無視して、もう一方の電子だけに着目するというわけにはいかない。どちらか一方の観測に関してなされる予測は、もう一

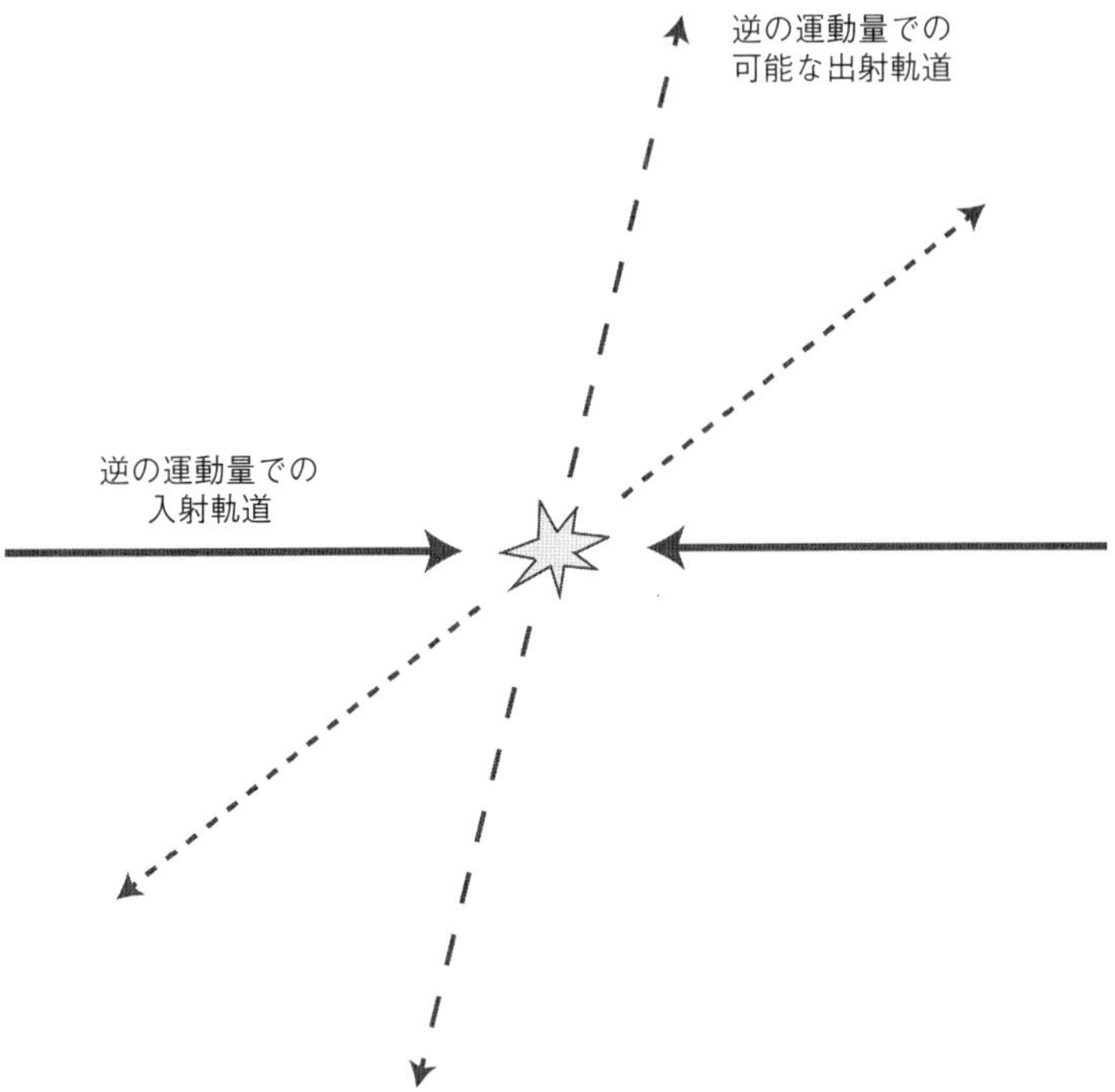

方の観測の結果に劇的なまでに影響を受けるからだ。この二個の電子は量子もつれの状態になっているのである。

波動関数は、可能な観測結果それぞれに振幅という複素数を割り当てたもので、振幅の二乗は、実際に観測をしたときにその結果が観測される確率に等しい。したがって、一個以上の粒子について論じるとなれば、そのすべての粒子が一度に観測されうる結果の一つひとつに振幅を割り当てることになる。たとえば観測しているものが位置ならば、宇宙の波動関数は、宇宙にあるすべての粒子の位置のあらゆる可能な組み合わせに振幅を割り当てたものと考えることができる。

そんなものを思い描くことが可能だろうか、と思われるかもしれない。一

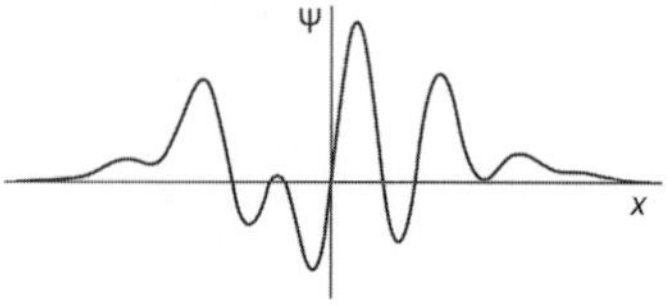

位置 X にある 1 個の粒子の波動関数

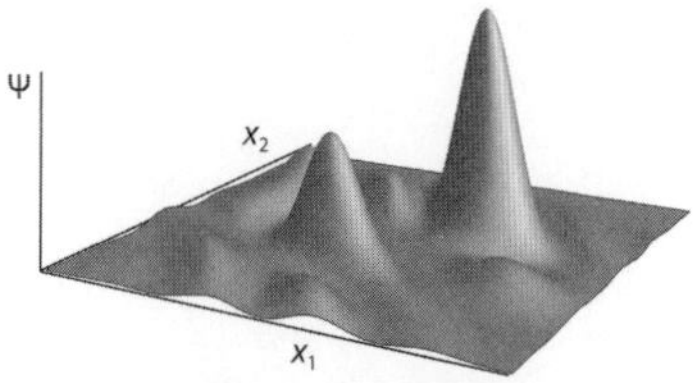

位置 X_1 と X_2 にある
2 個の粒子の波動関数

個の粒子が一方向に沿って運動しているだけのような単純なケースなら、もちろん可能だ。たとえば細い銅線に閉じ込められた一個の電子のようなものである。粒子の位置を表す線を一本引いて、それぞれの位置に対する振幅を表す関数をプロットすればいい（だいたいにおいて、私たちはこんなシンプルな設定においてもずるをする。複素数ではなく実数をプロットするのだ。それはそれでかまわないのだが）。二個の粒子が同じく一次元の運動に制約されているならば、二個の粒子それぞれの位置を表せるように二次元の平面を用意して、波動関数については三次元の輪郭でプロットすればいい。ただし、これは二次元の面に一個の粒子があるのではない。あるのは二個の粒子で、それぞれが一次元空間にある。したがって波動関数は、両方の位置を記述する二次元平面上で定義される。

光の速さは有限で、ビッグバン以降の時間も有限なので、私たちは有限な領域の宇宙しか見られない。それがいわゆる「観測可能な宇宙」だ。この観測可能な宇宙には、およそ一〇の八八乗個の粒子があり、そのほとんどが光子とニュートリノである。この数は二よりもずっと大きい。しかも、その一個一個の粒子が一次元の線上ではなく三次元の空間に位置している。そんなものを前にして、いったい私たちに何が期待されようか。三次元空間いっぱいに散らばる一〇の八八乗個の粒子のあらゆる可能な配置に振幅を割り当てる波動関数など、とうてい思い描けそうにない。

残念ながら人間の想像力は、量子力学で当たり前に使われる途方もなく大きな数学的空間を視覚化できるようには設計されなかった。せいぜい一個や二個の粒子ならどうにかなる程度で、それ以外にも、いろいろなことを言葉や方程式で説明しなければならない。幸い、シュレーディンガー方程式は波動関数がどうふるまうかについて単純かつ明確なことを言っている。二個の粒子に関して起こっていることが理解できているのなら、あとは一〇の八八乗個の粒子への一般化を数学に任せてしまえばよい。

○　○　○

波動関数がそんなにも大きいのなら、それについて考えるのはいささか面倒になる。ありがたいことに、量子もつれについての興味深いことはほぼすべて、わずか二つの量子ビットというずっと単純な状況に丸投げして考えることができる。

暗記法の文献のいいかげんな伝統に倣って、量子物理学者は量子ビットを共有する二人の人間に、アリス（Alice）という人物とボブ（Bob）という人物を想定するのが好きだ。それでは、二個の電子を想像してみよう。電子Aはアリスに、電子Bはボブに属する。この二個の電子のスピンは、二つの量子ビットからなる系をなしており、対応する波動関数によって記述される。波動関数は、この系全体のさまざまな配置、つまりこの系に関して私たちが観測するかもしれない何らかの結果に対して、それぞれに振幅を割り当てる。たとえばそれが垂直方向のスピンについてなら、四つの可能な観測結果がある。両方のスピンが上向き、両方のスピンが下向き、Aが上向きでBが下向き、Aが下向きでBが上向きの四

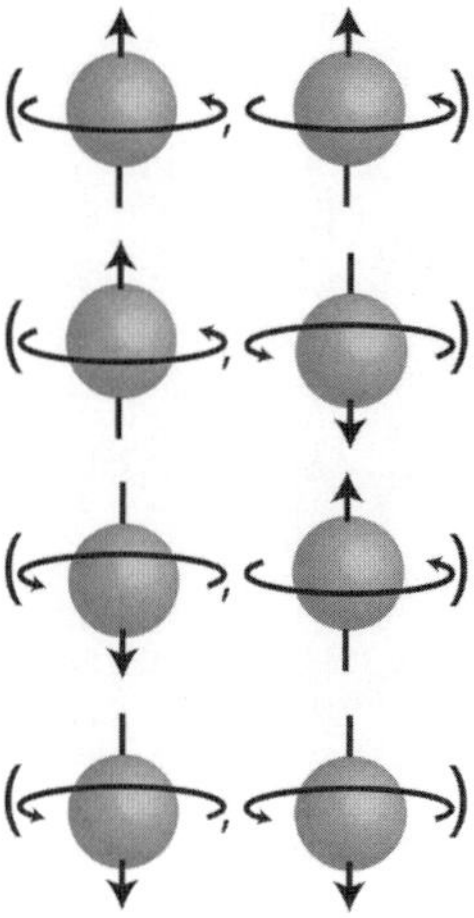

二つの
量子ビットの
組み合わせの
基礎状態

通りだ。系の状態は、これら四つの可能性を基礎状態として、それらの何らかの重ね合わせになっている。それぞれの組み合わせを括弧でくくって、括弧内の一番目のスピンをアリスのもの、二番目のスピンをボブのものとしよう。

二つの量子ビットがあるからといって、その二つが必ずしも量子もつれの状態にあるわけではない。単純に基礎状態のどれかにある状態で考えてみよう。たとえば両方の量子ビットが上向きスピンである状態だ。アリスが自分の量子ビットを垂直軸に沿って観測すれば、アリスはつねに上向きスピンを見つける。そしてそれはボブも同様だ。一方、アリスが自分のスピンを水平軸に沿って観測すれば、五分五分の割合で右向きスピンか左向きスピンを見つける。そしてボブもまた、これについても同様となる。

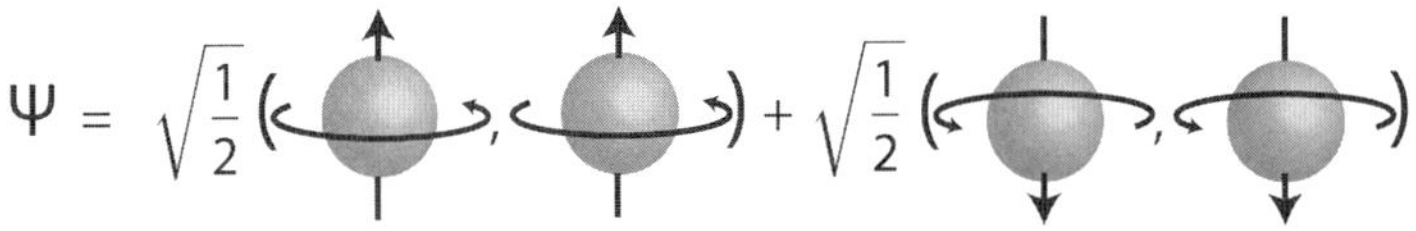

しかしどちらの場合でも、私たちからすると、アリスが何を見つけたかを知っていることによって、ボブが何を見つけるかを知れるわけではない。だから私たちは、しばしば何気なく「粒子の波動関数」と言ったりするが、実際はそんな愚かではない――系をなしている別々の部分が量子もつれになっていないとき、各部分はそれぞれの波動関数を持っているように見えるのである。

では今度は、二つの基礎状態が等しく重ね合わせられている場合を考えてみよう。両方が上向きスピンの基礎状態と、両方が下向きスピンの基礎状態の重ね合わせなら、上のようになる。

アリスが自分のスピンを垂直軸に沿って観測すれば、五分五分の割合で上向きスピンか下向きスピンが見つかり、ボブもまた同様である。ただし今回の違いは、もしボブが観測する前に私たちがアリスの結果を知っていれば、私たちはボブが何を見つけるかを一〇〇パーセントの自信を持って知っているということである。ボブはアリスが見つけたのと同じものを見つけるに違いないのだ。教科書量子力学的に言うならば、アリスの観測が波動関数を収縮させて、二つの基礎状態のどちらかに落ち着かせ、ボブはそのまま決定論的な結果を受け入れるということになる（なお多世界理論で言うならば、アリスの観測が波動関数を分岐させ、二人の異なるボブを生み、それぞれのボブがある特定の結果を得る、ということになる）。これが量子もつれの作用である。

一九二七年のソルベー会議が終わったあとも、アインシュタインの量子力学についての考えは依然として変わらなかった。量子力学、とくにコペンハーゲン学派の解釈によるそれは、実験結果を予言することにかけてはまことに優秀だが、物理世界についての完全な理論としてはまだまだ足りない。このアインシュタインの不満は、やがてボリス・ポドルスキーとネイサン・ローゼンとの共同論文にまとめられ、一九三五年に発表された。この論文は、今では一般に、三人の姓の頭文字をとったEPR論文の名で知られている。(1) のちのアインシュタインの説明によると、主要なアイデアはアインシュタインのもので、ローゼンが計算し、ポドルスキーが執筆の大半を担ったという。

EPR論文で考察されていたものは、反対方向に運動している二個の粒子の位置と運動量だったが、ここでは引き続き、論じやすい量子ビットのほうで考えていこう。前述のように、二つのスピンが量子もつれの状態にあるとする（こうした状態を実験室で作り出すのはいたって容易だ）。アリスは自分の量子ビットとともに自宅にいるが、ボブは自分の量子ビットを連れて長い旅に出る――たとえば宇宙船に飛び乗って、四光年先のアルファ・ケンタウリに旅立つ。二つの粒子のあいだの量子もつれは、粒子と粒子が互いから遠ざかっても弱まらない。アリスかボブが自分の量子ビットのスピンを観測しないかぎり、全体の量子状態はずっと同じだ。

無事にボブがアルファ・ケンタウリに到着したところで、ついにアリスが自分の粒子のスピンを観測する。すでにご承知済みの垂直軸に沿ってだ。まだ観測がなされていない時点では、こうした観測でア

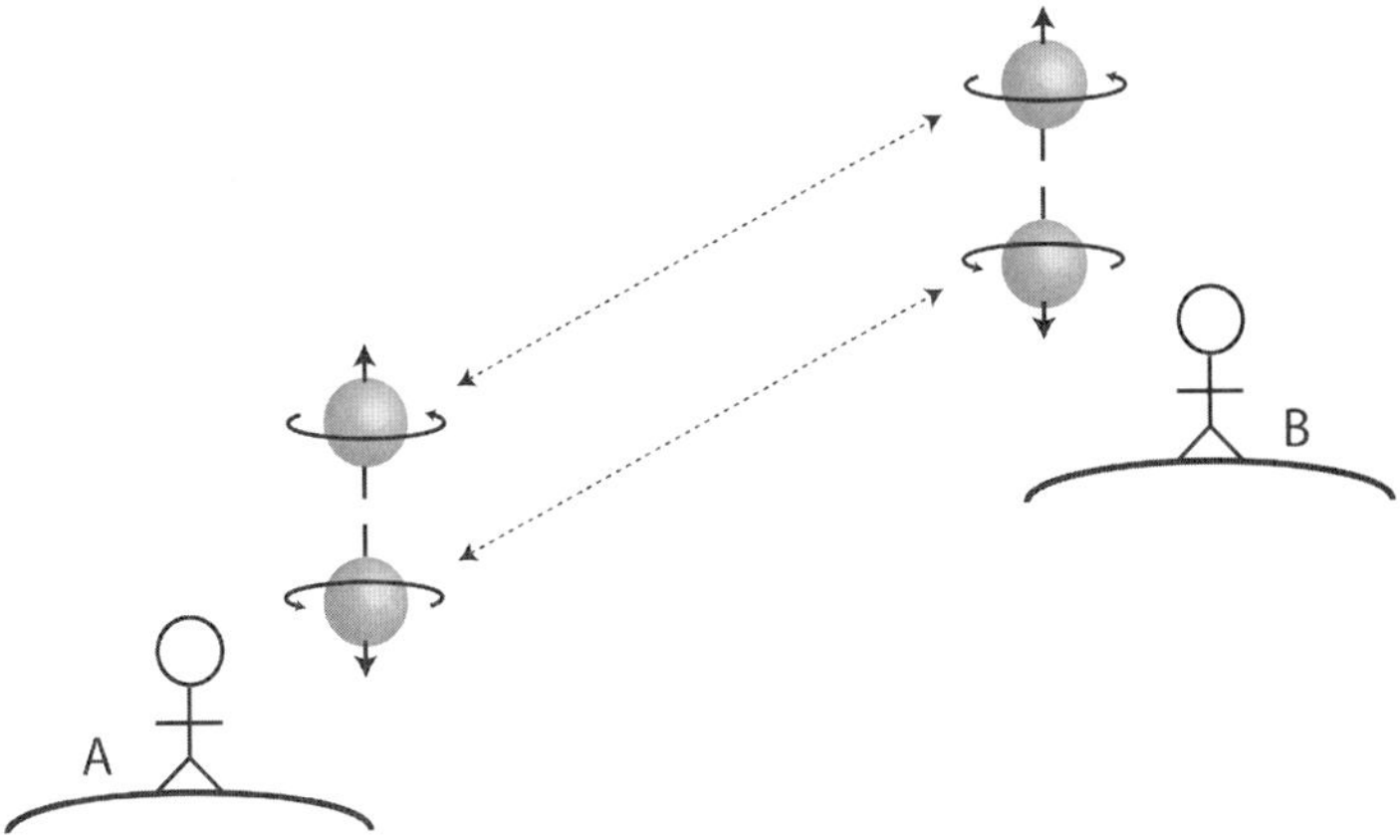

リスのスピンがどのような結果を出すのか私たちにはまったく不明だし、ボブのスピンについても同じくわからない。では、アリスが上向きスピンを観測したとしよう。量子力学の規則によって、私たちはすぐさま知る。現地でようやく観測する時間を見つけてくれたなら、必ずボブも上向きスピンを観測することになると。

　これは奇妙だ。アインシュタインはすでに三〇年も前に特殊相対性理論を完成させており、その帰結の一つにしたがえば、信号は光速よりも速くは進めないはずだった。にもかかわらず、ここでの話は、量子力学にしたがえばアリスが今ここでしている観測が、四光年先のボブの粒子ビットに即座に影響を与えるということになっている。アリスの量子ビットが観測されたことを、そしてその結果がどうだったのかを、ボブの量子ビットはどうやって知るのか。これがアインシュタインの言った「不気味な遠隔作用」だが、なるほどうまい愚痴である。

　とはいえ、じつはそれほど悪いことではないのかもしれない。量子力学はどうやら光速よりも速く影響を伝えるようだと知って、真っ先にこんなふうに思う人もいるだろう――この現象を利用して長距離コミュニケーションが即座にできるようにならないものか？　量子もつれ電話を作れたなら、もう光速が制約になることもないのでは？

残念ながら、そううまくはいかない。それは、さきほどからの単純な例でも明らかだ。アリスが上向きスピンを観測すれば、彼女はただちに、ボブが時間を見つけしだい同じく上向きスピンを観測することを知る。しかし、ボブはそれを知らない。ボブが自分のスピンがどうであるかを知るためには、アリスが自分の観測結果を伝統的な手段でボブに送らなければならない――が、それは光速の制約を受ける。

いや、抜け穴がある、と思うかもしれない。アリスがただ観測してランダムな答えを見つけるのではなく、強制的に上向きスピンの答えが出るようにしているのなら？　そうすればボブの答えも上向きスピンになるだろう。これなら情報が即座に伝達されたように見える。

問題は、重ね合わせになっている量子状態を出発点として、強制的に特定の答えが得られるようにその状態を観測するのは、そのままの流れでは無理だということである。アリスが普通に自分のスピンを観測すれば、アリスは等しい確率で上向きか下向きの答えを得る。そこに「もし」も「だから」も「しかし」もない。アリスにできることがあるとすれば、観測する前に自分のスピンを操作して、強制的にスピンを重ね合わせの状態でなく、一〇〇パーセント上向きにすることだ。たとえば自分の電子に光子を撃ち込む。光子には、電子のスピンが上向きなら電子を放置して、電子のスピンが下向きなら上向きに変えるという、もってこいの性質がある。その場合、アリスのもともとの電子は確実に上向きスピンで観測されるだろう。しかし同時に、その電子はもはやボブの電子ともつれてはいない。むしろ、もつれは光子に移されている。いまや光子は「アリスの電子を放置している」のと「アリスの電子にぶつかっている」のとの重ね合わせの状態にある。ボブの電子は完全に影響外だから、ボブは五分五分の確率で上向きスピンか下向きスピンを見つけることになる。つまり、情報はまったく伝達されていない。

これが量子もつれの一般的な特徴である。この「ノー・シグナリング定理」にしたがえば、もつれた状態にある粒子のペアを実際に利用して、どこかとどこかのあいだに光よりも速く情報を伝達させることは不可能だ。ということは、量子力学は微妙な抜け穴を利用して、相対論の精神（どんなものも光速より速くは進めない）には反しながらも、この法則の文言（実際の物理的粒子は、それがどんな有益な情報を運んでいようと、光速より速くは進めない）にはしたがっているわけなのだろうか。

○○○

いわゆる「EPRパラドックス」は（そもそもパラドックスではなく、量子力学の特徴であるだけなのだが）、単なる不気味な遠隔作用についての懸念にはとどまらない。量子力学が不気味なだけでなく、おそらく完全な理論ではありえないことを明らかにする――それがアインシュタインの目的だった。本当は基本に何らかの包括的なモデルがあって、量子力学はその有益な近似にすぎないに違いないのだ。

EPRは局所性の原理を信じていた。局所性の原理とは、自然を記述する物理量は時空の特定の点で定義されるものであり、空間いっぱいに広がるようなことはなく、近くの別の物理量とだけ相互作用して、遠距離では相互作用しない、という考え方だ。別の言い方をすれば、特殊相対性理論による光速の制約があるからには、局所性の帰結として、私たちがある場所に存在する粒子に対して何ができるとしても、それがずっと遠くに存在する別の粒子に対してなされる観測に、即座に影響を与えることはできないということになる。

二つの遠く離れた粒子が量子もつれの状態になれるのは事実なわけだから、量子力学においては局所性が破られるのだと考えることもできるように思える。だが、EPRはそんな半端な考えはしたくなかったので、すべてが局所的に見えるようにする巧妙な回避策はないのだということをはっきりさせた。

EPRが提案したのは、次のような原理だ。ある特定の状態の物理系があって、その系を観測したときに、どういう結果が出るかを一〇〇パーセント確実にわかって観測できるなら、その観測した結果は「実在の要素」であると見なすことができる。古典力学では、各粒子の位置と運動量が、実在の要素として認められる。量子力学では、たとえば純粋な上向きスピンの状態にある量子ビットがあった場合、垂直方向のスピンに対応する実在の要素はあるが、水平スピンに対応する実在の要素は必ずしもない。それを観測したときにどういう結果を得られるかがわからないからだ。EPRの定式化においては、あらゆる実在の要素の直接的な対応物が理論そのものの中に入っていてこそ、「完全」な理論なのである。この基準により、量子力学は完全ではありえないのだとEPRは主張していた。

ふたたびアリスとボブと、彼らのもつれた量子ビットに登場してもらい、アリスが今しがた自分の粒子の垂直スピンを観測して、上向きになっているのを見つけたと想定しよう。ボブも同じく上向きスピンを観測することになるのは、たとえ本人は知らなくても、私たちにはもうわかっている。したがってEPRの観点からすると、ボブの粒子に付随した実在の要素があって、それがスピンは上向きだと言っていることになる。この実在の要素は、アリスが観測をしたときに生じたわけではない。ボブの粒子はそこから遠く離れているからだ。局所性にもとづけば、実在の要素は粒子がいるところに存在していなければならない。だから、それはずっとそこにあったはずなのだ。

だが、もしここで、アリスが垂直スピンをまったく観測せずに、代わりに水平軸に沿って自分の粒子のスピンを観測していたら、と考えてみよう。たとえば粒子の右向きスピンが観測されたとする。もつれた量子状態が前提になっているわけだから、アリスがスピンを観測するのにどの方向を選ぼうとおかまいなしに、ボブもアリスと同じ結果を得ることになるのは間違いない。つまり私たちは、ボブが右向きスピンを観測すると知っている。したがってEPRの観点からすると、「水平軸に沿って観測されればボブの量子ビットは右向きスピンだ」と言っている実在の要素が存在する——最初からずっと存在していた——ことになる。

アリスの粒子にとってもボブの粒子にとっても、アリスがどういう観測をしようとしているかを事前に知るすべはない。したがってボブの量子ビットは、もし垂直に観測されればスピンは上向きで、もし水平に観測されればスピンは右向きであることを保証する実在の要素を備えていなくてはならない。

これはまさに、不確定性原理によって起こりえないとされていることだ。垂直スピンが正確に決定されるなら、水平スピンは完全に不明であり、逆もまた同様である——少なくとも量子力学の伝統的な規則にしたがえば。量子力学の形式には、垂直スピンと水平スピンを同時に決定できるようなものは何もない。だからEPRは勝ち誇って結論した——ゆえに、何か欠けているものがあるのは確実だ。量子力学は物理的実在の完全な記述ではありえない。

EPR論文はたいへんな物議をかもし、その騒ぎは職業物理学者の世界をはるかに超えて広がった。ニューヨーク・タイムズ紙はポドルスキーから内々に情報を得て、このアイデアを報じる一面記事を出した。これにアインシュタインは激怒して、厳しい抗議文を書いて同紙に掲載させた。科学的結果についての事前議論が「世俗紙」でなされることを、アインシュタインは強く非難していた。[2] 伝えられるところによると、彼は二度とポドルスキーに話しかけなかったという。

職業科学者からの反応も早かった。ニールス・ボーアはすぐにEPR論文への返答となる論文を書き、これによってすべての謎が解けたと主張する物理学者も多かった。よくわからないのは、いったいどうしてボーアの論文がそんなふうに評価されたかだ。たしかに優秀で独創的な理論家ではあったが、ボーアは自分の考えを明快に伝えることにとくに長けていたわけではなく、本人もそれは認めるところだった。ボーアの論文は、こんな文章でいっぱいだった。「この段階では、系のその後のふるまいに関係する可能な予言の種類を定義する厳密な条件に対する影響の本質的な問題が生じる」。大まかに言えば、ボーアの主張は、実在の要素がどう観測されようとしているかを考慮せず、実在の要素を系に起因させようとするべきではない、ということだった。おそらくボーアは、何が実在しているかは何を観測するかに依存するだけでなく、どうしてそれを観測することを選ぶかにも依存する、と言いたかったのだろう。

○　○　○

アインシュタインら三人は、物理理論の妥当な基準だと思う要件——局所的であること、および実在の要素を決定論的に予言可能な物理量に結びつけていること——を明確にして、量子力学がそれに適合しないことを証明した。しかし、彼らは量子力学が誤りであると結論したわけでなく、不完全であると

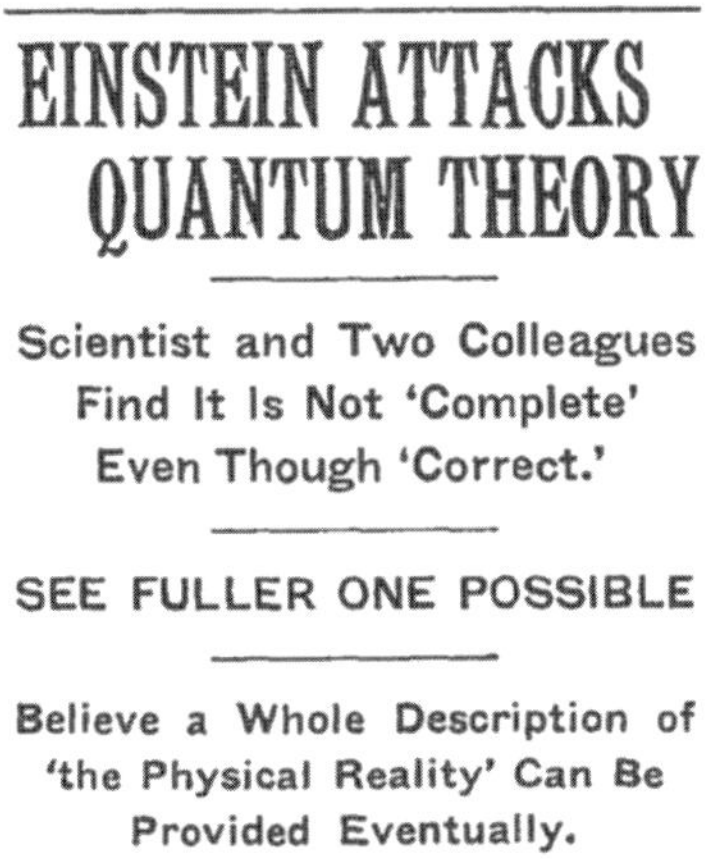
EINSTEIN ATTACKS QUANTUM THEORY

Scientist and Two Colleagues Find It Is Not 'Complete' Even Though 'Correct.'

SEE FULLER ONE POSSIBLE

Believe a Whole Description of 'the Physical Reality' Can Be Provided Eventually.

アインシュタイン、量子論を攻撃

たとえ「正しく」ても「完全」ではないことを二人の同僚とともに看破。
もっと万全な可能性のあるものを見よ。「物理的実在」の完全な記述はいつか出てくると信じよう。(ウィキペディアより)

言っただけだ。局所性と実在性を両立できる、もっとよい理論がいつか見つかるという希望はついえていなかった。

その希望を決定的に打ち砕いたのが、スイスのジュネーブにあるCERNの研究所で働いていた北アイルランド出身の物理学者、ジョン・スチュアート・ベルである。ベルが量子力学の基礎に興味を持つようになったのは一九六〇年代のことだったが、これは物理学の歴史に照らすと、そんな問題にかまけているのはまったくもって恥ずかしいと思われていた時代だった。しかし今日、量子もつれに関するベルの定理は、物理学における最も重要な成果の一つと見なされている[3]。

この定理を考えるにあたっては、ふたたびボブとアリスと、彼らのもつれた量子ビットと、その一致したスピンを呼び戻さなくてはならない(今ではこのような量子状態をベル状態と呼んでいる。ただし、初めてこれらの観点でEPRの謎を概念化したのはデイヴィッド・ボームである)。アリスが自分の粒子の垂直スピンを観測し、上向きスピンという結果を得たとしよう。私たちはもうこの時点で、ボブが自分の粒子の垂直スピンを観測すれば、ボブも上向きスピンの結果を得るとわかっている。さらに、量子力学の通常規則から、もしボブが垂直スピンでなく水平スピンを観測することを選べば、五分五分の確率で右向きスピンか左向きスピンを見つけることもわかっている。つまり、ボブが垂直スピンを観測すれば、ボブの結果とアリスの結果の相関は一〇〇パーセントで(ボブの得る結果は正確にわかる)、一方、ボブが水平スピンを観測すれば、両者の相関は〇パーセントである(ボブがどういう結果を得るかまったくわからない)と言える。

では、アルファ・ケンタウリのまわりを回る宇宙船に一人きりでいるのに飽きてきたボブが、自分の粒子のスピンを垂直軸と水平軸の中間の軸に沿って観測してみることにしたら、どうなるだろう(便宜上、アリスとボブは実際に、多数のもつれたベル状態のペアを共有していると考えよう。したがって二人はこうした観測を何度でも繰り返せる。ゆえに私たちは、アリスが上向きスピンを観測しているときにどうなるかだけを考えればよい)。すると、つねにではないが、たいていの場合、ボブはスピンが垂直軸の「上」に近い、どこかの方向を指しているのを観測することになる。実際、これは数学で表せる。ボブの選んだ軸が垂直軸と水平軸のちょうど中間の角度四五度で傾いていれば、ボブの結果とアリスの結果の相関は七一パーセントになる(この数字がどこから出てきたのかを説明してほしければ、一を二の平方根で割った数である)。

ベルが——ある表面的に妥当な仮定のもとで——明らかにしたのは、この量子力学的な予言はいかなる局所理論でも再現できないということだ。細かく言えば、ベルはある厳密な不等式を証明した。ある種の遠隔作用を抜きにして考えると、アリスとボブが四五度回転した軸で観測したときの両者の相関は、どうがんばってもせいぜい五〇パーセントにしかならないのだ。七一パーセントの相関という量子力学の予言は、ベルの不等式を破っている。すべての基礎をなす単純な局所力学という夢と、量子力学による現実世界の予言とのあいだには、否定しがたい明確な差異がある。

○ ○ ○

おそらく今、ひそかにこう思っている人もいるのではないか。「それはいいけど、ベルの証明での表面的に妥当な仮定というのはなんのことかな。もっとしっかり説明してよ。それを妥当と思うか思わないかはこっちで決めるから」

ごもっともだ。ベルの定理の背景には、とくに疑いを持ちたくなるような二つの仮定がある。一つは、ボブがある特定の軸に沿って自分の量子ビットのスピンを測定することに「決めた」、という単純な想定の中に含まれている。人間の選択、あるいは自由意志と言ってもいいが、とにかくそういう要素が、この量子力学についての定理には忍び込んでいるように見える。もちろん、これはさほど珍しいことではない。科学者はつねに、人は自分の観測したいものを好きに選んで観測できると仮定している。しかし実際、それは論じるうえでの便利な方法でしかないと思うし、その科学者たちだって、結局は物理法則にしたがう粒子と力で構成されている。したがって、「超決定論」が持ち出されることにも何も不思議はない。超決定論とは、真の物理法則は完全に決定論的である（ランダム性はどこにもない）というだけでなく、宇宙の初期条件はビッグバンの時点で定まっており、特定の「選択」は以後いっさいなされようがないぐらい、その規定は厳密であるという考えだ。量子もつれの予言と同様の予言をする、完璧に局所的な超決定論は、いつ誰に発明されてもおかしくない。理由は単純で、宇宙はそう見えるようにあらかじめ仕組まれているのである。大半の物理学者にとって、この考えはやはりなんとなく受け入れがたい。その理論の完成のために自分の仮説をきめ細かく調整することはできるとしても、基本的にそれは自分のやりたいことをやれるように調整しているのだし、だいたいその時点で、なぜわざわざ物理学をやろうと思うのか？　しかし、一部の賢い人たちはなおもこのアイデアを追究している。

もう一つの疑わしそうな仮定は、一見すると何も問題はなさそうに見える。すなわち、観測に一定の結果があるという仮定だ。ある粒子のスピンを観測して、ある実際の答えを得る。自分が選んだ軸に沿って観測することにした結果、上向きスピンや下向きスピンという答えが出る。いたって妥当なことに思えるが？

だが、ちょっと待ってほしい。私たちは、観測が一定の結果を持たないとする理論のことを知っているはずだ。それは緊縮的な、エヴェレット量子力学である。この理論では、電子のスピンを観測すれば上か下かの答えが出るというのは真実でない。分岐した波動関数のある枝では上が出て、別の枝では下が出るのだ。宇宙全体がその観測に対する単一の結果を持っているのではなく、多数の結果を持っているのだ。これは、多世界理論ではベルの定理が誤りになるという意味ではない。数学定理はその仮定のもとでは一義的に正しい。これはただ、ベルの定理が適用されないという意味である。ベルの定理の帰結によって、古い退屈な単一世界理論には必然的に不気味な遠隔作用を含まなければならないが、エヴェレット量子力学の場合はそうでない。エヴェレット量子力学で相関が生じるのは、何らかの影響が光より速く伝達されるからでなく、波動関数が別々の世界に分岐するからであり、その別々の世界で相関することが起こるのである。

量子力学の基礎を研究する者にとって、ベルの定理が自分の研究にどれだけ関連するかは、まさに自分が何をしようとしているかによって変わってくる。新しい量子力学をゼロから考案することに身を捧げていて、その量子力学の世界においては観測が一定の結果を持つのなら、ベルの不等式はつねに注意しておかなければならない最も重要な指針である。一方、多世界理論に満足していて、この理論をどうやって実際の観測される経験に写像するかを解き明かそうとしているのなら、ベルの出した答えは基本の方程式の自動的な帰結であって、先に進むときに気にかける必要のある追加の制約ではない。

ベルの定理のすばらしい功績の一つは、不気味だと思われていた量子力学の一面を、単純に実験的な問題へと転換させていることだ。自然は遠く離れた粒子と粒子のあいだに本質的に非局所性の相関を示すのか否か？――幸いなことに、実験はすでに何度も行われていて、そのたびに量子力学の予言はみごとなまでに正しいことが確認されている。一般メディアには、量子力学に関してやたら大げさな見出しをつけた記事を書く伝統がある。「かつて思われていたより量子的現実はさらに奇妙だった！」といった類のものだ。しかし、そこで実際に報じられている結果を見ると、量子力学の有能な専門家なら一九二七年（あるいは少なくとも一九三五年）に確立された理論を使ってずっと前から予言できていたと思われることを、あらためて別の実験が確認しているだけだったりする。たしかに量子力学についての理解は、かつてより今のほうがずっと進んでいる。しかし、理論そのものは何も変わっていない。

とはいえ、そうした実験が重要でないとか、とくに感心もしないとか、もちろんそんなことは言っていない。たとえばベルの予言を検証することについてなら、問題があるのは、すでにこっそり存在する古典的な相関のせいで、量子力学で予言される追加の相関が生じえなかったのを、あえて確認しようとしているような場合である。スピンの観測のしかたをどう選ぶか、観測の結果がどう出るか、あるいはその両方に、過去の隠れた事象がひそかに影響しているかどうかを誰にわかるというのだろう。

これまで物理学者はせいいっぱい、そうした可能性をつぶしてきた。「抜け穴のないベル検証」をするための、家内産業のようなものまでできている。最近のある実験は、実験室で未知の過程が作用して、スピンをどう観測するかの選択に影響が及ぶ可能性を排除したかった。そこで実験助手に観測のしかたを選ばせるのをやめ、近くのテーブルに設置した乱数発生器を使うのもやめ、何光年も遠くの星から発せられた光子の偏光にもとづいて選択をした。[4] もしも世界を量子力学的に見せようとしている悪辣な陰謀があるのだとすれば、その陰謀は何百年も前、つまり星の光が旅立ったときから計画されていなくてはならない。その可能性がないとは言わないが、ありそうにもない。

量子力学は、やはり正しいように見える。これまでのところ、量子力学はつねに正しかったのだ。

第二部　分裂

第六章　宇宙を分裂させる　デコヒーレンスとパラレルワールド

量子もつれについての一九三五年のアインシュタイン＝ポドルスキー＝ローゼン（EPR）論文と、それに対するニールス・ボーアの返答は、量子力学の基礎をめぐるボーア＝アインシュタイン論争の最後の大々的な公開砲撃だった。ボーアが一九一三年に量子化された電子軌道のモデルを発表した直後から、ボーアとアインシュタインは量子論に関する書簡をやりとりしていた。そして二人の論争が頂点に達したのが、一九二七年のソルベー会議だったわけだ。巷間に伝わるところでは、アインシュタインはボーアとの研究会での会話中に、急速にまとまりつつあったコペンハーゲン合意にちょっとした異議を唱え、ボーアはそれに関して一晩中思い悩んだすえに、翌日の朝食時、意気揚々と返答を披露してアインシュタインを懲らしめたという。アインシュタインは不確定性原理の事実と、神が宇宙とサイコロ遊びをするという考えにどうしても理解が及ばなかったのだ、と言われている。

これは事実ではない。アインシュタインにとって何より気がかりだったのは、ランダム性ではなく、実在性と局所性だった。これらの原理を捨てさせまいとの決意が頂点に達した結果、EPR論文が生まれ、量子力学は不完全に違いないという主張がなされた。だが、すでにそのころにはPR戦に敗れており、量子力学に対するコペンハーゲン流アプローチが世界中の物理学者に採用されていて、もはや物理学者たちは量子力学を、原子物理学や核物理学の技術的な問題や、新興分野の素粒子物理学や場の量子論に応用しようとしていた。EPR論文の意味するところは、物理学界からほとんど顧みられなかった。もっと具体的な物理学の問題を研究せずに、いまさら量子論の核心にあるあいまいさに取り組むなど、奇行に近いと思われはじめていた時代だった。そんな試みは、かつて生産的だった物理学者がある程度の年齢に達して、もう実際的な研究はやめてもいいやという気分になったとき、初めて時間を費やせるものだと見なされていた。

一九三三年に、アインシュタインはドイツを離れてアメリカに移り、新設まもないニュージャージー州のプリンストン高等研究所に職を得て、一九五五年に亡くなるまで在任した。一九三五年以降のアインシュタインは、古典的な一般相対性理論についての研究と、重力と電磁気の統一理論の模索を仕事の中心にしていたが、量子力学について考えるのをやめたことはなかった。ボーアはときどきプリンストンを訪ね、アインシュタインとの対話をつづけた。

一九三四年、アインシュタインのいる高等研究所から少し道を行ったところにあるプリンストン大学の物理学部に、ジョン・アーチボルド・ホイーラーが助教として参加した。後年、ホイーラーは相対論の世界的な専門家の一人として知られるようになり、「ブラックホール」や「ワームホール」という用語を世に広めたが、キャリアの初期には量子問題を研究の中心に据えていた。短期間ながらコペンハーゲンのボーアのもとで学んだこともあり、一九三九年にはボーアと共同で核融合についての先駆的な論文も発表する。ホイーラーはアインシュタインに大いに憧れていたが、彼が尊敬していたのはボーアだった。のちにホイーラーはこう語っている。「かつて、孔子と仏陀、イエスとペリクレス、エラスムスとリンカーンのような英知を備えた人間の友情が存在していたことを、何よりも私に得心させてくれたのが、クランペンボーの森のブナの木の下での、ニールス・ボーアとの散歩と対話だった」[1]

ホイーラーは多くの面で物理学に影響を与えたが、そうした功績の一つが、多くの才能ある大学院生を指導したことである。彼に指導された学生の中には、のちのノーベル賞受賞者であるリチャード・ファインマン、キップ・ソーンも含まれている。そうした教え子の一人に、ヒュー・エヴェレット三世がいた。[2]彼こそは、量子力学の基礎についての考え方に、劇的に新しいアプローチを持ち込んだ人物である。彼の基本的なアイデアについては、すでにざっと見てきたとおりだ。波動関数は現実をあらわしていて、なめらかに時間発展し、その時間発展の帰結として、量子観測がなされたときに多数の異なる世界が発生する――。必要な準備を整えてきた今、あらためてこのアイデアを検討しよう。

○　○　○

最終的にプリンストンでの博士論文として一九五七年に提出されたエヴェレットの考えは、ホイーラーの大事にしていた信条が最も純粋なかたちで具現化されたものだと言えなくもない。その信条とは、理論物理学は「急進的保守主義」であるべきだ、というものである。物理理論が成功していると見なされるには、実験データに照らした検証を受けていなければならないが、その検証は、実験家の手が実際に及ぶ範囲までしかかなわない。そこで、理論はまず保守主義であることが肝要だ。理論の構築にあたっては、すでに正しさが確認されている理論と原理を最初の足がかりにするべきで、新しい現象に遭遇するたびに新しいアプローチを勝手に導入するべきではないということである。しかし同時に、その理論は急進的でもあるべきだ。物理理論の予言と帰結は、それが検証されている範囲の外においても、まじめに取り合われることになるからである。「最初の足がかりにするべき」、「まじめに取り合われることになる」というところが重要だ。もちろん、古い理論が明らかにデータと矛盾していれば、新しい理論の正しさが認められることになるだろう。また、予言がまじめに取り合われるからといって、それを新しい情報に照らして修正してはならないということでもないだろう。しかしホイーラーの哲学は、自分たちが理解していると信じる自然の一面をまずは手堅く足がかりにして、それから大胆に、現在最良のアイデアを宇宙の果てまで当てはめるべきだというものだった。

エヴェレットはある部分、ちょうどホイーラーが関心を持つようになっていた、重力の量子論を探す試みにも刺激を受けていた。それ以外の物理――物質、電磁気、核力――は、量子力学の枠組みの内部にすっぽり収まるように見えていた。しかし重力だけは、どうにも手に負えない例外だった（それは現在も変わっていない）。一九一五年にアインシュタインが発表した一般相対性理論にしたがえば、時空はそれ自体が動力学的な存在で、この時空の曲がりや歪みこそ、私たちが重力として感知しているものなのだという。しかしながら、一般相対性理論は完全に古典力学の範疇にある。位置と運動量に類似するのが時空の曲率で、それをどう観測するかに制約はない。この理論を取りあげて「量子化」し、特定の古典的な時空ではなく、時空の波動関数の理論を組み立てようとしてみても、それは難しいことが証明されている。

量子重力を理論化するのは、技術的にも難しい――たいてい計算が膨らんで、無限に大きい答えが出てしまう――が、概念的にも難しい。量子力学においてさえ、ある粒子の位置を正確に言うことはできないかもしれないが、「空間内の一点」の概念は完璧に定義される。したがって、ある位置を特定し、粒子がその近くに見つかる確率はどれだけかと考えることができる。しかし、もし現実が空間内に散らばったものでできているのではなく、さまざまな可能な時空の重ね合わせを記述する波動関数にほかならないのなら、ある粒子が「どこ」に見つかるかなど、考えようもないではないか。

しかも観測問題に目を向けると、謎はさらに深刻になる。すでに一九五〇年代には、観測がなされると波動関数が収縮するというコペンハーゲン学派の考えが確立された学説になっており、物理学者はこれとうまく折り合いをつけなければならなかった。観測過程を自然の最善の記述の不可欠な一部として扱うことにも喜んで賛同するほどで、そうでなくても、せめてこれに関してあまり思い悩むのはやめようという気分になっていた。

だが、考慮の対象とする量子系が全宇宙である場合はどうなるのだろう。コペンハーゲン流アプロー

ヒュー・エヴェレット三世（カリフォルニア大学アーバイン校ヒュー・エヴェレット三世アーカイブ、およびマーク・エヴェレットの厚意による）

チにとって決定的に重要なのは、観測されている量子系と、観測している古典的観測者とが区別されていることである。その系が宇宙全体であるなら、私たちもそこに含まれているわけだから、頼みにできる外部の観測者がいなくなってしまう。後年、スティーヴン・ホーキングらが量子宇宙論を研究して、自己完結型の宇宙がいかにして時間の最初の瞬間を持ちえたかを議論することになる。おそらくそれは、ビッグバンのときだと考えられた。

ホイーラーらは量子重力理論の技術的な課題を検討していたが、エヴェレットはこうした概念的な問題に魅せられて、とくに観測問題をどう扱うべきかに夢中になった。多世界形式の種がいつ蒔かれたのかをさかのぼると、一九五四年のある夜半、若い物理学者仲間のチャールズ・マイスナー（同じくホイーラーの指導学生だった）、オーエ・ペテルセン（ボーアの助手で、コペンハーゲンからやってきていた）と議論したのが最初だろう。三者とも、このとき大量のシェリー酒が消費されたことを認めている。

エヴェレットの言い分はこうだった。宇宙のことを量子の観点から論じるなら、古典的な領域を別に切り分けることができないのは明らかだ。宇宙の中にいる観測者も含め、宇宙のすべての部分を量子力学の規則にしたがって扱わなければならない。そこにあるのはただ一つの量子状態だけであり、この状態は「普遍的波動関数《ユニバーサル》」（これはエヴェレットによる呼称だが、今の一般的な呼称で言えば「宇宙の波動関数」）によって記述される。

すべてが量子で、宇宙がただ一つの波動関数で記述されるなら、観測とは何なのか。どういうときに観測がなされたと言えるのか。エヴェレットの考えでは、それは宇宙の一部がまた別の一部と、観測と見なされるような相互作用をしたときだった。これは普遍的波動関数がシュレーディンガー方程式にしたがって時間発展する結果、自動的に起こることである。観測のための特別な規則を求める必要はまったくない。ぶつかりあいは絶えずそこらで起こっているのだから。

この理由から、エヴェレットはこの主題についての最終的な論文の題名を「量子力学の『相対状態』の定式化」とした。[3] 観測装置が量子系と相互作用すると、その二つは互いに量子もつれ（エンタングルメント）の状態になる。波動関数の収縮もないし、古典的領域もない。観測装置そのものが時間発展して重ね合わせの状態になり、観測されているものの状態ともつれあう。外見上は明確な観測結果（「電子は上向きスピン」）が出ていても、それは装置のある特定の状態（「私は電子が上向きスピンであるのを観測した」）と相対であるにすぎない。別の可能な観測結果は依然として存在し、それもまた完璧に現実である。ただ、それは分離した別の世界だということだ。とにかく私たちは勇気をもって、量子力学がずっと私たちに告げようとしてきたことを直視するしかない。

○　○　○

エヴェレットの理論によると観測がなされたときには何が起こるのか、今度はもう少しはっきり説明してみよう。

今ここに、スピンしている電子があるとする。これを観測すれば、選んだ軸に対して上向きスピンと下向きスピンのどちらかの状態にあるだろう。しかし観測前なら、電子はたいてい上向きと下向きの重ね合わせの状態にある。電子のほかに、観測装置もある。これもこれで一つの量子系だ。現在、この装置は三種類の可能性の重ね合わせの状態にあると考えよう。すでにスピンが上向きであることを観測し

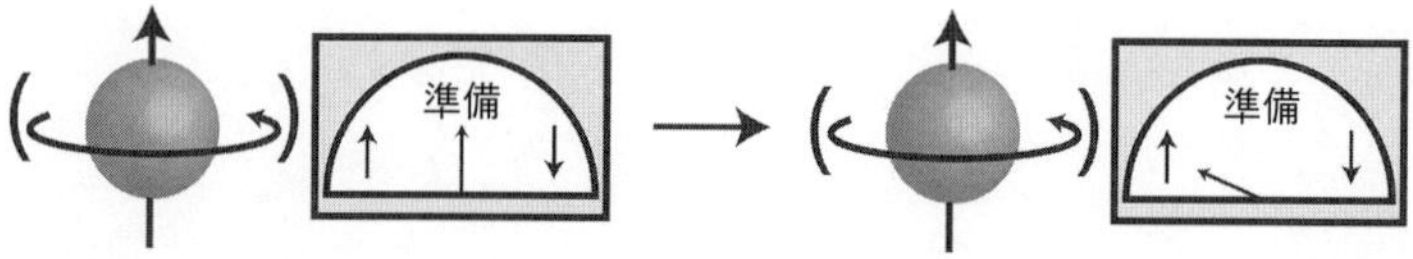

た可能性、スピンが下向きであることを観測した可能性、そして、まだスピンをまったく観測してない可能性だ。この最後の選択肢を、ここでは「準備」状態と呼ぼう。

この観測装置が自分の仕事を果たすということは、スピンと装置の組み合わさった系の量子状態がシュレーディンガー方程式にしたがってどう時間発展するかがわかるということだ。つまり、準備状態にある装置と純粋に上向き状態にあるスピンを出発点とすれば、装置が時間発展した結果、純粋な上向き観測状態になるのは確実である。図で示せば、上の図のようになる。

左側の初期状態は「スピンが上向き状態にあり、装置が準備状態にある」と読み取ればいい。一方、右側では装置の針が上向きの矢印を指しているので、これは「スピンが上向き状態にあり、装置がスピンを上向きと観測した」と読み取れる。

同じように、純粋に下向きのスピンを正しく観測する能力が装置にあるならば、装置は「準備」から「下向きと観測した」に時間発展するに違いないつまり左の図のとおりになる。

もちろん、ここでの目的は、最初のスピンが純粋な上向き状態でも下向き状態でもなく、両方の重ね合わせの状態になっているときに何が起こるかを理解することだ。幸い、すでに私たちは必要なことをすべて知っている。量子力学の規則は明らかで、系が二つの異なる状態から始まったあとにどう時間発展するかを知っていれば、その両方の状態の重ね合わせの時間発展は、そのまま二つの時間発展の重ね合わせになる。言い換えれば、何らか

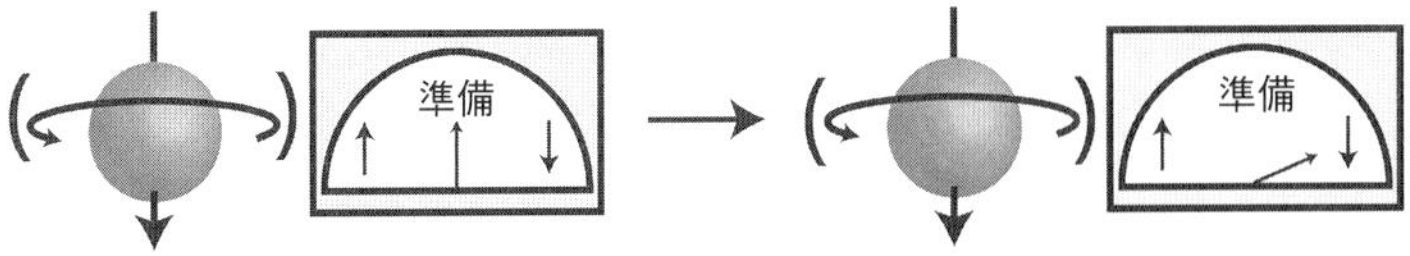

の重ね合わせの状態にあるスピンと、準備状態にある観測装置の組み合わせから始まる場合、結果は次頁の図のようになる。

その最終状態は、もつれた重ね合わせである。スピンが上向きで、上向きと観測された状態と、スピンが下向きで、下向きと観測された状態が、一組になっている。この時点で、「スピンが重ね合わせの状態にある」と言うのも、「装置が重ね合わせの状態にある」と言うのも、厳密には正しくない。互いが量子もつれの状態になっているからには、スピンの波動関数や装置の波動関数をそれぞれ独立して論じることはできない。一方に関して何が観測されることになるかは、もう一方に関して何が観測されるかに依存するからである。ここで言えるのは、「スピンと装置からなる系は、重ね合わせの状態にある」ということでしかない。

この最終状態は、スピンと装置が組み合わさった系に私たちが何も手を加えずに、ただシュレーディンガー方程式にしたがって時間発展させた結果なら、あいまいさのどこにもない明白で決定的な、この系の最終的な波動関数である。これがエヴェレット量子力学の秘訣だ。シュレーディンガー方程式にしたがえば、正確な観測装置は巨視的な重ね合わせに時間発展し、それが究極的に、別々の世界への分岐と解釈される。私たちがそれらの世界を導入したわけではない。世界はずっとそこにあった。それをシュレーディンガー方程式が必然的に出現させるのだ。問題は、大きな巨視的物体に関わる重ね合わせには、私たちが感知するこの世界では絶対に遭遇しないだろうと思われることだ。

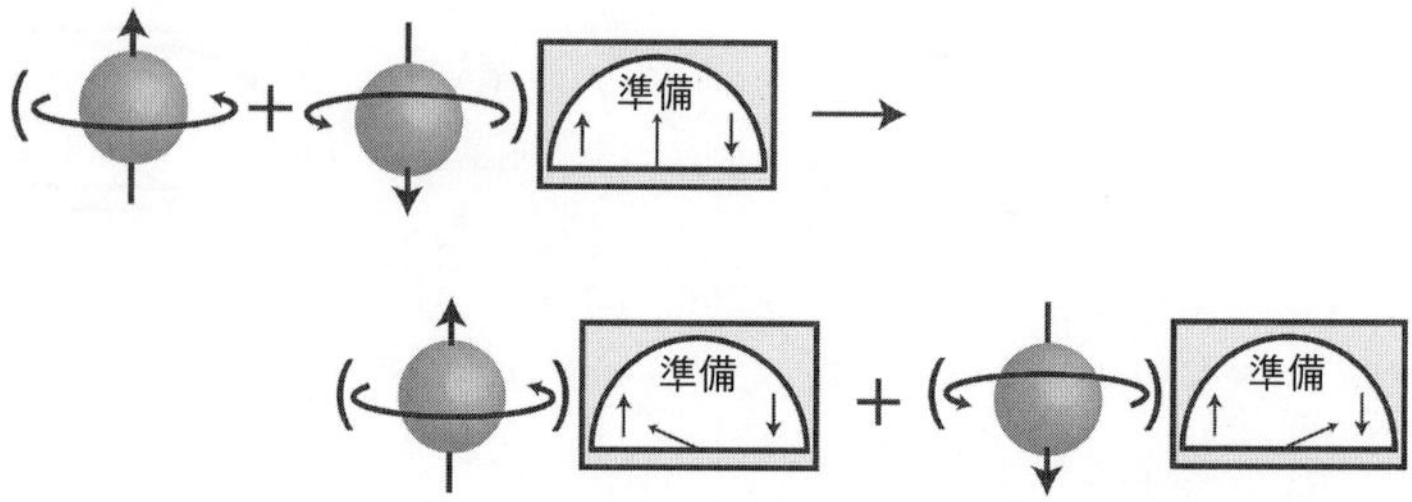

これに対する伝統的な措置は、量子力学の基本規則をどうにかいじくって解決することだった。あるアプローチでは、シュレーディンガー方程式がつねに適用できるとは限らないのだと言われ、また別のアプローチでは、波動関数のほかに追加の変数があるのだと言われる。コペンハーゲン流のアプローチは、そもそも観測装置を一つの量子系として扱うことを認めずに、波動関数の収縮を、量子系が時間発展できる別の道として扱う。いずれにしても、これらのアプローチはすべて歪みを生み出している。それというのも、先ほど述べたような重ね合わせを、自然についての真の完全な記述として受け入れなくてすむようにだ。のちのエヴェレットの言葉を借りれば、「コペンハーゲン解釈はどうしようもなく不完全だ。それは、古典物理学に先験的《アプリオリ》に頼っているからでもあり……巨視的世界に『実在』の概念を持たせておきながら、微視的宇宙にはそれを当てはめさせないという哲学的奇怪さのせいでもある」[4]。

エヴェレットの処方は単純だった。歪んだ考え方をするのをやめる。シュレーディンガー方程式が予言するものの実在を受け入れる。最終波動関数のどちらの部分も実際にそこにある。それぞれの部分は単純に、「もう二度と相互作用しない」別々の世界を記述している。

エヴェレットは、量子力学に新しいものを持ち込んだのではない。量子力学の形式から本質的でない不格好な部分を取り除いたのである。あらゆる非エヴエレット的な量子力学は、物理学者のテッド・バンに言わせれば、「世界消滅」の理論である。世界がいくつもあるのが気に入らなければ、それらの世界をなくすために量子状態の本性か、あるいはその通常の時間発展をいじくらなければならない。それはそこまでの価値のあることなのか？

○　○　○

ここで、一つ疑問が湧き上がってくる。波動関数が、生じうるさまざまな観測結果の重ね合わせを表していることは、よくわかった。ある電子の波動関数は、電子をさまざまな可能な位置の重ね合わせの状態にもできるし、上向きスピンと下向きスピンの重ね合わせの状態にもできる。だが、その重ね合わせの各部分が、別々の「世界」であると言っていいものなのだろうか。実際、そう言ってしまってはつじつまが合わなくなるだろう。垂直軸に対して純粋な上向きスピンの状態にある電子は、水平軸に対しては上向きスピンと下向きスピンの重ね合わせの状態にある。この場合、これは一つの世界を記述しているのか、それとも二つなのか？

巨視的物体が関わる重ね合わせなら、その重ね合わせが別々の世界を記述していると考えるのは論理的に一貫している、とエヴェレットは主張した。しかし同時に、その考えを全体像に仕上げるのに必要な技術的ツールを物理学者はまだ開発していない、とも述べていた。これがようやく理解されたのは、「デコヒーレンス」という現象が認められるようになってからだった。一九七〇年に、ドイツの物理学者ハインツ・ディーター・ツェーによって導入されたデコヒーレンスというアイデアは、量子動力学に対する物理学者の考え方の中心的な部分を占めるようになった。(5) 現代のエヴェレット派にとって、デコヒ

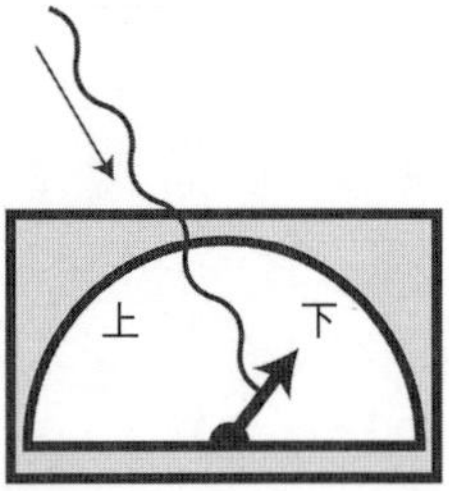

目盛り盤に吸収される光子

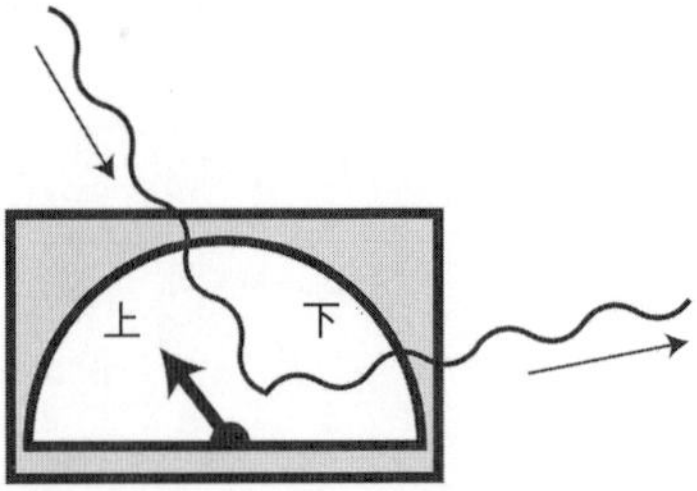

目盛り盤から反跳する光子

ーレンスはもはや量子力学というものを理解するうえでの必須の要素である。これは、量子系の観測がなされると波動関数が収縮して見える理由をきっぱり説明するばかりか、そもそも「観測」とは何かまでも説明する。

存在する波動関数はただ一つ、宇宙の波動関数である、と私たちは知っている。しかし、個々の微視的な粒子について論じるときは、それらの粒子を残りの宇宙との量子もつれから切り離した量子状態に置いておける。そうすれば私たちは常識的に、たとえば「この特定の電子の波動関数」は、といった論じ方ができる。ただし同時に頭の中では、これは本当のところ、系がほかのどんなものとも量子もつれになっていないときに採用できる、便利な省略法であるのだとわかっている。

巨視的な物体の場合、ことはそう単純ではない。さきほどのスピンと観測装置の組み合わせで考えてみよう。そして、装置が上向きスピンを観測した状態と下向きスピンを観測した状態の重ね合わせになっていると想定しよう。装置の目盛り盤に針がついていて、その針が「上」と「下」のどちらかを指している。このような装置は、残りの世界からずっと分離したままではいない。ただそこに置かれているだけのように見えても、実際には、室内の空気分子が常時ぶつかってきている。光の粒子（光子）もつねに当たっては跳ね返っている。このような、ほかのものすべて——宇宙の

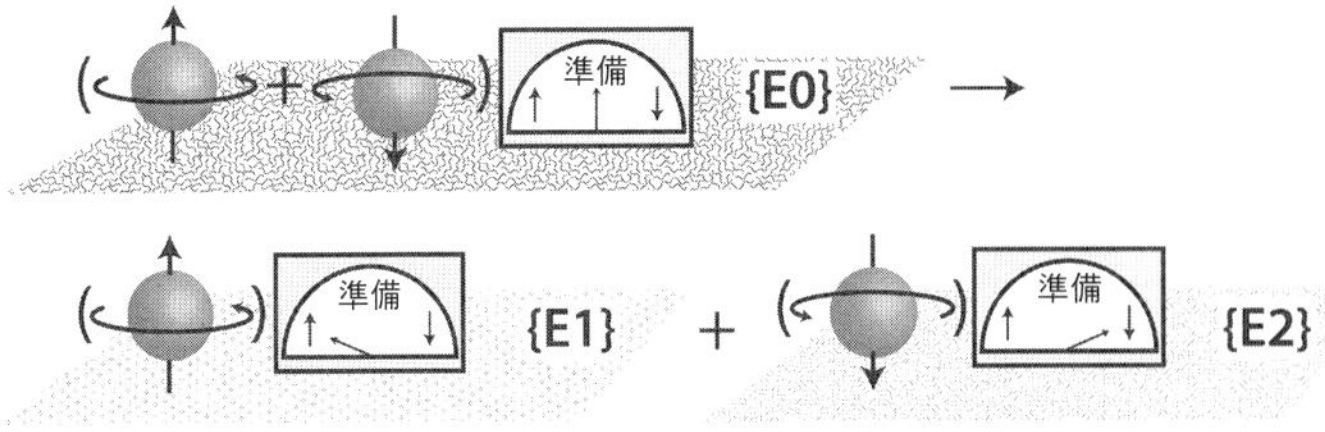

残り全体——を「環境（environment）」と呼ぼう。普通の状況では、巨視的な物体が環境との相互作用をやめることはありえない。どんなにかすかでも、相互作用はつねにある。そうした相互作用によって、装置は環境と量子もつれの状態になる。たとえばその理由は、針がある位置にあれば光子が目盛り盤から反跳し、別のところを指していれば光子が目盛り盤に吸収されるからでもいい。

したがって前述の、装置が量子ビットともつれた場合の波動関数は、まったく全体像をとらえていなかった。本来ならば環境状態を波括弧でくくって、上の図のように記述するべきだったのだ。

環境状態が具体的にどうなっているかは、ここではまったく重要でないので、ただ異なる背景という意味で、{E0}、{E1}、{E2}と示してある。この環境で、厳密に何がどうなるかを追いかけることはしない（むしろ通常はできない）——その経過はあまりにも複雑だからだ。装置の波動関数のさまざまな部分とさまざまに相互作用するのは一個の光子どころではなく、とてつもなく多数の光子なのだ。室内にある光子などの粒子をすべて追跡するなど、誰にだってできない相談だろう。

このシンプルな過程——巨視的な物体が環境と量子もつれの状態になり、その経過を私たちは追跡できない——がデコヒーレンスで、これには世界を変えるほどの意味合いがともなっている。デコヒーレンスは波動関数をいくつもの世界へと分裂させるのである。あるいは「分岐」させると言ってもいい。そして観測者も残りの宇宙にともなって、いくつものコピーに分岐する。分岐したあと、もともとの観測者の各コピーは、ある特定の観測結果を出した世界にいることになる。それらのコピーからすると、まさに波動関数が収縮したように見える。だが、私たちはその奥を知っている。収縮は外面上そう見えるだけで、それはデコヒーレンスが波動関数を分岐させたからなのである。

分岐がどれだけの頻度で起こるかはわからない。というより、それがまともな疑問なのかどうかもわからない。これは宇宙にある自由度の数が有限なのか無限なのかしだいだが、現時点での基礎物理学ではその答えが出ていない。しかし確実にわかるのは、たくさんの分岐が起こっているということだ。重ね合わせの状態にある量子系が環境と量子もつれの状態になるたびに、この分岐が起こるのである。典型的な人間の体の中では、一秒ごとに約五〇〇〇個の原子が放射性崩壊を起こしている。もしも崩壊のたびに波動関数が二つに分岐しているとすれば、一秒ごとに二の五〇〇〇乗の新しい枝が生じている。ほら、たくさんだ。

○　○　○

ところで、何が「世界」を作るのだろうか。今しがた示したのは、スピン、装置、環境を記述する量子状態一つだ。それなのに、なぜこれが一つではなく、二つの世界を記述すると言えるのだろうか。

私たちが世界の中で確保しておきたいと思うことの一つは、その世界のさまざまな部分が、少なくとも原則として、お互いに影響を及ぼせていることだ。次のような「幽霊世界」のシナリオを考えてみよう（なにもこれが現実の真の描写だというつもりはなく、ただのそれらしいたとえである）。このシナリオでは生きているものが死ぬと、みな幽霊になる。その幽霊たちは、互いに会って話ができるが、私たちに会って話をすることはできないし、私たちも彼らに会って話をすることはできない。彼らは私たちとは別の幽霊地球に住んでおり、そこで幽霊家屋を建てて、幽霊職場に通う。しかし、彼らも彼らを取り巻くものも、私たちや私たちを取り巻くものとは、いかようにも相互作用できない。この場合、幽霊たちは真に切り離された幽霊世界に住んでいると言ってさしつかえない。この幽霊世界で起こることは私たちの世界で起こることとは絶対に関わりを持たないという、いたって基本的な理由があるからだ。

では、この基準を量子力学に当てはめてみよう。スピンとその観測装置が互いに影響を及ぼせるかといえば、明らかに及ぼせるから、それはここではどうでもいい。ここで気になるのは、たとえば装置の波動関数のある成分（たとえば目盛り盤の針が「上」を指している部分）が、別の部分（たとえば「下」を指している部分）に影響を及ぼせるのかどうかである。ちょうどこのような状況には、前にも出会った。波動関数が自らに影響を及ぼす――そう、二重スリット実験の干渉現象だ。電子に二つのスリットを通過させたとき、電子がどちらを通ったかを観測していないと、電子が最終的にぶつかるスクリーンには干渉縞が現れるが、私たちはその原因を、全体の確率に二つのスリットそれぞれから寄与される分のあいだで相殺がなされたためだと考えた。ここが重要なところで、つまり私たちは暗黙のうちに、電子がその旅の途中でどんなものとも相互作用していない、量子もつれの状態になっていないと仮定していたわけだ。これは、電子がデコヒーレンスを起こさなかったということである。

一方、電子がどちらのスリットを通ったかを検出したときには、干渉縞が消滅していた。そのとき私たちはこの原因を、観測がなされると二つのスリットのどちらかで電子の波動関数が収縮するのが事実だからだと考えた。これに関してエヴェレットは、はるかに説得力のある筋書きを提示する。

あそこで実際に何が起こったか。電子がスリットを通過したときに検出器と量子もつれの状態になり、その検出器がすぐさま環境と量子もつれの状態になったのである。この過程はまさに前述のスピンに起こったことにそっくりだ。ただしここでは、電子が左のスリットLを通ったのか右のスリットRを通ったのかを観測している。

不思議な収縮は起こらない。波動関数はまるごとそのままで、シュレーディンガー方程式にしたがって快調に時間発展し、量子もつれになった二つの部分が重ね合わせの状態になっている。しかし注意したいのは、電子が引き続きスクリーンに向かっていったら何が起こるかである。前と同じように、スクリーン上のどの点においても電子の状態は、スリットLを通過した分からの寄与と、スリットRを通過した分からの別の寄与を受けるだろう。しかし今回、これらの寄与は互いに干渉しない。干渉が起こるには、大きさは等しいが方向が逆になっている二つの物理量を足し合わせてやる必要がある。

$$1 + (-1) = 0.$$

しかし、等しい大きさで逆の方向の寄与がスリットLとスリットRから電子の波動関数にもたらされている一点は、スクリーン上のどこにも見つからないだろう。なぜなら、電子はそれらのスリットを通過したところで、残りの世界のさまざまに異なる状態と量子もつれの状態になるからだ。ここで大きさ

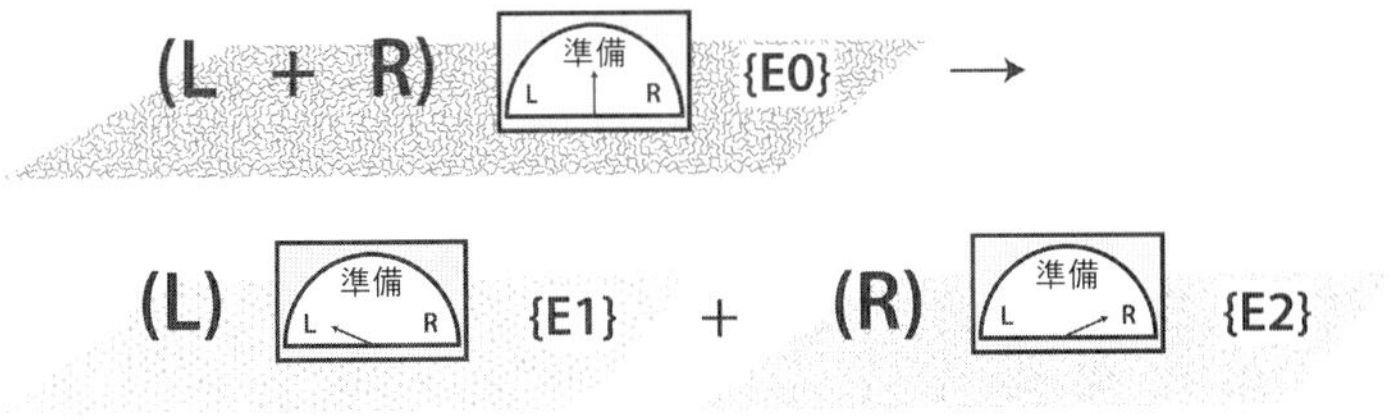

が等しく方向が逆だと言っているのは、文字どおり等しくて逆だという意味であり、「私たちと量子もつれになっているものを別にして等しい」という意味ではない。検出器と環境のさまざまな部分と量子もつれになっている——言い換えれば、デコヒーレンスを起こしている——からには、電子の波動関数の二つの部分はもはや互いに干渉できない。ということは、それらはもう相互作用できない。ということは、どこからどう見ても、それらはもう別々の世界の一部なのだ。* 波動関数の一本の枝と量子もつれになっているものの観点からすれば、ほかの枝は幽霊が住んでいる世界のようなものなのだ。

　多世界流の量子力学の定式化は、観測過程と波動関数の収縮に関するあらゆる謎をすっぱりと取り去る。観測する際に関しての特別な規則は何もいらない。波動関数がシュレーディンガー方程式にしたがって快調に進みつづける、ただそれだけのことだ。さらに、「観測」や「観測者」とは何なのかに関しても、特別なことは何もない。観測というのは、ある量子系を環境との量子もつれの状態にさせ、それによってデコヒーレンスと別々の世界への分岐を生み出す、あらゆる相

＊この波動関数のすべての枝の集合は、宇宙論でよく「マルチバース（多宇宙）」と呼ばれているものとは別物である。宇宙論でのマルチバースは、そのままの意味での空間領域の集合体で、一般にそれらの空間領域は互いから遠く離れており、それぞれで局所的条件が大きく異なって見える。

互作用のことであり、観測者というのは、そうした相互作用をもたらすあらゆる系のことである。とくに言っておくと、ここに意識はまったく関係ない。「観測者」はミミズでもいいし、顕微鏡でもいいし、岩石でもいい。巨視的な系についてもなんら特別なことはなく、ただ単に、巨視的な系は環境と相互作用して量子もつれを起こさずにいられないというだけだ。こうしたパワフルにしてシンプルな量子力学の統一に対して支払う代償が、多数の別々の世界なのである。

○　○　○

エヴェレット自身はデコヒーレンスのことをまだ知らなかったので、彼が思い描いていた像は、ここで描いてきたものよりはずっと脆弱で、不完全だった。しかし、エヴェレットが提示した観測問題についての新たな見方と、量子動力学の統一像は、最初から説得力のあるものだった。どの研究分野でも、人はたまたま運よく重要なアイデアを思いつくことがあるが、この理論物理学の分野でも、それはその人がとくに優秀だったからというよりも、ちょうどふさわしい時期にふさわしい場所にいたからであることが多い。だが、ヒュー・エヴェレットの場合は違った。彼を知る人は一様に、彼のすさまじい知的な才能を保証する。そしてエヴェレットが自らのアイデアの意味するところを完全に理解していたことも、彼の文章から明らかだ。もし彼がまだ生きていたら、量子力学の基礎についての現代の議論にも完璧に精通していただろう。

だが、そのアイデアをほかの人びとに認めさせるのは難しかった。そしてその「他人」には、彼の指導教官も含まれていた。ホイーラーはエヴェレットに対して個人的にとてもよく面倒を見ていたが、一方で、自らの師であるボーアに対して忠実でもあり、コペンハーゲン流アプローチの基本的な信頼性を確信していた。エヴェレットのアイデアを広く世に伝えたくもあったが、それと同時に、そのアイデアが量子力学についてのボーアの考え方への直接攻撃と受け取られないようにしたくもあった。

とはいえ実際に、エヴェレットの理論はボーアの描く像への直接攻撃にほかならなかった。エヴェレット自身もそれをわかっていて、その攻撃性を臆することなくはっきり言葉に示していたほどだった。論文の初期の草稿で、エヴェレットはアメーバの分裂のたとえを使って波動関数の分岐を説明した。「高い記憶力を持った知的なアメーバを想像してもいい。時間の進行とともにアメーバは絶えず分裂し、そのたびに、親と同じ記憶を持ったアメーバが誕生する。つまり、このアメーバは生命を線ではなく樹でつないでいる」。ホイーラーはこの（きわめて正確な）比喩のあけすけさに軽くおののき、原稿の余白にこう走り書きした。「分裂？　もっといい言葉が必要」(6)。教官と学生は、この新しい理論をどう表現するのが最善かをめぐって幾度となく激しい議論を重ねた。ホイーラーは慎重と用心を推奨し、エヴェレットは大胆なまでの明快さを希望した。

一九五六年、ちょうどエヴェレットが論文の仕上げにかかっていたころに、ホイーラーはコペンハーゲンを訪問し、ボーアと、オーエ・ペテルセンを含むその同僚たちに、この新しいシナリオを紹介した。いずれにしてもホイーラーは紹介するつもりだったが、すでにこの時期には、量子力学の「波動関数は収縮するのであって厳密にどうやってという面倒なことは問うな」学派がすっかり地歩を固めて常識になりつつあり、これを受け入れている人びとは、興味深い応用研究がこれからたくさんなされようとしているときに、いまさら基礎を見直す気にはならなかった。大西洋を挟んで、ホイーラーとエヴェレットとペテルセンのあいだで何度も手紙がやりとりされ、それはホイーラーがプリンストンに戻って、エヴェレットの博士論文の最終形式の仕上げを手伝うようになってからも続いた。この過程の悲惨さは、論文そのものの変遷に反映されている。エヴェレットの最初の草稿は「普遍的波動関数の手法による量子力学」と題されていたが、改訂版は「確率のない波動力学」と改題された。この文書は、のちにエヴェレット論文の「ロングバージョン」と呼ばれることになるが、一九七三年まで出版されなかった。最終的にエヴェレットの博士論文として提出されたのは「ショートバージョン」で、その題名は最初の「量子力学の基礎について」から、一九五七年の出版時に「量子力学の『相対状態』の定式化」に変更された。この最終版では、確率と情報理論の基礎についての検討や、量子力学の観測問題についての概観など、エヴェレットがもともと組み込んでいた興味深い部分の多くが省略されて、もっぱら量子宇宙論への応用に焦点が絞られた（出版された論文からはアメーバのくだりが消えているが、エヴェレットはどうにか「分裂」という単語だけ、ホイーラーが見ていないあいだに校正刷りで追加した脚注の中にすべりこませた）。ホイーラーが書いた「評価」論文も、エヴェレット論文といっしょに出版された。ホイーラーはその文中で、この新しい理論が急進的で重要なものであることを伝えているが、それと同時に、コペンハーゲン流アプローチとの明らかな違いを取り繕おうともしていた。

議論は続いたが、確たる進展はほとんどなかった。エヴェレットからペテルセンに宛てられた手紙は一部を引用するに値する。エヴェレットのいらだちが、そこかしこから伝わってくるようだ……。

僕の論文についての議論はもう完全に死に絶えそうだから、ちょっとばかり火に燃料を補給させてくれ。……それは「コペンハーゲン解釈」への批判だ。……きみなら僕の観点を、ただのボーアの見解に対する誤解だと言って退けたりはしないと思う。……量子力学を考えるにあたって古典物理学を基礎にするのは、暫定的に必要な段階だったと僕も思う。だが、今はもう……古典物理学に頼らずに、[量子力学を]それ自体、基礎的な理論として扱って、そこから古典物理学を導き出す時期に来ていると思うのだ。……

あと少しだけ、コペンハーゲン解釈のいらいらするところを言わせてほしい。きみたちはマクロ系の大きさが、それ以上の量子効果を無視するのを許すと言うが（観測の連鎖を断ち切ることについての議論での話だ）、だからといって、この有無を言わせず断言されたドグマが正当化されることには全然ならない。[さらに]この観測過程の「不可逆性」への一貫した説明はどこにも見つからない。これはまたしても明らかに波動力学の意味するところではないし、古典力学の意味するところでもない。これもまた別の独立した公理なのか？(7)

しかし結局、エヴェレットは学術界と戦うのをやめた。まだ博士号が授与されないうちに、国防総省の兵器システム評価グループに職を得て、そこで核兵器効果についての研究をした。その後は、戦略やゲーム理論や最適化などの研究にも関わり、いくつかの新しい会社を自らが中心となって興したりもした。プロの科学者としての地位を求めないと意識的にエヴェレットが決めたことに、出発点で示した新理論への批判がどの程度まで影響していたのかはよくわからない。単に、学術界全般に我慢がならなかっただけなのかもしれない。

それでもエヴェレットは量子力学への関心を失いはしなかった——たとえ二度と論文を出版することはなかったとしても。すでにペンタゴンで働いていたあいだに晴れて博士号を授与されたあと、エヴェレットはホイーラーから、コペンハーゲンに自ら出向いてボーアたちと話をするようにと説得された。その訪問はうまくいかなかった。それでエヴェレットは心を決めた。これが「最初からの運命」だったのだと。[8]

エヴェレットの論文が掲載された雑誌の編集をしていたアメリカ人物理学者のブライス・ドウィットは、エヴェレットに手紙を書いて、現実世界は明らかに「分岐」していない、なぜなら私たちはそのようなものを感知しないから、と言い分を述べた。エヴェレットはこれに対する返答として、コペルニクスの同じように大胆なアイデアを引き合いに出した。おなじみの、地球が太陽のまわりを回っているのであって、その逆ではないという考えである。「私はこう聞かずにはいられません。あなたは地球が動いているのを感じますか?」[9]これにはドウィットも、みごとな返答だと頷くしかなかった。そしてこの問題をしばらく熟考したすえに、一九七〇年には熱心なエヴェレット派になっていた。世界の片隅にひっそり放置されていた理論を広く人びとに認めてもらおうと、ドウィットは懸命に働きかけた。その戦略の一環として、たとえば一九七〇年にはフィジックス・トゥデイ誌に論文を載せて反響を呼び、一九七三年には、エヴェレットの博士論文のロングバージョンをついに収録した論文集を、多数の注釈を入れて出版した。この論文集は、ずばり『量子力学の多世界解釈』と題された。このときから今日までずっと残ることになる、鮮やかな命名だった。

一九七六年、ジョン・ホイーラーはプリンストンを退職し、テキサス大学に職を得た。そこの教授陣にはドウィットもいた。一九七七年、二人は共同で多世界理論についての研究会を主催した。ホイーラーはエヴェレットに連絡し、防衛の仕事を休んで研究会に参加するよう説き伏せた。会議は成功し、エヴェレットは講演に集まった物理学者たちに強く印象を残した。このときの聴衆の一人に、まだ若かったデイヴィッド・ドイッチュがいて、彼はのちに多世界理論の主要な支持者になるとともに、量子計算の先駆者にもなった。ホイーラーはさらにサンタバーバラに新しい研究所を設立することまで提案し、そこにエヴェレットを復帰させてフルタイムで量子力学の研究をさせようと考えていたのだが、最終的には何も実現しなかった。

エヴェレットは一九八二年、突然の心臓発作により五十一歳で亡くなった。存命中は、食べすぎ、吸いすぎ、飲みすぎと、健康的とはとても言いがたい暮らしを続けていた。彼の息子のマーク・エヴェレット（長じてロックバンドのイールズを結成した）は、自分のことをかまってくれない父親に、最初は怒りを感じていたという。のちに、彼はその考えを改めた。「父のような生き方にもそれなりの価値があるのだとわかっている。父は好きなだけ食べて、吸って、飲んで、そしてある日、突然、急死した。それとは別の道もいくつか見てきたが、いろいろ考えると、楽しく過ごしていきなり死ぬのも、そう悪くない道なのだと思えてくる(10)」

第七章　秩序とランダム性　確率はどこから来るか

ある晴れた日のこと、イギリスのケンブリッジで、エリザベス・アンスコムはばったり師のルートウィヒ・ウィトゲンシュタインに出くわした。「なぜ人は」とウィトゲンシュタインはいつもの独特の調子で切り出した。「地球が軸を中心にして回転していると考えるより、太陽が地球のまわりを回っていると考えるほうが自然だと言うのだろう」[1]。アンスコムは明白な答えを返した。単に太陽が地球のまわりを回っているように見えるからじゃないですか。「ふむ」とウィトゲンシュタインは言った。「もし地球が軸を中心にして回転していたら、それはどんなふうに見えるのだろう」

この逸話は――アンスコム自身によっても語られ、トム・ストッパードの戯曲『ジャンパーズ』でも使われているが――エヴェレット派のお気に入りの一つだ。物理学者のシドニー・コールマンはよくこれを自分の講演で話していたし、物理哲学者のデイヴィッド・ウォレスは自著の『創発的な多宇宙（*The Emergent Multiverse*）』の冒頭に使った。思えばこれは、ヒュー・エヴェレットのブライス・ドウィットへの返答とも、ウィトゲンシュタインの言う「家族的類似」がある。

この話の何がそんなに関係しているのかはすぐわかる。良識のある人なら誰だって多世界像のことを初めて聞かされたとき、すぐさま直感的に反論するだろう。量子観測がなされるたびに自分が分裂して何人もの人間になるなんて、そんなふうには感じない。そしてもちろん、あらゆる種類の別の宇宙が、自分のいる宇宙と平行して存在しているように見えることもない。

これに対してエヴェレット派なら、ふむ、とウィトゲンシュタインさながらに答えるだろう。もし多世界が真実だったら、それはどんなふうに感じられ、どんなふうに見えるのだろう。

願わくは、人間が実際に感じ取っていることを、そのままエヴェレット的宇宙に住んでいる人間も感じ取ってくれているといい。つまり、教科書量子力学にかなりの精度でしたがっていると見られ、かつ、多くの状況で古典力学に近似される物理世界を経験していてほしいということだ。とはいえ、「なめらかに時間発展する波動関数」と、それで説明されるべき実験データとの概念的距離はきわめて大きい。ウィトゲンシュタインの疑問に出してやれる答えが望ましい答えなのかどうかも明らかでない。エヴェレットの理論は定式化の面では簡潔かもしれないが、その意味するところを完全に具体化してやるには、まだ相当になすべきことがある。

この章では、多世界理論の主要な謎に向き合っていこう。それはすなわち、確率の起源と本性だ。シュレーディンガー方程式は完全に決定論的なものである。ならば、なぜ確率が入ってくるのか。なぜ確率はボルンの規則にしたがって、振幅――波動関数が可能な結果のそれぞれに関連づける複素数――の二乗に等しいとされるのか。もし分岐したすべての枝に未来の自分がいるのなら、ある特定の枝に行き着く確率を論じたところで何の意味があるのか。

教科書的、もしくはコペンハーゲン的な量子力学では、そこでボルンの確率の規則を「導出」する必要がない。それは理論の公準として、ただそこにどさりと置くだけのものである。なぜ同じことを多世界理論でできないのだろう。

その答えは、たとえ規則の言っていることがそれぞれの場合で同じ――「確率は波動関数の二乗によって求められる」――でも、規則の意味することは大きく違っているからだ。教科書版のボルンの規則は、どれだけの頻度でものごとが起こるか、あるいはどれだけの頻度で未来に起こるかということを伝えている。多世界理論には、そのような追加の公準の入る余地がない。波動関数はつねにシュレーディンガー方程式にしたがうという基本的な規則から、何が起こるかは正確にわかるからだ。多世界理論での確率は必然的に、どういうことが確信され、どういうふるまいがなされるはずかを伝えるもので、どれだけの頻度でものごとが起こるかを伝えるものではない。そして「確信されるべきこと」というのは、物理理論の公準の中に置かれるものでなく、その公準によって示唆されるべきものだ。

さらに言えば、このあと見るように、追加の公準は入る余地もなければ、入る必要もない。量子力学の基本構造から言って、ボルンの規則は自然で自動的なものだ。自然界には概してボルンの規則のようなふるまいが見られ、それによって、私たちは見当違いをしていないのだという自信が得られる。より基礎的な仮定から重要な結果を導出できるような枠組みは、ほかのすべての条件が等しければ、別々に仮定することが必要となる枠組みよりも好ましいはずだ。

この疑問にうまく答えられれば、多世界理論が真実だった場合に見られるとされる世界が、私たちの実際に見ている世界であることの証明にぐっと近づいたことになるだろう。その世界とは、ある特定の結果を得る確率がボルンの規則によって求められる量子観測の事象を除いては、古典力学にとても近似される世界ということだ。

確率の問題は、しばしば、なぜ確率が振幅の二乗によって求められるのかを導出しようとすることだと表現される。しかし、じつはそこは難しい部分ではない。確率を求めるために振幅を二乗するのは、ごく自然な行為だ。本当は波動関数の五乗だったんじゃないかとか、そんなことを心配する必要はまったくない。これは第五章で量子ビットを使って、波動関数がベクトルと考えられることを説明したときに学んだことだ。ベクトルは直角三角形の斜辺のようなもので、個々の振幅が短いほうの二辺にあたる。ベクトルの長さは一に等しく、ピタゴラスの定理により、それはすべての振幅の二乗の和である。したがって「振幅の二乗」は自然と確率のように見える。つまり、足し合わせると一になる正の数だ。

もっと深い問題は、そもそもエヴェレット量子力学に予言不可能なことがあるのか、もしあるとしても、なぜ確率を付与する特定の規則があるのか、ということだ。多世界理論では、ある瞬間の波動関数がわかっていれば、ほかのどの瞬間でも波動関数がどうなるかは正確に割り出せる。シュレーディンガー方程式を解けばいいだけだからだ。これに関して、あてにならないことは何もない。しかし実際、核崩壊やスピン測定などはどうしようもなくランダムに見える。この観測の現実を、多世界像はどうやって回収するというのか。

おなじみの電子スピンの観測で考えてみよう。たとえばここに、垂直軸に対して上向きスピンと下向きスピンが等しく重ね合わせの状態になっている電子がある。これをシュテルン＝ゲルラッハ実験の磁場に通してみる。教科書量子力学によれば、波動関数が上向きスピンに収縮する可能性が五〇パーセントあり、下向きスピンに収縮する可能性が五〇パーセントあることになっている。一方、多世界理論にしたがえば、一〇〇パーセントの見込みで宇宙の波動関数が一つの世界から二つの世界に時間発展する。そうして、この二つの世界の一方では実験者が上向きスピンを見ることになり、もう一方では下向きスピンを見ることになるのだが、どちらの世界もまぎれもなくそこにあるのは確かである。このときに、「私が最終的に、波動関数が上向きスピンのほうに分岐した枝で実験者になっている可能性はどれぐらいか」と考えたとしても、その疑問には答えようがないように思える。あなたはどちら側かの実験者になるわけではない。あなたの現在のただ一人の自分は、確実に、そのどちら側にも時間発展することになるからだ。そうした状況で、どうして確率のことなど論じられようか？

よい質問だ。これに答えるには、少々哲学的になって、「確率」とは本当のところ何を意味するのかを考えなくてはならない。

○　○　○

こう言っても驚かれないとは思うが、確率についての考え方には、競合する学派がある。公正なコイントスを例にして考えてみよう。「公正」というのは、コインを何回か投げたときに表が出る回数が全体の五〇パーセント、裏が出る回数が同じく五〇パーセントという意味だ。もちろんこれは長期的に見ればの話で、二回コインを投げて二回とも裏が出たからといって、驚く人は誰もいない。

この「長期的に見れば」という注意事項に、確率という言葉によって何を意味させるかの戦略があらわれている。数回コインを投げただけなら、どんな結果が出てもまず驚きはない。しかし、何回も繰り返し投げていけば、表が出る回数はしだいに五〇パーセントに近づいていくと予想される。したがって、表が出る確率とは、コインが無限の回数で投げられた場合に、実際に表が出る回数の割合であると定義できる。

確率の意味をこのようにとらえる考え方は、ときに「頻度主義」と呼ばれる。非常に多くの試行回数の中で、実際にものごとが発生する相対的な頻度を、確率として定義しているからだ。これは私たちの直観的な確率の概念によく一致する。たとえばコインを投げるとき、サイコロを振るとき、カードを引くときに使われる確率の意味とは、まさにこのようなものだろう。頻度主義者からすると、確率とは客観的な概念である。コイン（でも何でも、論じる対象になっている系）の特徴だけに依存するものであって、私たち自身や、私たちの知識状態には依存しないものだからだ。

頻度主義は、教科書版の量子力学とボルンの規則にも不都合なく合致する。実際問題として、電子のスピンを観測するために無限の個数の電子を磁場に通すことはありえないだろうが、非常に多数の電子を通すことならありえるだろう（シュテルン＝ゲルラッハ実験は物理学専攻の学部実習コースで再現するのにうってつけの実験なので、長年のあいだに相当の数のスピンがこの手法で観測されている）。そうして十分な統計を集めれば、量子力学における確率はまさしく波動関数の二乗であるのだと納得できる。

一方、多世界理論については話が異なる。たとえば一個の電子が上向きスピンと下向きスピンの等しい重ね合わせの状態にあるとして、そのスピンを観測することを、何度も繰り返したと想定しよう。観測するたびに、波動関数は上向きスピンの結果が出る世界と下向きスピンの結果が出る世界に分岐する。それらの結果を記録するために、上向きスピンには「0」、下向きスピンには「1」とラベル付けしたとしよう。五〇回の測定をしたあとに、ある世界ではこんな記録がなされている。

10101011111011001011001010100011101100011101000001.

0が二四個、1が二六個と、十分にランダムに見えるし、適切な統計にしたがっているようにも見える。ぴったり五分五分には達していないが、こんなものだろうと予想される近さである。

しかし、これとは別に、どの観測でもスピンが上向きで、したがって記録が五〇個の0の羅列になっている世界もあるはずだ。反対に、観測されたスピンがすべて下向きで、したがって記録が五〇個の1の羅列になっている世界もあるだろう。そのほか同様に、0と1のあらゆる可能な羅列がある。もしエヴェレットが正しければ、これらの可能性のそれぞれが、ある特定の世界で実現される確率は一〇〇パーセントだ。

実際、ここでひとつ告白するが、こうした世界は本当にある。さきほどのランダムに見えた羅列は、私がわざとランダムに見えるようにこしらえたのではなく、古典的な乱数発生器で生成されたのでもない。これは実際に、量子的な乱数発生器で生成されたものだ。ある仕掛けが量子観測を行って、それを使って0と1のランダムな並びを生成したのである。多世界解釈にしたがえば、私が乱数を生成した時点で、宇宙は二の五〇乗のコピー（計算すれば1,125,899,906,842,624、言い換えれば約一〇〇〇兆）に分裂した。そしてその各コピーが、わずかに異なる数字の並びを持っている。

これらの異なる世界のすべてに私のコピーがいて、そのコピーのそれぞれがすべて、得られた数字を

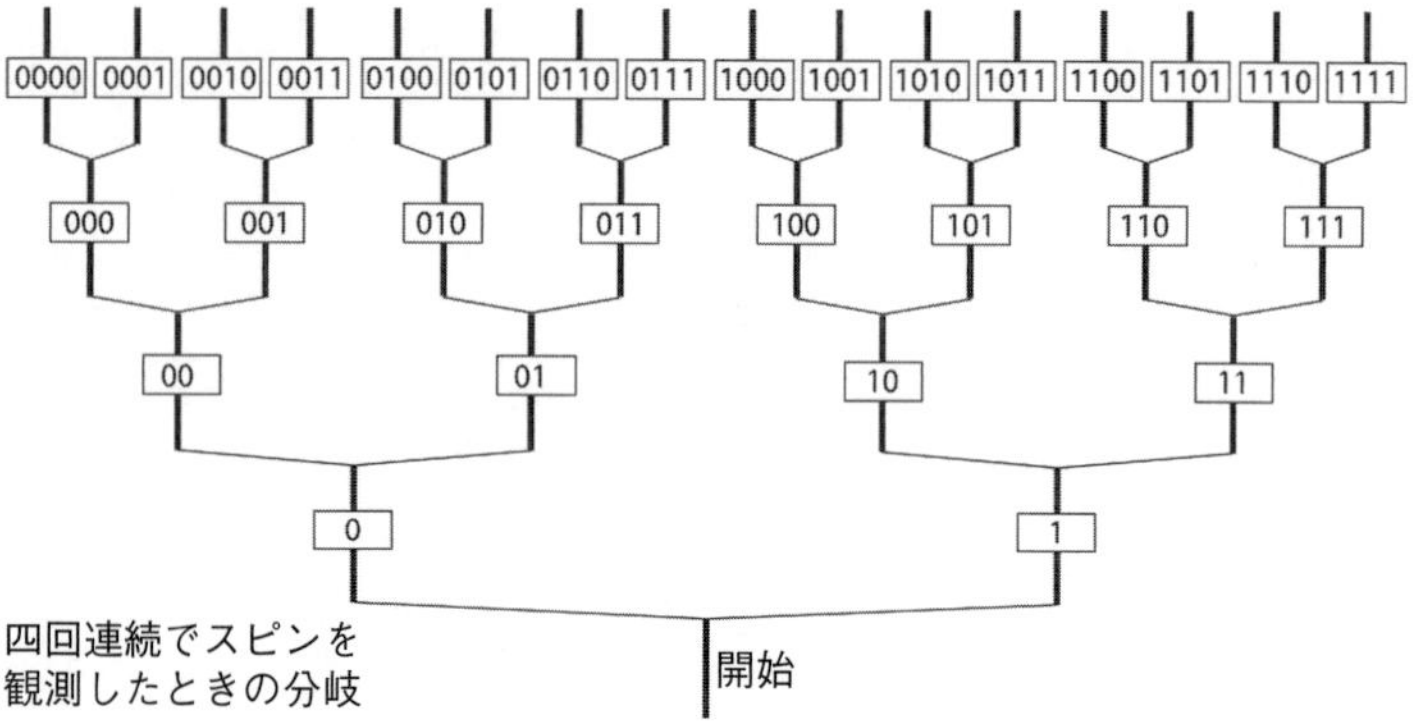

四回連続でスピンを観測したときの分岐

本書のテキストに収めようという最初の意図どおりに行動していたら、テキストの異なる一〇〇〇兆以上の種類の『量子力学の奥深くに隠されているもの』が、宇宙の波動関数の中に存在していることになる。ほとんどのコピーにおいては差異はわずかで、0と1の配置が少し変わっているだけである。しかし、一部の気の毒な「私」はたまたま運悪く、得られた数字がすべて0、もしくはすべて1になっているだろう。それらの「私」は今、何を思っているか。おそらく彼らは乱数発生器が壊れていたのだと思っただろう。彼らは確実に、私がこの瞬間にタイプしているのとまったく同じテキストは書いていない。

私や私のコピーがこの状況をどう考えているにせよ、それは頻度主義者にとっての確率のパラダイムとはかなり異なっている。試行のたびにあらゆる結果が波動関数のほかのどこかで返ってくるときに、無限の試行回数を極限とする中での頻度を論じることには、ほとんど意味を見いだせない。この場合には、確率が何を意味することになるかについて、別の考え方をする必要がある。

○　○　○

幸い、確率に対する別のアプローチは存在する。しかも、量子力学が出てくるよりずっと前からだ。それは認識論的確率という概念で、そこには無限の試行回数という仮想の条件でなく、実際に私たちが知っていることが関わってくる。

たとえば、こんな質問を考えてみよう。「NBAの二〇二〇年シーズンで、フィラデルフィア・セブンティシクサーズがチャンピオンになる確率はどれだけあるか」（私個人としてはかなり高い確率だと思うが、ほかのチームのファンは同意しないかもしれない）。もちろんこれは、何度も無限に繰り返されることが想像できるような事象ではない。第一、バスケットボール選手はみな年をとるのだから、それがプレーに影響しないわけがない。二〇二〇年のNBAファイナルは一回こっきりの出来事で、どこかのチームが勝つという明確な答えがあるものだが、ただし、それがどこのチームになるかは誰にもわからない。それでもプロのオッズメーカーはためらいもなく、こうした状況に確率を付与する。そして私たちも、日常生活で同じことをしている。志願した職を得られるかどうかから、午後七時までに空腹になっているかどうかまで、さまざまな一回限りの事象について、それが実現しそうな見込みを絶えず判断している。その意味では、過去の事象の確率についてだって論じられる。ある明確なことがすでに起こっている場合でも、それがどういう内容だったのか、わかっていないこともあるからだ。「先週の木曜、何時に退社したかは覚えてないけど、たぶん午後五時から六時のあいだだろう。そのぐらいに帰宅するのが普通だから」

こうした事例で私たちがやっていることは、考慮されたさまざまな案に対する「信用」――確信の度合い――の割り当てだ。どんな確率とも同様に、信用にも〇パーセントから一〇〇パーセントまでの幅があり、ある特定の事象がとりうる結果の信用を全部足し合わせたときに、合計一〇〇パーセントにならなくてはいけない。あることに対するあなたの信用は、新しい情報が得られるにともなって変わりうる。ある単語の綴り方に一定の確信度があったとしても、あらためて調べてみた結果、正しい答えが見つかるかもしれない。統計学者はこの手続きを、「ベイズ推定」(もしくは「ベイズ推論」)という名で様式化している。十八世紀の長老派牧師で、アマチュア数学者だったトマス・ベイズにちなんだ名前だ。ベイズが導出した方程式は、新しい情報が得られたときに信用がどう更新されるべきかを示したもので、世界中の統計学部では、ベイズの式をあしらったポスターやTシャツを見ることができる。

このように、無限の回数でなく、ただの一回しか起こらないことに対しても割り当てられる、申し分のない「確率」の概念も存在する。これは客観的な概念というよりも主観的な概念で、その人の知識状態により、ある事象の同じ結果に対しても異なる信用が割り当てられる。新しい知識を得たときに信用をどう更新するかの規則に全員が同意しているかぎり、そうした違いがあっても困ることはない。実際、もしあなたが永遠主義——未来は過去と同じぐらい実在的で、ただ私たちがまだそこに達していないだけだという見方——を信じているなら、頻度主義もベイズ主義の一部になる。そのへんのコインを無作為に投げて、「表が出る確率は五〇パーセント」と言ったとき、その発言は次のようにも解釈されるからだ。「このコインやほかのコインについて私が知っていることからして、このコインの直近の未来について何らかの明確な結果があるとしても、今の私に言えるのは、等しい可能性で表か裏が出るだろうということだけだ」

とはいえ、頻度ではなく知識を確率の根拠とすることが本当に前進なのかどうかは明らかでない。多世界流の量子力学は決定論的な理論であり、ある瞬間の波動関数とシュレーディンガー方程式がわかっていれば、これから起こるすべてのことが割り出せる。それならどうしたわけで私たちの知らないことがあり、それに対してボルンの規則をもとに信用を割り当てられるというのだろう。

これについてはある答えを言いたくなるが、その答えは誤っている。私たちは「自分が最終的にどの世界に行き着くか」を知らない、というものだ。これがなぜ誤っているかといえば、この答えは暗黙のうちに、そもそも量子的宇宙で適用できるものでない、個人の自己同一性《アイデンティティ》という概念に依存しているからだ。

ここで私たちの前に立ちはだかるのが、哲学者が言うところの、この世界についての通俗的な理解と、近代科学によって提示される、それとはまったく異なる見方である。科学的な見方は最終的に、私たちが日常的に感じ取る経験をきちんと説明してしかるべきだろう。しかし、近代科学以前の歴史の過程で出てきたコンセプトやカテゴリーがそのまま私たちの最も包括的な物理世界像の一部として、正当性を認められるべきだと期待するのはお門違いだ。よい科学理論たるものは、私たちが感じ取るものと矛盾なく一致していてしかるべきだが、その理論の言語は、私たちが普通に使う言語とはまったく違っているかもしれない。私たちが日々の生活に気やすく配置する考え方や概念は、もっと立体的な全体像の一側面の有益な近似として、そこにあるものなのだ。

たとえば椅子は、プラトン的な椅子の本質を帯びた物体ではない。それを「椅子」というカテゴリーに含めるのが賢明だと私たちに思わせるような配置に、原子が並んで集まっているものである。このカテゴリーの境界が多少あいまいでも、私たちはそのあいまいさを難なく受け止めている。ソファは椅子に数えられるのか、バースツールはどうなのか——そんなことは誰も悩んだりしない。疑う余地もなく椅子であるものを取りあげて、そこから原子を一個ずつ取り除いたら、それはしだいに椅子らしくなくなっていくが、ここをまたいだら椅子から椅子でないものへと一気に飛び移る、といった厳密な敷居は存在しない。だが、それでかまわない。私たちの日常会話では、その緩さが問題なく認められている。

ところが、こと「自己」という概念になると、私たちは少々過保護になる。普通に生きているときに、自己について非常にあいまいに思うことなど何ひとつない。成長して、学習して、体が年をとり、そのあいだにさまざまなかたちで世界と相互作用する。だが、誰が間違いなく「自分」であるのかわからなくなることなど一瞬たりともない。

量子力学は、このような認識を多少改めなければならないことを教えてくれる。スピンが観測されて、波動関数がデコヒーレンスを通じて分岐し、一つの世界が二つに分裂するときに、かつてたった一人の私しかいなかったところには二人の人物がいる。どちらが「本当の私」なのかと考えても意味はない。同じように、分岐が起こる前に「私」がどちらの枝に行き着くかを考えても意味はない。この二人のどちらにも、自分こそ「私」だと思う権利が十二分にある。

古典的な宇宙では、単一の個人のことを、時間とともに年をとっていく一人の人物と見なしてほぼさしつかえない。どの瞬間にも、ある人物は、ある特定の配置で並んだ原子の集まりである。しかし、そこで重要なのは個々の原子ではない。私たちの原子は時間とともに、かなりの部分まで置き換わってしまうからだ。むしろ重要なのは、私たちを形成しているパターンであり、そのパターンの連続性である。とくに、その人のことを思い出すときにはパターンこそが肝要となる。

量子力学ならではの新しい特徴は、波動関数が分岐するときに、そのパターンが複製されることだ。といっても慌てることはない。時間を経ても変わらない自己同一性という従来の概念を、近代科学が現れるまでの長い人類の進化期間には考える必要もなかった状況を説明できるよう、多少調整しなければならないというだけのことだ。

私たちの自己同一性がいかに堅固でも、生まれてから死ぬまでずっと一直線の単一の個人という概念は、つねに有益な近似でしかなかった。今のあなたという人物は、一年前のあなたとまったく同じ人物ではなく、一秒前のあなたとだって違っている。あなたの原子は少しだけ位置が変わっていて、いくつかの原子は新しいものに交換されている可能性もある（もしあなたが何かを食べながらこれを読んでいるなら、あなたの体内の原子は一瞬前より多くなっているかもしれない）。もし私たちが普段以上に正確であることを目指すなら、ここでも「あなた」について論じるのではなく、たとえば「午後五時のあなた」、「午後五時一分のあなた」について論じるべきだろう。

統一された「あなた」という概念が有益なのは、そうしたさまざまな瞬間のさまざまな原子の集まりが、すべて厳密に同じだからではない。それらの原子の集まりが、明らかに互いに関連しているからである。それらの結びつきには実在のパターンがある。ある瞬間のあなたは一瞬前のあなたからくだってきたものであり、その狭間に、あなたの体内の個々の原子の経時的変化や、いくつかの原子の足し引きが介在している。哲学者はもちろんこのことを考え抜いてきた。とくにデレク・パーフィットは、時間を経ても変わらない自己同一性のことを、あなたの人生のほかの段階と「R関係にある」一段階の問題であるとして、そのR関係により、あなたの未来の自分は過去の自分と心理的連続性を共有している、

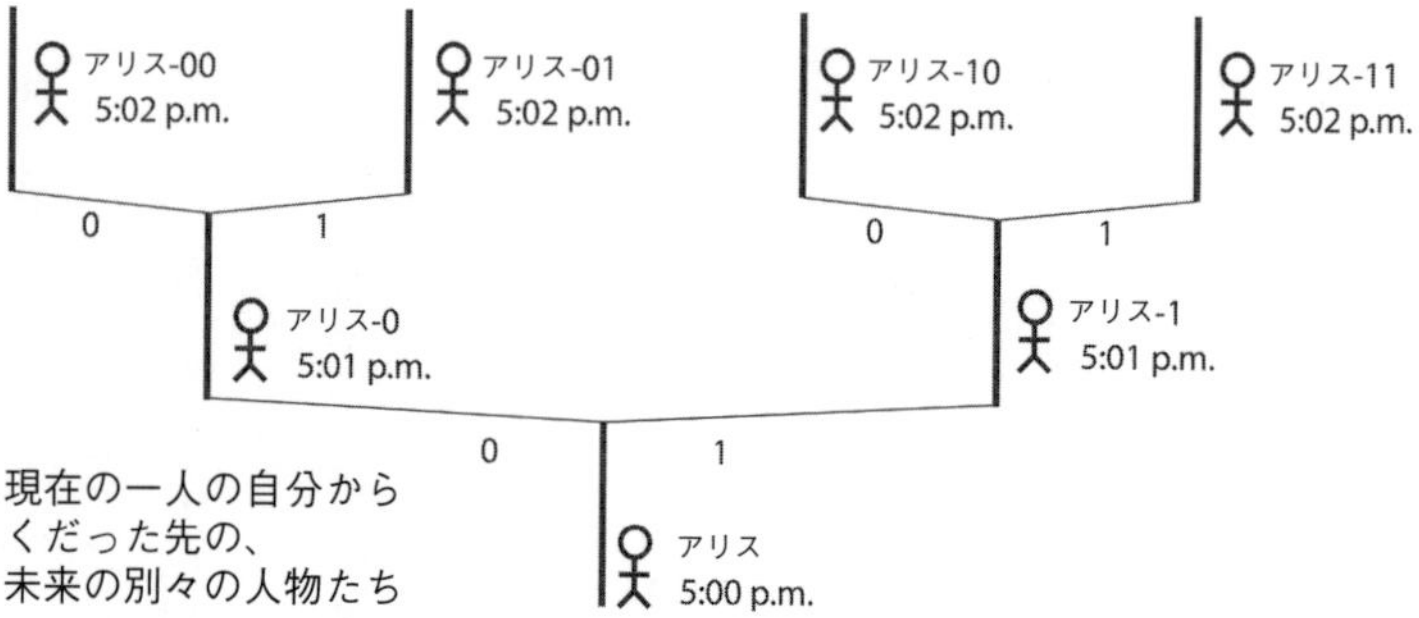

現在の一人の自分から
くだった先の、
未来の別々の人物たち

と提唱した。

多世界量子力学での状況もまったくそれと同じだが、ただしこちらでは、かつての一人の人物からくだった先に、一人よりも多くの人物が出現できる（パーフィットならこの考えにも納得しただろう。実際、複製転送機を想定して類似の状況を研究してもいた）。こちらで考えなくてはならないのは、「午後五時一分のあなた」ではなく、「午後五時のあなたからくだってきた午後五時一分の人物で、なおかつ波動関数の上向きスピンの枝に行き着いている人物」であり、同様に、波動関数の下向きスピンの枝に行き着いている人物である。

これらの人物はみな同様に、自分が「あなた」であると主張しておかしくない。誰も間違ったことは言っていない。みなそれぞれ別の人物だが、起源をさかのぼれば全員が同じ一人の人物にたどりつく。多世界解釈では、一人の人物の寿命を一直線の軌跡ではなく、一本の枝分かれした樹で考えるべきであり、そのあいだのどの瞬間にも複数の人物がいる。その点で、アメーバの分裂とまったくよく似ている。そしてこの議論は実際のところ、論じる対象が人物でなければならなくて、岩石であってはならないなんてこともまったくない。世界がまるごと複製されて、世界の中にあるすべてのものも、ともに複製されるのである。

それではいよいよ、多世界理論での確率の問題に立ち向かおう。「私が行きつく先はどの枝か?」――これを適切な疑問だと考えるのは自然なように思えていたかもしれないが、もうおわかりのとおり、この疑問をそのように考えるべきではない。

○　○　○

代わりに、デコヒーレンスが起こって世界が分岐した直後のことを考えよう。デコヒーレンスはとんでもなく急速なプロセスで、普通は一秒より何桁も少ないような時間しかかからない。人間の目からすると、波動関数は本質的に瞬時に(もちろん近似にすぎないが)分岐する。つまり分岐がまず起こり、それからほんの少しあとに初めて私たちがそのことに気づく。たとえば磁場を通過した電子が上に向かったか下に向かったかを見たときだ。

その少しのあいだに、あなたのコピーが二つできている。この二つのコピーは厳密に同一だ。それぞれが波動関数の別々の枝で生きているが、自分がどちらの枝にいるのかは両方とも知らない。

この先のことはわかっている。宇宙の波動関数についてわからないことは何もない――そこには二つの枝があり、それぞれの枝に関連した振幅も知っている。しかし、これらの枝にいる実際の人間にとってはわからないことがある――自分がどの枝にいるかだ。この状態を、「自己位置づけの不確定性」(self-locating uncertainty)という。宇宙について知るべきことはすべてわかっているのに、その宇宙の中で自分がどこにいるかだけはわからないのだ。ちなみに、これを初めて量子力学の観点で強調したのが物理学者のレフ・ヴァイドマンである。

この無知があるために、確率について論じる必要が生じるわけだ。分岐後のその瞬間、あなたのコピーは両方とも、自己位置づけの不確定性にさらされている。自分がどちらの枝にいるかを知らないからだ。ここで彼らにできるのは、どちらかの枝にいる可能性への信用を割り当てることである。

その信用は、どんなものであるべきか。とりうる道は二つあるように思われる。第一の道として、量子力学そのものの構造を利用して、合理的な観測者がさまざまな枝にいる可能性に対して割り当てるであろう、望ましい一揃いの信用を選び出すことができそうだ。もしあなたがこれを快く受け入れるなら、あなたが最終的に割り当てる信用は、ボルンの規則から得られる答えとまったく同じものになる。量子観測結果の確率は波動関数の二乗によって求められるという事実は、その確率が自己位置づけの不確定性にもとづいて割り当てられた信用から生じるとしたときに、まさしく予想されるものなのである（そして、もしあなたがこれを快く受け入れて、ほかの細かいことはどうでもいいと思われるなら、この章の残りはどうぞ飛ばしてくれてかまわない）。

しかし、それとは別の考え方もある。こちらは基本的に、どんな一定の信用を割り当てることにも意味はないとする立場である。たとえば私だって、波動関数のどちらかの枝にいる確率を計算するためのおかしな規則をいくらでも思いつける。そうして自分がよりハッピーでいられる枝にいるほうに高い確率を割り当てるかもしれないし、なんならスピンがつねに上向きである枝にいるほうに高い確率を割り当てたっていい。哲学者のディヴィッド・アルバートなどは（もちろん恣意性を強調するためで、これが妥当だと思っているからではないが）「肥満尺度」なるものを提案し、確率を各自の体内の原子の数に比例させている。[2] そうすることに妥当な正当性はまったくないが、制止されるいわれもない。この見解にしたがえば、唯一の「妥当」な行動は、信用を割り当てる正しい方法などないのだと認めること、そしてひいては、そんなことをするのをやめることだ。

こういう立場をとることもできようが、私はこれが最善だとは思わない。もしも多世界理論が正しいのなら、私たちは好むと好まざるとにかかわらず、自己位置づけの不確定性という状況にいる自分を発見することになる。そして、もし私たちの目的が、この世界についての最善の科学的理解を見つけ出すことなら、その理解には必然的に、そうした状況での信用の割り当てが含まれることになる。結局のところ、たとえ確率的な予言でしかなくても、何が観測されるかを予言することは科学の一部なのだ。信用を割り当てる方法がいくつかあって、どれを選んでもいい状況で、どれもがほかと同程度に妥当に見えるなら、それこそ手の出しようがなくなるだろう。しかし、もし理論の構造が一つだけまともな信用の割り当て方法をまぎれもなく指し示していて、かつ、その方法が既存の実験データと一致しているのなら、それを採用し、仕事が一つ終わったことを喜んで、あとは別の問題に移るだけである。

○　○　○

とりあえず、自分が波動関数のどの枝にいるのかわからないときに信用を割り当てるのに、明らかに最善な方法があるのだという考えは受け入れたとしよう。前々から言っているように、ボルンの規則は本質的に、ピタゴラスの定理の活用である。そこで今度はもう少し丁寧に、なぜそれが自己位置づけの不確定性のもとで信用を考えるときの合理的な方法であるのかを説明してみよう。

これは重要な問題である。というのも、もしボルンの規則をすでに知っていなかったら、私たちは振

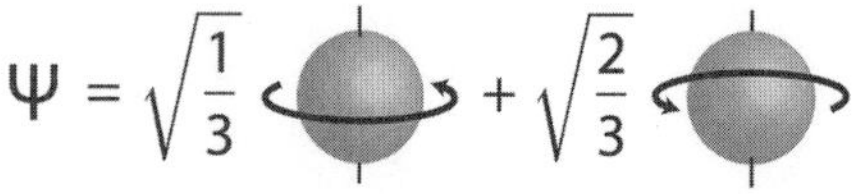

幅が確率とまったく無関係だと思っていたかもしれない。たとえば一本の枝から二本の枝に移行するときに、それらの枝は二つの分離した宇宙なのだから、それぞれに等しい確率を付与してしまいそうなものだ。この考え方は「枝の数え上げ」と呼ばれるが、おそらくこれがうまくいかないことは容易に証明できる。しかし、これをもっと厳密にした考え方もあって、それによれば、複数の枝が同じ振幅を持っているときは等しい確率を割り当てるべきであるという。そしてこれは結局のところ、すばらしいことに、複数の枝が異なる振幅を持っているときはボルンの規則を用いるべきだということを証明するのに必要なすべてなのである。

実際にうまくいく戦略を見ていく前に、まずは枝の数え上げの誤った考え方を片付けておこう。たとえば一個の電子で考えてみる。この電子の垂直スピンは装置によって観測済みなので、すでにデコヒーレンスも分岐も起こっている。厳密に言えば、装置、観測者、環境の状態についても追跡すべきだが、これらは電子の尻馬に乗っているようなものなので、ここでわざわざ明確にはしない。さて、この電子の上向きスピンと下向きスピンの振幅が等しくなくて、波動関数Ψが不均等な状態になっているとしよう。二つの方向の異なる振幅は上のとおりだ。

それぞれの枝の外にある数字が、それぞれに割り当てられた振幅である。ボルンの規則によれば確率は振幅の二乗に等しいから、この例で言えば、上向きスピンが見られる確率は三分の一で、下向きスピンが見られる確率は三分の二になるはずだ。

ここで、私たちがボルンの規則を知らなかったと仮定してみよう。その場合、私たちは単

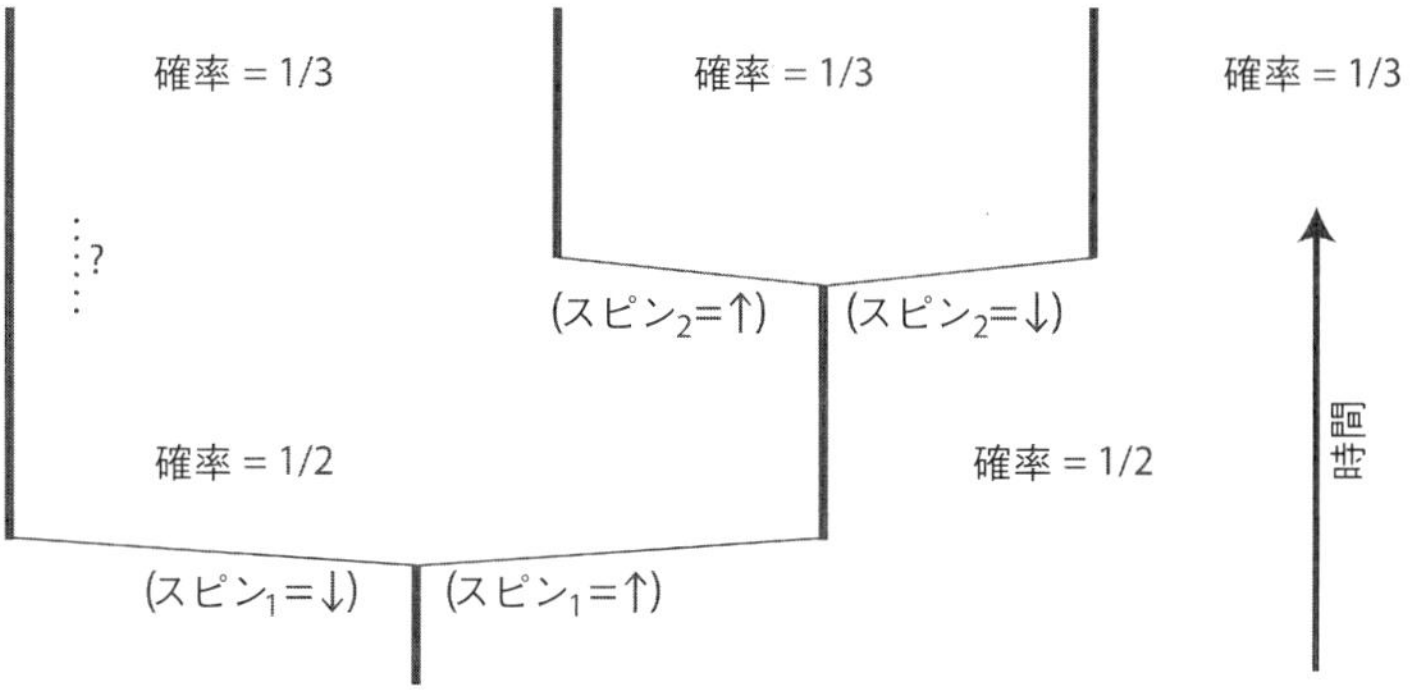

純な枝の数え上げを使って確率を割り当てたくなる。二つの枝にいる観測者の視点で考えてみよう。それぞれの視点からだとこれらの振幅は、宇宙の波動関数の中で自分の枝に掛けられている目に見えない数字でしかない。なぜそれが確率と関係あるなどと思えるだろう。観測者はどちらも等しく実在で、自分が見るまではどちらの枝にいるかを知りもしない。ならば、どれにも等しい信用を割り当てるほうが合理的、あるいは少なくとも民主的ではないか？

　この方法の明らかな問題点は、観測をずっと続けるのを許されていることだ。仮に、もし上向きスピンを観測したらそこで終わりにするが、もし下向きスピンを観測したら自動装置がすぐさま働いて、もう一度スピンを観測することを事前に取り決めていたとしよう。この二番目のスピンが右向きスピンの状態にあるとすると、もうご存じのように、それは上向きスピンと下向きスピンの重ね合わせの状態として記述できる。これを（最初のスピンが下向きだった枝においてだけ）観測した時点で、枝は三つになっている。最初のスピンが上向きだった枝と、最初のスピンが下向きで二番目のスピンが上向きだった枝と、二回続けてスピンが下向きだった枝だ。「それぞれの枝に等しい確率を割り当てる」規則は、これらの可能性のそれぞれに三分の一の確率

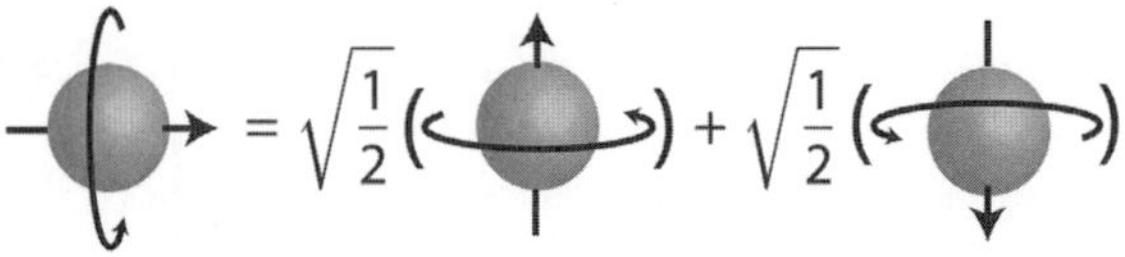

を割り当てろと言っていることになる。
これはおかしい。この規則にしたがえば、もともとの上向きスピンの枝の確率が、下向きスピンの枝での観測がなされた時点でいきなり変化して、二分の一から三分の一になってしまう。最初の実験で上向きスピンを観測する確率が、まったく別の枝にいる誰かがあとでもう一度実験をするかどうかに依存していいはずがない。したがって、もしまともな方法で信用を割り当てるつもりなら、単純な枝の数え上げよりももう少し精巧な考えをしなければならない。

○　○　○

ごく単純に「それぞれの枝に等しい確率を割り当てる」と言う代わりに、もっと範囲を限定した言い方をしてみよう。「それぞれの枝が等しい振幅を持っているときには等しい確率を割り当てる」。たとえば一個の電子が右向きスピンの状態にある場合、これは上向きスピンと下向きスピンが等しい重ね合わせになっている状態として記述できる。

この新しい規則は、スピンを垂直軸に沿って観測すれば、上向きスピンの枝にいるのと下向きスピンの枝にいるのとの両方に五〇パーセントの信用が与えられることになると言っている。この二つの選択肢のあいだには対称性があるのだから、たしかにそれは合理的に見える。実際、どんな規則であれ合理的な規則なら、この両方に等しい確率を割り当てるはずである。*

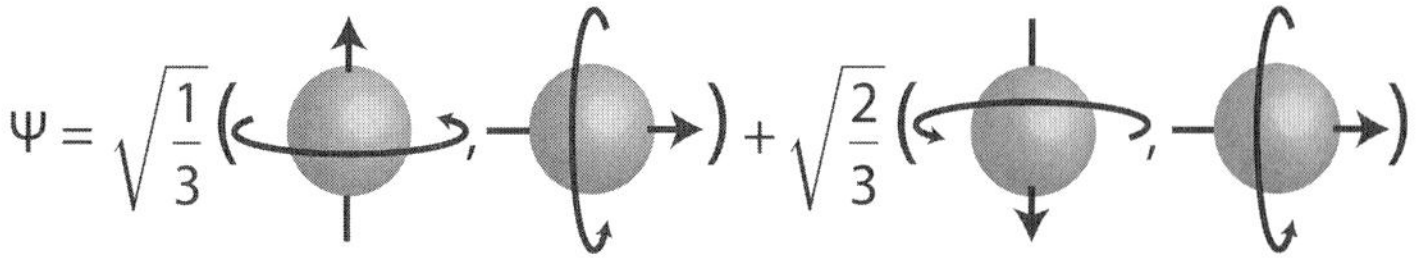

この比較的穏当な提案の一つの美点は、観測が繰り返されても矛盾が生じないことだ。一方の枝では追加の観測をして、もう一方の枝ではしなかったなら、これらの枝はまたしても等しくない振幅を持つようになるが、そうなれば、この規則はあってなきがごとしだ。

だが、これはじつのところ、それよりもずっとすばらしい。この単純な「振幅が等しければ確率も等しいことになる」規則を前提として、これはもっと普遍的な規則の特殊事例なのだろうか、絶対に矛盾を引き起こさないような上位の規則があるのだろうかと考えていくと、唯一無二の答えに行き着く。そしてその答えが、ボルンの規則なのだ。すなわち、確率は振幅の二乗に等しいという規則である。

これを理解するために、あらためて振幅が不均等だった事例を見直してみよう。そこでは一方の振幅が三分の一の平方根に等しくて、もう一方が三分の二の平方根に等しかった。ただし今回は、二番目の水平方向で観測した右向きスピンの量子ビットを最初からはっきりと加えてみる。最初の時点では、この二番目の量子ビットはただ付き合いで加わっているだけだ。

＊もっと精巧な論では、こうした規則は非常に弱い[3]仮定から得られるとされる。ヴォイチェフ・ジュレックがそうした原理[4]を導出する方法を提案しており、チャールズ・セベンズと私も、また別の独立した説を提出している。私たちは実験室での実験に、そこ以外の宇宙の量子状態と完全に切り離したうえでの確率を割り当てることで、この規則が導出できることを明らかにした。

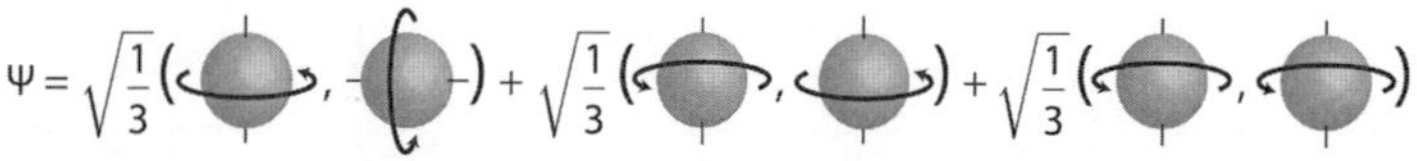

等しい振幅には等しい確率と言い張っているだけでは、まだ何も言っていないに等しい。そもそも振幅は等しくないのである。だが、ここで前にやったのと同じことを試してみたらどうだろう。最初のスピンが下向きなら、もう一度、垂直軸に沿って二番目のスピンを観測してみよう。波動関数が時間発展して三つの成分になるから、前述の右向きスピンの状態を垂直スピンに分解したものを見返せば、それぞれの振幅が割り出せる。三分の二の平方根に二分の一の平方根を掛けた値は三分の一の平方根だから、これで三つの枝はすべて等しい振幅を持つことになる。

振幅が等しいわけだから、これらには安心して等しい確率を割り当てられる。枝は全部で三つだから、確率はそれぞれ三分の一だ。そして、一方の枝で何かが起こったときに、もう一方の枝の確率がいきなり変化するなんてことにしたくなければ、それはつまり、二度目の観測をする前から、先に上向きスピンの枝に三分の一の確率を割り当てるべきだということになる。しかし三分の一といえば、ちょうどその枝の振幅の二乗だ——まさにボルンの規則が予言するとおりである。

○　○　○

それでもまだ懸念されそうなことが二つある。たとえばあなたはこう思うかもしれない——いやいや、さきほど考えたのは一方の確率がもう一方の確率のちょうど倍になっているという、特別に単純な例じゃないかと。しかし、最終的にすべての振幅が等しい大きさになるように、手元にある状態を適切な数の項に分割できるときは、つねに同じ戦略でうまくいく。これは振幅の二乗がすべて有理数（ある整数を別の整数で割った数）であるかぎり、必ずうまくいって、答えが同じになる——確率が振幅の二乗になるのだ。無理数が出てくることも多々あるが、物理学者としては、もしすべての有理数で何かがうまくいくことを証明できているのなら、あとはその問題を数学者に投げつけて、「連続」がどうのこうのとぶつぶつ言いながら、自分の仕事は終わっていると宣言すればよい。

お気づきのように、ここではピタゴラスの定理が働いている。もう一方の枝よりも二の平方根だけ大きい枝が、大きさの等しい二つの枝に分裂できるというのはそのためだ。だからこそ、厄介なのは実際の式を導出することでなく、決定論的な理論において確率が何を意味するかについての確固たる根拠を示すことだというのである。ここで私たちは、考えられる一つの答えを探ってきた。それは信用から——波動関数の分岐の直後、波動関数のさまざまな枝にいることに対して割り当てる、信用からもたらされるのではないかと。

あなたはこれに納得しないかもしれない。「しかし私は、ある結果を得る確率がどれだけになるかを、観測をしたあとでなく、観測をする前に知りたいのだ。分岐の前には、不確定なことは何もない——すでに教えてもらったように、自分が最終的にどの枝に行き着くのかと考えるのは適切でない。それなら、どうやって観測がなされる前に確率のことを論じたらいいのか」

大丈夫。さすがに仮想の対話者で、おっしゃるとおり、自分が最終的にどの枝に行き着くかを心配しても意味はない。むしろ私たちは確実に、未来にはあなたの現在の状態から派生した人物が二人いて、それぞれが別の枝にいることを知っている。この二人はまったく同一で、二人とも自分がどちらの枝にいるかを確定できていないのだから、ともにボルンの規則によって与えられる信用を割り当てるべきだろう。しかし、それはすなわち、あなたから派生した人物は全員がまったく同じ認識論的な立場で、ボルンの規則による確率を割り当てているということである。したがって、あなたが一足先に、それらの確率を今すぐ割り当てることには意味がある。ここまでの論では、確率の意味を単純な頻度主義のモデルから、もっと堅固な認識論的構図に移行せざるを得なかったが、ものごとをどう計算するか、その計算にもとづいてどうふるまうかは、まったく以前どおりに成立する。だから物理学者は今までずっと、こうした微妙な問題を避けながら興味深い研究をやってこられたのである。

この分析を直観的にとらえると、量子波動関数の振幅というのは異なる枝に異なる「重み」を持たせるもので、その重みが振幅の二乗に比例しているのだと考えられる。私としては、この心象的な説明をあまり文字どおりに受け止めたくはない。だが、これは確率を理解する助けとなる具体的な像を与えてくれる。そして同様に、追って論じるエネルギー保存のような問題を理解する助けにもなる。

枝の重み＝枝の振幅の絶対値の二乗

たとえば振幅の等しくない二本の枝がある場合なら、そこには二つだけ世界が存在しているが、その二つは重みが違っていて、振幅が大きい世界のほうが重みも大きいということになる。ある特定の波動関数のすべての枝の重みは、つねに合計が一である。そして一本の枝が二本に分かれても、それはただ既存の世界を複製して「また一つ宇宙を作る」わけではない。二つの新しい世界の重みの合計は、もと

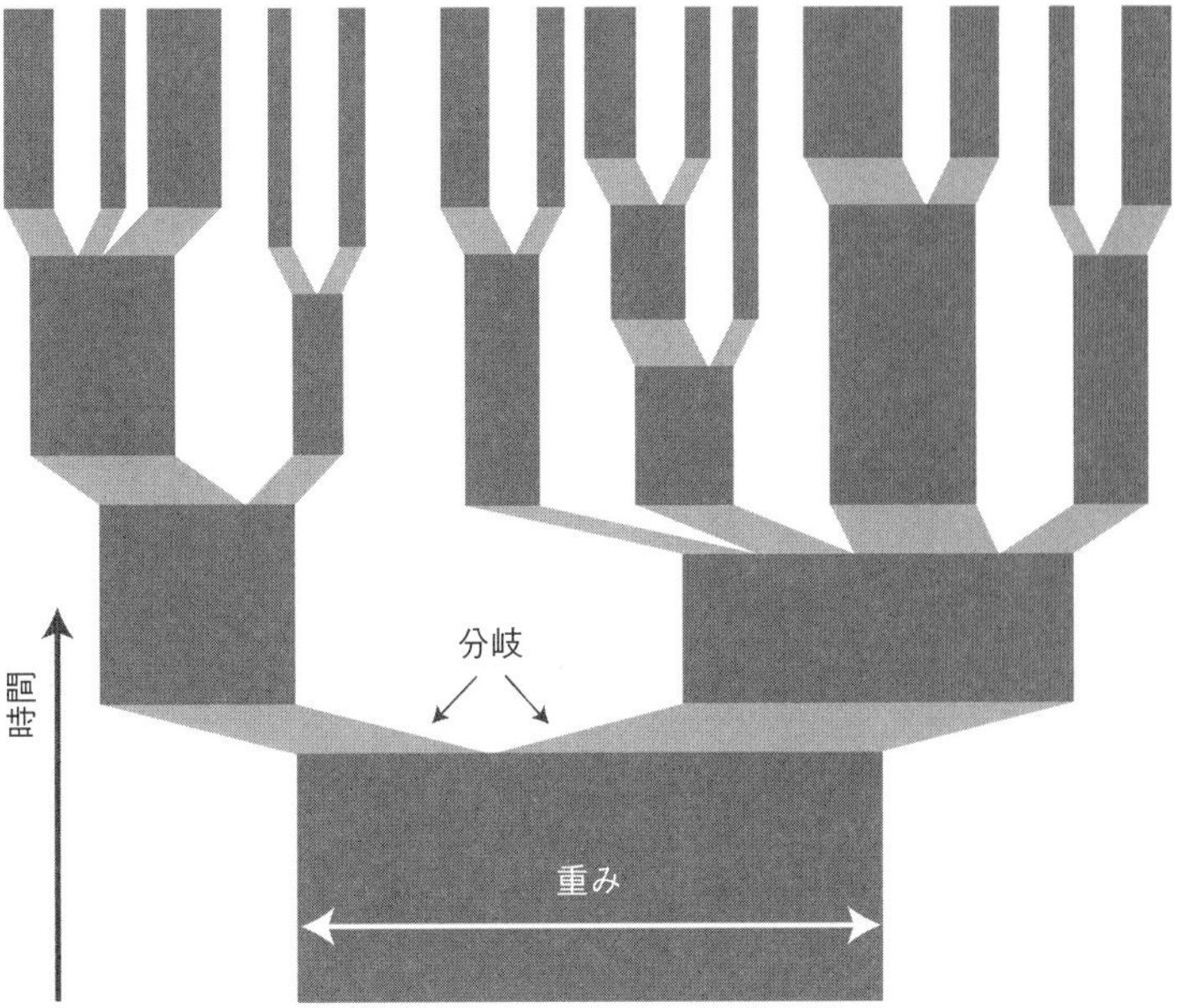

もとの一つの世界の重みに等しくて、全体の重みはつねに変わらない。したがって分岐が進むたび、世界はどんどん細くなる。

○　○　○

多世界理論でボルンの規則を導出する方法はこれだけではない。物理学の基礎論の研究者たちのあいだでもっと人気のある戦略は、決定理論に訴える。つまり、合理的な行為者が不確実な世界で選択をするときの指針となる規則を頼りにするということだ。このアプローチは一九九九年、デイヴィッド・ドイッチュ（一九七七年のテキサスでの会議でヒュー・エヴェレットに感銘を受けた物理学者の一人）がいち早く取り入れて[5]、のちにデイヴィッド・ウォレスがさらに厳密なものにした[6]。

決定理論の仮定では、合理的な行為者は起こりうるさまざまな事柄に対してさまざまな大きさの価値、言い換えれば「効用」を付与し、効用の期待値――あらゆる可能な結果をそれぞれの確率によって重みづけしたうえでの平均値――が最大限になるのを好むとされる。たとえばAとBという二つの結果があるとして、BにAのちょうど二倍の効用を割り当てている行為者は、確実に起こるAと、五〇パーセントの確率で起こるBとのあいだで、どちらになろうとかまわないと思っているはずである。決定理論には合理的に感じられる公理がいろいろあって、適切な効用の割り当ては必ずそれにしたがっている。たとえばある行為者がBよりAを好み、さらにCよりもBを好むなら、確実にAはCより好ましいはずである。こうした決定理論の公理に違反しながら生きている人は、みなすべからく非合理と見なされる。

この枠組みを多世界理論に転用すると、宇宙の波動関数がこれから分岐することを知っていて、それぞれの枝の振幅がどれだけになるかも知っているときに、合理的な行為者ならどうふるまうべきだろうかと考えることになる。たとえば、上向きスピンと下向きスピンの等しい重ね合わせの状態にある一個の電子が、これからシュテルン＝ゲルラッハ磁場を通過して、スピンを観測されることになっているとする。もし結果が上向きスピンなら、誰かがあなたに二ドル払ってくれるが、その交換条件として、もし結果が下向きスピンだったなら、あなたがその人に一ドル払う約束をしなければならない。さて、あなたはこの申し出を受けるべきか？　ボルンの規則を信頼するなら、答えは明らかにイエスである。なぜなら期待される報酬は、〇・五（二ドル）＋〇・五（マイナス一ドル）＝〇・五〇ドルだからだ。しかし、ここでは私たち自らがボルンの規則を導出しようとしている。未来の自分の一人は二ドル儲かるが、もう一人は一ドル損をすると知っているとき、どうやって答えを見つけたらいいだろう（いちおう、あなたはそれなりに裕福なので、一ドル得るか失うかは気になるところではあるけれど、人生を変えるようなことではないと仮定しよう）。

前に見た事例では、確率のことを自己位置づけの不確定性の状態にあるときの信用として説明していたが、ここでの操作はそのときよりもややこしい。したがって、それをいちいち明確にはしないが、基本的な考え方は前と同じだ。まずは、二本の異なる枝の振幅が等しい場合を想定し、二つの異なる効用の単純な平均値として期待値を計算するのが合理的であることを証明する。次に、前述のΨのような不均等な状態を想定する。ここであらためて、あなたに聞こう。スピンが観測されて上向きだったら、あなたは私に一ドルくれないか。逆に、もしスピンが下向きだったら、私があなたに一ドルあげると約束しよう。ちょっとした数学的手品を行うと、この状況で期待される効用は、振幅の等しい三つの可能な結果がある場合とぴったり同じであることが証明できる。たとえばある結果では、あなたが私に一ドルくれて、ほかの二つの結果では、私があなたに一ドルあげる。その場合、期待値は三つの異なる結果の平均値なのである。

結局のところ、エヴェレット的宇宙における合理的な行為者は、確率がボルンの規則によって与えられる非決定論的な宇宙に住んでいるかのごとくふるまうのである。この状況で何が合理的とされるかを定めるさまざまな、もっともらしく見える公理を受け入れるなら、それ以外のふるまいはすべて非合理的になる。

それでもまだ頑として、何かが真実である「かのごとく」人がふるまっていると証明するだけでは十分でない、それは実際に真実である必要がある、と主張することはできるだろう。しかし、それはいささか要点を外している。多世界量子力学は、真にランダムな事象をともなう単一世界という通常の見方とは劇的に異なる現実観を私たちに提示する。したがって、私たちにとって最も自然に感じられる概念のいくつかも、それにともなって変化を余儀なくされるのはいたしかたない。もし私たちが教科書量子力学の世界、すなわち波動関数の収縮が真にランダムで、ボルンの規則にしたがっている世界に住んでいるのなら、期待される効用をある一定の方法で計算するのが合理的ということになるだろう。そしてドイッチュとウォレスが証明しているように、もし私たちが決定論的な多世界宇宙に住んでいるのでも、期待される効用をまったく同じ方法で計算するのが合理的なのである。この観点からすると、それこそが確率を論じることの意味である。実際に起こるさまざまな事象の確率とは、期待される効用を計算するときにそれらの事象に与える重みと同じことなのである。私たちは、計算された確率が運まかせの単一宇宙に適用されるかのごとくにふるまうべきだ。だが、たとえ宇宙がそれよりもう少し豊かでも、その確率はやはり現実的な確率なのである。

第八章　この存在論的コミットメントは私を太っ腹に見せるか？
量子の謎についてのソクラテス式問答法

　アリスはグラスにワインを注ぎ足しながら、しばし黙って考え込んだ。「いちおう確認させてほしいんだけど」。ようやく口に出た言葉はそれだった。「本当に量子力学の基礎のことを話したいのよね？」

「もちろん」。いたずらっぽく微笑みながら、アリスの父はそう答えた。彼もまた物理学者で、素粒子物理学における壮大な専門的計算の大家として名を馳せた人物だ。ＬＨＣ（大型ハドロン衝突型加速器）で粒子をぶつけあわせている実験家たちは、トップクォークの崩壊によって生じる粒子のジェットに関して難しい問題が出てくると、彼に相談するのが常だった。しかし、こと量子力学に関するかぎり、彼はユーザーで、プロデューサーではなかった。「そろそろ自分の娘がやっている研究をもっとよく理解しておいてもいいかと思ってね」

「なら、いいわ」とアリスは答えた。大学院に入った当初、彼女は父親と同じような仕事の道を歩みはじめていたが、量子力学が実際のところ何を言っているのかを理解したいという強い思いにとらわれて、いつしか抜け出せなくなっていた。彼女からすると、自分たちの最も重要な理論の基礎を無視している物理学者は、自らをごまかしているようにしか思えなかった。数年後、アリスは理論物理学で博士号をとったが、にもかかわらず一流大学の哲学科で助教の職に就き、いまや量子力学への多世界アプローチの専門家として名を成していた。「どんなふうに進めたい？」

「いくつか質問を書いてきた」と父は言って、携帯電話を引っぱり出すと、何かを画面に映し出した。

アリスは好奇心をそそられながら、同時に震えを感じてもいた。「望むところよ」と一言返して、注いだばかりのボルドーのグラスに鼻を近づける。出だしは上々、香りも素敵に広がった。

○　○　○

「では、いこうか」と父が口を切った。彼が手にしているのはジン・マティーニで、辛さは控えめ、オリーブが三つ入っている。「まずは明らかなところからいこう。オッカムの剃刀だ。むやみに複雑な説明よりも単純な説明を好むべきだというのは幼稚園のときから教わるからね。で、きみの研究にそのまま沿うとすると――まあ、しないかもしれないが――きみは無限の数の見えない世界を仮定することをごく普通に認めているように見える。だが、それはちょっと豪勢すぎるのではないかな。可能なかぎり単純な説明の対極じゃないか？」

アリスは頷いた。「それはそうだけど、『単純』をどう定義するかにもよるでしょ。私の哲学の同僚がときどき言うんだけど、それは『存在論的コミットメント』を心配しているようなものだって――要するに、想像する必要のあるものは全部、この現実の中に収まっていて、私たちはそのうちの観察された一部を記述しているだけということ」

「つまり、オッカムの剃刀は、基礎的な理論において存在論的コミットメントを持ちすぎるのはみっともないことだと言っていると？」

「そう。ただし、コミットメントが実際に何を意味するかには、少し慎重にならないといけない。多世界理論は、多数の世界を仮定しているわけではないの。多世界理論が仮定しているのは、波動関数がシュレーディンガー方程式にしたがって時間発展すること。いくつもの世界は自動的にそこに出てくるものなの」

父は納得しなかった。「それはどういう意味？　これは文字どおり多世界理論と呼ばれている。多数の世界を仮定していて当然じゃないか」

「そんなことないわ」と答えるアリスは、話に熱が入るにつれて動作も大きくなっている。「多世界理論の構成要素は、あらゆる種類の量子力学で使われているのと同じ要素よ。むしろ別の世界を取り除くために、ほかの解釈は追加の仮定を据える必要がある。シュレーディンガー方程式のほかに新しい力学を追加するとか、波動関数のほかに新しい変数を追加するとか、さもなければ、まったく別の現実観を提示するとか。存在論的に言えば、多世界理論はこれ以上ないぐらい、けちけちよ」

「まさか」

「ほんとよ！　正直なところ、多世界理論はけちすぎるって反論してもらったほうがよっぽどありがたいわ。そうすれば、この観測された世界の乱雑さに形式を写像するのは大事な務めだってことになる」

父はこれを聞いて考え込んでいるようだった。今はカクテルも置きっぱなしだ。

アリスは念押しに出ることにした。「私が何を言いたいかを説明するわね。量子力学は現実に関することを言っているのだと信じているなら、たとえば電子が上向きスピンと下向きスピンの重ね合わせの状態でありうることも信じてるでしょ。だとすると、人間も観測装置も、電子やほかの量子粒子できているんだから、最も単純なことを仮定するとすれば――つまり、それがオッカムの剃刀の勧めていることだけど――人間も観測装置も、やはり重ね合わせの状態であるかもしれなくて、もっと言えば宇宙全体も、重ね合わせの状態でありうるということ。これが、好むと好まざるとにかかわらず、量子力学の形式によって単純に意味されること。もちろん、こうした重ね合わせをすべて排除するために、あるいは重ね合わせを非物理学的なものにするために、もっと理論を複雑にできないかとさまざまな方法を考えることはできるでしょう。でも、オッカムのウィリアムがそれを背後からのぞきこんで、不満げに舌打ちしているのを想像するべきよね」

「私には少々詭弁に聞こえるがね」とアリスの父はぼやいた。「哲学的な話はさておき、きみの理論に多数含まれている『原理的に観測できない』部分は、さほど単純には見えないな」

「たしかに、多世界理論に多数の世界がともなうのは誰も否定できないわ」とアリスも認めた。「でも、それでこの理論の簡素さが揺らぐこともない。理論は、その理論が記述できる存在、実際に記述される存在の数で判定されるものでなく、基本にあるアイデアの簡素さで判定されるものよ。整数というアイデアは――『マイナス三、マイナス二、マイナス一、〇、一、二、三……』というふうに――いたって簡素で、たとえばそうね、『マイナス三四二、七、九一、一〇億と三、一八より小さい素数、三の平方根』といったアイデアより、ずっと単純でしょう。整数にはほかにも要素が――無限の数だけ――あるけれど、単純なパターンがあって、そのため無限に大きな集合が記述しやすくなっている」

「了解」と父は言った。「それはわかる。世界はたくさんあるが、それらを生み出す単純な原理がある、ということだね？　とはいえ、それらすべての世界が実際に出てくるまでには、それらを記述するためのたいへんな量の数学的情報が必要になる。だったら、最初からそれらを必要としないような、もっと単純な理論を探したほうがいいんじゃないのか」

「見ればわかるでしょ」とアリスは答えた。「みんな実際にそうしてきたじゃない。でも結局、これらの世界を取り除いてしまうと、理論がもっと複雑になるのよ。こんなふうに考えてみて。あらゆる可能な波動関数の空間、つまりヒルベルト空間は、とても大きい。それは多世界理論においてとくに大きいわけじゃなく、ほかのどんな種類の量子力学での空間と比べても、まったく同じ。そしてこの大きさは、多数の平行現実を記述するのに十分な大きさより、さらに大きい。スピンしている電子の重ね合わせが記述できるなら、宇宙の重ね合わせだって余裕で記述できる。そこで量子力学をやっているのだったら、いくつもの世界のポテンシャルは当然そこにあって、好むと好まざるとにかかわらず、通常のシュレーディンガー時間発展からは普通にそれがもたらされる。ほかのアプローチは、ヒルベルト空間の豊かさを存分に利用することを、なぜか選んでいないだけ。ほかの世界の存在を認めたくないものだから、どうにかしてそれを排除するために必死になる必要があるわけよ」

○　○　○

「なるほど」と父はつぶやいた。まだ完全には納得していなさそうだが、とりあえず、次の問題に移ろうという気にはなっているようだ。カクテルを一口すすって、携帯電話を見つめている。「この理論には、哲学的な問題もあるんじゃないかね。私はべつに哲学者じゃないが、カール・ポパーも私も、よい科学理論は反証可能であるべきだと知ってるよ。ある理論が誤りであることを証明できるかもしれない実験を想定さえできないなら、その理論は本当に科学的ではない。これぞまさに、ほかのたくさんの世界が組み込まれている状況じゃないか？」

「そうね、そうとも言えるし、違うとも言える」

「どんな哲学的質問にも使える便利な答えだな」

「なんと言われようと、正確さにこだわるからには払わなければならない代価よ」とアリスは笑った。「たしかにポパーはそう言ってるわね、科学理論は反証可能でなければならないと。でもポパーが内心で考えていたのは、たとえば太陽による光線の曲がりに関して明確な経験的予言をするアインシュタインの一般相対性理論のような理論と、マルクス主義史観やフロイト派精神分析のような理論との違いについてでしょう。後者のような考えの問題点は、実際に起こったことが何であろうと、なぜそうなったかの説明をいくらでもこしらえられること。そうポパーは考えたの」

「それは私も思った。私はポパーを読んでないのだが、科学に関する非常に重要なことをはっきりと指摘したのは、たいしたものだと思う」

アリスも頷いた。「本当にね。でも正直なところ、現代の科学哲学者の大半は、あれが完全な答えだとは思っていない。科学はそれよりもっと厄介なもので、何が科学と科学でないものを分けるかは微妙な問題よ」

「きみらにとっては何もかもが微妙な問題だろ！　きみらがまったく進歩しないのも不思議はないね」

「まあまあ、そう言わないで。私たち、今、すごく重要なところに来てるのよ。ポパーが最終的に言おうとしていたのは、よい科学理論には二つの特徴があるってこと。一つは、明白であること。何かを

『説明』するためにその理論を曲げることは絶対にできないはずなんだけど、弁証法的唯物論や精神分析の場合は、それができるだろうとポパーは危惧したのね。そしてもう一つは、経験的であること。理論は純粋な理性だけによって真と見なされるわけではない。むしろ、世界はこうなんじゃないかとさまざまな可能性を想像して、それぞれの可能性に対応するさまざまな理論の中から、実地に世界を見たうえで、どれかの理論を選ぶ」

「まさしく」。父は、これについては自分に分があると思っているようだった。「経験的！　といっても、もし実際にそれらの多世界を観測できないなら、きみの理論に経験的なところなど何もないんじゃないか」

「それどころか《オー・コントレー》」とアリスは答えた。「多世界理論はこの二つの特徴を両方とも完璧に体現してるの。どんな事実一式が観測されていたって当てはめられるような、こじつけの理論じゃないの。これの仮定は単純で、世界はシュレーディンガー方程式にしたがって時間発展する波動関数によって記述される。それだけ。これらの仮定はきわめて反証可能。量子干渉が起こるべきときに起こらないことを証明する実験や、量子もつれが本当に超光速通信に使えることを証明する実験や、デコヒーレンス抜きでも波動関数が本当に収縮することを証明する実験を行えばいい。多世界理論ほど反証可能な理論はこれまで考案されたことがないぐらい」

「しかし、それらは多世界理論の試験ではない」と父は異議を申し立てた。これに関してはどうしても譲りたくないらしい。「それらは量子力学全般の試験だろ」

「そのとおり！　でもエヴェレット量子力学は、一時しのぎの追加の仮定が一つも要らない、純粋で簡潔な量子力学なの。もし余分な仮定を導入したいのなら、その新しい仮定が検証可能なのかどうかをぜひとも聞かせてもらっていいわよね」

「おいおい。多世界理論の決定的な特徴は、その多世界の存在そのものだろ。私たちの世界はそれらの世界とは相互作用できない。したがって、その側面にかぎっては検証不能だ」

「だから何？　優れた理論だって、どれもいくつかは検証不能な予言をするわ。一般相対性理論についての今の理論的な理解では、重力が明日いきなり、二〇〇〇万光年先の直径一〇メートルの空間領域で、一ミリ秒のあいだだけ止まってしまうなんてことはないと予言される。これはもちろん、完全に検証不能な予言だけど、それでも私たちはこれが真であることにとても高い信用を置いている。重力がそんなふうにふるまう理由はないし、もしそうだと想像しても、今あるよりもずっと醜い理論が残るだけじゃない。エヴェレット量子力学に出てくる追加の世界は、まさにこの特徴を持っている。これは単純な理論的形式の不可避の予言なの。これを受け入れないとする特定の理由がないかぎり、私たちはこれを受け入れるべきよ」

「それに」とアリスはさらに畳みかける。「原理的には、この別の世界を検出することは可能よ。もしとんでもなく運がよければ、だけど。それらの世界はなくなってしまったわけじゃない。今も波動関数の中にある。ある世界が別の世界と干渉するのは、デコヒーレンスがみごとにできそうもなくしているけれど、形而上学的には不可能じゃない。もちろん、そんな実験に助成金を出せと言ってるわけじゃないけど。それはコーヒーにクリームを混ぜて、しばらくしてから自然と両方が分離するのを待つようなものだから」

「大丈夫。そんな計画は立てていないよ。私はただ、カール・ポパーはきみの科学哲学へのアプローチにはさほど喜ばないだろうと思っているだけだ」

「そこよ、お父さん」とアリスは勝ち誇ったように言った。「ポパー自身、コペンハーゲン解釈の手厳しい批判者だったの。『間違った、邪悪でさえある教義だ』と言ってね。[1] 対照的に、多世界解釈については好意的だったわ。『完全に客観的な量子力学の議論』とまで言ってるんだもの[2]」

「本当に？　ポパーはエヴェレット派だったのか？」

「うーん、そうではない」とアリスは認めた。「最終的にはエヴェレットとは袂を分かったわ。なぜ波動関数が分岐するのに、その分かれた枝があとで融合しないのかを理解できなかったから。たしかにね、いい疑問だけれど、それにはちゃんと答えがあるから」

「そうなんだろうね。ポパーは結局、量子力学の基礎についてはどうしたのかな」

「自分で量子力学の定式化を考案したんだけど、結局、認められることはなかった」

「は！　哲学者らしい」

「そう。私たちは、人の理論がなぜ間違いなのかを指摘するのは得意でも、もっといい理論を提案するのは得意じゃないのよね」

○　○　○

アリスの父はため息をついた。「いいだろう。きみの話に納得したとは言わないが、哲学的な枝葉末節を論じることにはまり込みたくもない。ちょうどさっきの話にも出てきたが、ポパーの疑問はなかなか妥当なように思える。なぜ世界は分岐はするのに、融合はしないのか？　たとえば上向きと下向きの等しい重ね合わせ状態にあるスピンがあるとして、これを未来に観測した場合にどちらの結果を観測することになるかの確率は予言できる。しかし、今ここに純粋に上向きのスピンがあるとして、これはちょうど今しがた観測されたのだと言われると、もうこのスピンが観測前にどのような重ね合わせの状態にあったのかは知りようがない（純粋に下向きの状態だけは除外できるが）。この違いはどこから来ているのか？」

アリスはこれについては心得ているようだった。「それは単に熱力学の問題よ。あるいは少なくとも、時間の矢の問題。この矢の方向が過去から未来に向いているから、私たちは昨日のことは覚えているけど、明日については記憶がない。クリームとコーヒーは混ざり合うけど、自発的に分離することはない。波動関数は分岐するけど、分かれた枝が元に戻ることはない」

「それは循環論的な説明に聞こえるがね。私の理解するところでは、多世界理論の特徴だとされているのが、波動関数はシュレーディンガー方程式にしたがうだけで、無関係の収縮は仮定されてないということだ。かつて私が量子力学を学んだころから、波動関数は未来に向かって収縮し、過去に向かっては収縮しないとわかっていて、それが仮定の一部だった。これが、なぜそのままエヴェレット理論にも当てはまると言うのかがわからない。シュレーディンガー方程式は完全に可逆的なものじゃないか。コーヒーとクリームが波動関数にどう関係あると言うのかね」

アリスは頷いた。「まったくよい質問ね。では、ざっと整理をしておきましょう。熱力学の第二法則は、閉じた系の中ではエントロピーが減少しないことを仮定している。エントロピーというのはご存じのとおり、大まかに言えば、配列の無秩序さやランダムさのことよね。で、ルートヴィヒ・ボルツマンがこれを一八七〇年代に説明した。エントロピーは、系が巨視的な観点から見て同じに見える原子の配列が何通りあるかを数えるもの。エントロピーが増大する理由は単純で、低エントロピーの配列より高エントロピーの配列のほうが数が多いから。したがってエントロピーが減少するようなことはまず起こりそうにない。ここまではいい？」

「ああ」と父も同意した。「しかし、それは古典力学での話だね。ボルツマンは量子力学については何も知らなかった」

「そう。でも、基本的な考えは同じよ。ボルツマンは、なぜエントロピーが増大する傾向にあるかの理由を説明したけれど、そもそもエントロピーがなぜ最初の時点で低い状態にあるかの理由は示さなかった。近年では、宇宙がビッグバンの直後に整然とした状態で始まって、それ以降、エントロピーが自然に増大し、したがって時間の矢ができたというのが宇宙論的な事実だと認められている。今でもわからないのは、なぜ初期の宇宙がそのような低エントロピー状態だったのかということ。それに関していくつかアイデアは出ているけれども」

「そして、これがどうして関係しているかというと……」

「なぜならエヴェレット派から見れば、量子的な時間の矢の説明は、エントロピー的な時間の矢の説明と同じだから。[3] つまり、宇宙の最初の状態がそうだったということ。分岐が起こるのは、系が環境と量子もつれの状態になってデコヒーレンスを起こすときで、これは時間が過去ではなく、未来に向かって進んでいるから起こることなの。波動関数の分岐の数は、ちょうどエントロピーと同じに、時間とともに増大するしかない。したがって分岐する枝の数は、最初は比較的小さい数でなくてはならない。言い換えれば、さまざまな系と環境との量子もつれの程度は、遠い過去にあるほど低いということ。エントロピーの場合と同様に、私たちはこれを宇宙の状態の初期条件としているけれど、現時点では、なぜそうだったかの確実な理由はわからない」

「なるほど」と父は言った。「今わかっていないことについては、そのとおりだと思う。われわれは時間の矢を、少なくとも科学の現状にしたがえば、過去の特別な初期条件に訴えることで説明している。その状態は、熱力学的な矢と量子論的な矢の両方を説明する単一の状態なのだろうか。それともただの類似?」

「ただの類似ではないと思ってる。でも正直なところ、これはもう少し厳密に調べたほうがよさそうなテーマね」とアリスは答えた。「関係がありそうなのは間違いない。エントロピーは私たちの無知に関連している。ある系のエントロピーが低いなら、そういうふうに見える微視的な配列が比較的少ないわけだから、その系の巨視的に観測可能な特徴から多くのことがわかるけれど、系のエントロピーが高ければ、わかることは比較的少なくなる。そして、もつれた量子系についても同じようなことが言えると気づいたのがジョン・フォン・ノイマンよ。ある系がほかのあらゆるものといっさい量子もつれの状態になっていなければ、その系の波動関数に関して、残りの世界とまったく切り離して論じてさしつかえない。でも系が量子もつれの状態にあるときは、その個別の波動関数は定義されず、複合的な系の波動関数についてしか論じられない」

父がぱっと反応した。「フォン・ノイマンは賢かったな。本物のヒーローだ。アメリカに移住してきたハンガリー出身の物理学者は数知れずだったが――シラード、ウィグナー、テラーもそうだが――やはり一番はフォン・ノイマンだ。たしか彼は、エントロピーについての式を導出したんじゃなかったかな」

アリスも同意した。「おっしゃるとおり。ある系の正確な状態が不明で、エントロピーが生じるときの古典的状況と、二つの下位の系が量子もつれの状態にあって、それぞれの波動関数を分けて論じられないときの量子的状況とのあいだに、数学的な等価性があることにフォン・ノイマンは気づいたの。そして量子系の『量子もつれエントロピー』の式を導出した。あるものが残りの世界ともつれている程度が高いほど、エントロピーが高くなるの」

「そうか」と父は興奮したように言った。「きみが何を言いたがっているかわかったぞ。波動関数の分岐が時間的に前向きにしか進まず、後ろ向きには進まないという事実は、エントロピーが増大する事実とただ似ているだけではない――同じ事実だということだな。初期の宇宙の低エントロピーは、量子もつれの状態になっていない下位の系がそのころは多数あったという考えに対応している。それらの系が互いに相互作用して量子もつれの状態になると、私たちにはそれが波動関数の分岐に見えることになると」

「そのとおり」。娘としてのプライドのようなものをにじませて、アリスは答えた。「なぜ宇宙がそうなっているのかはまだよくわかっていないけれど、初期の宇宙が量子もつれの程度の比較的低い、低エントロピー状態だったことを認めさえすれば、あとは万事それにしたがうだけ」

「しかし、ちょっと待ってくれ」。父はふと、何かに思い当たったようだった。「ボルツマンによれば、エントロピーは増大しがちだというだけで、それが絶対的な規則ではない。これは究極的には原子や分子のランダムな運動のせいなのだから、エントロピーが自発的に減少する確率はゼロではないわけだ。ということは、デコヒーレンスがいつか逆転して、世界が分岐するのではなく、本当に融合することだってありうるんじゃないか」

「それはそうよ」とアリスも頷いた。「でも、まさにエントロピーと同じように、そんなことが起こる見込みは常識では考えられないほどわずかだから、私たちの日常生活には無関係だし、物理学の歴史上のどんな実験にも影響ない。巨視的に別個の二つの配列が逆デコヒーレンスを起こすなんて、宇宙が生まれてから一度でもあったとはきわめて考えにくいわ」

「なら、可能性はなくはないと?」

「多世界理論の信用ならない点が、波動関数の分岐がいつか逆転して融合することだって言うんなら、それはもう明らかに、ほかの妥当な懸念はすべて言い尽くして、もう藁にもすがる状態になってるってことよ」

○　○　○

「まあ、お互い、もう少し相手の言うことも聞こうじゃないか」と父はつぶやいた。どうやらいつもの懐疑的なスタンスに戻ったらしい。爪楊枝に刺さったオリーブをグラスから取り出して一口かじる。「私としても、この理論が実際に何を言っているのか理解したいのだよ。一瞬一瞬のあいだに絶えず生み出されている世界の数は、文字どおり無限大だと言っていいのかな?」

「そうねえ」と、アリスは少々ためらいがちに答えた。「その質問に正直に答えるとすると、どうしても哲学的な枝葉末節にこだわることになっちゃうと思うのよね」

「何をいまさら」

「じゃあ、類似としてのエントロピーの話に戻りましょうか。ボルツマンはあのエントロピーの式を思いついたとき、巨視的に同じに見える系の微視的な配列の数を数えた。そこから、エントロピーは自然に増大するはずだとの論を得られた」

「たしかに」と父は言った。「だが、それは実在の、純然たる物理で、実験的に検証ができるものだ。想像を飛躍させたきみの多世界理論とどんな関係があるのかは定かでない」

「その話はこれからしましょう。ただ、当時の人たちが何を考えていたかは想像しておいてもらわないと」。アリスはいかにも教授然とした口ぶりになり、ボルドーワインもしばし放置された。「ボルツマンは正しかったけれど、彼の考えにはたくさんの反論が出された。たとえば、ボルツマンはエントロピーを物理系の客観的な特徴から、『同じに見える』というある種の見解に依存する主観的な特徴に変えてしまっているというもの。あるいは、ボルツマンは熱力学の第二法則を絶対的な言明から、ただの傾向――つまりエントロピーは必然的に増大するわけではなく、単に増大する見込みが非常に高いというだけ――に格下げしているというもの。粒子はランダムに揺れ動くから、時間とともに高エントロピー状態に移行する可能性はきわめて高いけれど、たしかに法則のような確実性はない。でも、それから何年もかけて蓄積された知識によって、今ではボルツマンの定義の本質が主観的だからといって、この定義の有効性を損なうものではないとわかっているし、第二法則が実際には良好な近似であって、絶対に破られない法則ではなかったことも、私たちがこれを用いるどの目的にとってもまったく問題にはならない」

「なるほどね」と父は答えた。「エントロピーは客観的に実在するものだが、われわれがそれを定義したり測定したりできるのは、いくつかの判断をくだしたあとでしかない。しかし、だからといって困るようなことは何もない——なんと便利なものだ！　その追加の世界も本当にそうなのかはわからないがね」

「それはこれから。でもまずは、この類似について詳しく説明させて。エントロピーと同じく、エヴェレット量子力学での『世界』も上位概念で、基本概念ではないの。正真正銘の物理的洞察をもたらす有益な近似だということ。波動関数の分かれた枝は、この理論の基本構造の一部として組み込まれているのではない。そのようなたくさんの世界の重ね合わせを私たち人間が考えるのにとても便利だというだけであって、量子状態を未分化の抽象概念として扱っているわけではないの」

父は目を丸くした。「そこまでひどいとは思わなかったぞ。それじゃまるで、多世界理論の『世界』は明確に定義された概念ではないと言っているようなものじゃないか」

「明確に定義されている程度がエントロピーと同じだというだけ。もし私たちが十九世紀のラプラスの悪魔なら、宇宙にあるすべての粒子の位置と運動量を知っているわけだから、わざわざ『エントロピー』のような粗い概念を定義するなんて必要もないわよね。同じように、宇宙の波動関数を正確に知っていれば、あえて『枝』について論じる必要もないのよ。だけど、どちらの場合でも、私たちは哀れな有限の生き物で、びっくりするぐらい不完全な情報しか持っていないから、こうした上位概念に頼ることがものすごく役に立つの」

アリスが指摘したくなるぐらい、父は忍耐を失っていた。「私はいくつ世界があるのか知りたいだけなんだ。それに答えられないんなら、きみの売り文句はたいして効いてないことになるぞ」

「おかげさまで、どんなときでも正直を貫けって、子供のころから教え込まれましたからねえ」とアリスは肩をすくめた。「その答えは、量子状態をどう多世界に分割するかによるのよ」

「で、その明らかに正しいやり方はないんだろ?」

「場合によりけりよ！　電子のスピンを観測するときのように、観測で明らかに離散的な結果が出る単純な状況でなら、波動関数は二つに分岐すると言ってしまってさしつかえないから、その場合、世界の数は（それがどういう世界であれ）二つよね。でも粒子の位置のように、原理的に連続的である量を観測するのであれば、ことはそうはっきりとは定義されない。その場合、ある一定の範囲の結果に付与される合計の重みについては、波動関数の二乗で定義できるけれど、枝の絶対数は定義できない。その数は、観測結果の記述をどれだけ精密に細分したいかによって変わるのよ。つまり、それは結局のところ私たちしだいの選択というわけ。私の好きな台詞の一つなんだけど、デイヴィッド・ウォレスがこんなことを言ってるわ。『世界がいくつあるのかと問うのは、昨日あなたはいくつの経験をしたかとか、悔い改めた罪人にいくつ後悔があるかと聞くようなものだ。たくさん経験したとか、たくさん後悔していると言うのならわかる。最も重要な部類の経験や後悔を列挙するのでもいい。どちらも完璧に意味が通る。しかし、いくつかと問うのは質問になっていない[4]』」

アリスの父はそれでもまだ納得していないようだった。しばし黙って考え込んだのち、こう返した。

「私としても、なるべくフェアでいようとは思っているんだ。いいだろう、多世界が基本的なものでないことは受け入れよう。したがって、あるのは世界をどう定義するかについての一種の近似というわけだな。しかし、はっきり有限の数の世界があるのか、それともその数は真に無限大なのかについては答えられるだろ」

「フェアな質問ね」とアリスも認めたが、内心ではあまり認めたくなかったのかもしれない。「残念ながら、その答えは私たちも知らないの。世界の数に対する上限はある。ヒルベルト空間の大きさそのものよ。あらゆる可能な波動関数が含まれる空間」

「しかし、ヒルベルト空間が無限に大きいことはわかっている」と父が割って入った。「たった一個の粒子にとってさえ、ヒルベルト空間は無限次元だぞ。ましてや場の量子論なら。ということは、世界の数は無限大だと言っているように聞こえるが」

「私たちの実際の宇宙にとってのヒルベルト空間が、有限の次元数を持っているか無限の次元数を持っているかはよくわかってないの。確実にわかるのは、ある種の系にとってはヒルベルト空間が有限次元であるのがふさわしいということ。一個の量子ビットは上向きスピンか下向きスピンのどちらかだから、それは二次元のヒルベルト空間に対応する。量子ビットがN個あるならば、対応するヒルベルト空間は二のN乗次元――粒子を追加するごとにヒルベルト空間の大きさは指数関数的に大きくなるわ。一杯のコーヒーには電子と陽子と中性子がおよそ一〇の二五乗個含まれていて、それぞれのスピンは量子ビットで記述される。したがってコーヒー一杯分のヒルベルト空間は――とりあえずスピンだけ含めておいて、粒子の位置については考えないとすると――およそ二の一〇乗の二五乗の次元を持っていることになる」

「言うまでもないけれど」とアリスはさらに続けた。「とんでもなく大きな数字よね。二進法で書けば、

1のあとに0が一〇の二五乗個も続くのよ。とてもそんなもの書ききれないけれど。この観測可能な宇宙が生まれたときからずっと書き続けてきたとしても無理」

「いやいや、きみは明らかにごまかしている。本当の数はそれよりずっと大きいだろ」と父は言った。「きみはスピンを勘定に入れたが、実在の粒子には空間内での位置もある。その位置が無限の数だけ加わるわけだ。だから粒子の集まりにとってのヒルベルト空間は無限次元なのだよ。そして次元の数は、可能な観測結果の数そのものだ」

「そのとおり。そして実際、ヒュー・エヴェレットもそう考えてたのよ。あらゆる量子観測はこの宇宙を無限の数の世界に分裂させるって。彼はその考えで納得していた。無限というと大きい数に感じるけれど、物理学ではしょっちゅう無限の量が使われる。0と1のあいだの実数の数だって無限よね。もしヒルベルト空間が無限次元なら、個々の世界の数について論じたってほとんど意味がない。でも、類似した世界を一つの集団にまとめて、その合計の重み（振幅の二乗）を別の集団と比較して論じることはできる」

「そうか。ヒルベルト空間は無限次元で、世界の数も無限だが、論ずるべきは多様な世界の相対的な重みだけ、と言いたいわけだな?」

「いいえ、まだ話は終わってないわよ」とアリスは制止した。「現実の世界はたくさんの粒子の集まりではないし、場の量子論で記述されるものでさえないの」

「そうなのか?」と父はわざとらしく落胆を装って言った。「私はこれまでずっと何をしてきたんだろうな」

「重力を無視してきたのよ」とアリスは返した。「素粒子物理のことを考えているのであれば、それはまったくもって当然のことなのだけど。でも量子重力理論からは、個別の可能な量子状態の数が無限ではなく有限であることが示唆されるの。もしそれが真実なら、妥当に論じることのできる世界の数には最大数があって、ヒルベルト空間の次元数によって決まることになる。この観測可能な宇宙のヒルベルト空間の次元数として考えられる値は、だいたい二の一〇乗の一二二乗ぐらい。まあ、大きな数だわね」とアリスも認めた。「でも、これだけ大きな有限数でも、無限よりは断然小さい」

父は考え込んでいるようだった。「ふむ。私の理解では、量子重力に関して十分に確実なことは何もわかっていないんじゃなかったかと思うんだが——」

「たぶん、そうよ。だから言ったじゃない。多世界の数が有限なのか無限なのか、本当にわかっていないんだって」

「それはそうだな。しかしそうなると、まったく新しい心配が出てくるぞ。分岐はつねに、量子系が環境と量子もつれの状態になるたびに起こっているわけだろう。きみがさっき言ったその数は、気が遠くなるほど大きな数だが、それでもまだ大きさが足りないということも考えられるのか？　はたしてヒルベルト空間にそれだけの余裕が——つまり宇宙が進化するあいだに生み出されている波動関数の分岐をすべて含められるだけの余地が、本当にあるのだろうか？」

「うーん、それについては考えたことなかったわ、正直なところ」。アリスはナプキンを引っつかむと、そこに数字を走り書きしはじめた。「えっと、この観測可能な宇宙には約一〇の八八乗個の粒子があって、そのほとんどが光子とニュートリノ。これらの粒子の大半はすんなり空間を移動して、ほかのどの粒子とも相互作用しないし、量子もつれの状態にもならない。だから、これはずいぶん過大な見積もりだけど、この宇宙のすべての粒子が相互作用して、毎秒一〇〇万回の割合で波動関数を二つに分裂させているとする。それをビッグバンからずっと続けているとすると、ビッグバンはおよそ一〇の一八乗秒前だから、起こった分岐の回数は、一〇の八八乗×一〇の六乗×一〇の一八乗＝一〇の一一二乗で、生み出された枝の合計数は、二の一〇乗の一一二乗」

「やった！」アリスは満足そうに独りごちた。「これでも相当に大きな数だけど、この宇宙のヒルベルト空間の次元数よりはずいぶん小さいわ。ううん、かわいそうなぐらい小さい。しかも、これ、安全に見積もっているので、求められる枝の数よりずっと大きくなってるはずだから。というわけで、枝はいくつあるかという質問に明確な答えはないとしても、ヒルベルト空間が余地を使い果たすのではないかという心配のほうは要らなくなったわ」

○　○　○

「いやあ、よかった。一瞬、心配だったよ」。アリスの父のマティーニは、オリーブのおかげでちょうどよい塩辛さになっていた。アリスを見やった目がきらりと光る。「これまで本当に一度もこの問題を考えたことがなかったのか？」

「ほとんどのエヴェレット派は実際に何かを数えるより、波動関数のさまざまな枝の相対的な重みを考えることが癖になってるんだと思うわ。最終的な答えはわからないから、それについて心配しても無駄なように感じるのよ」

「私もこれについては少し整理しないといけないな。なにしろ多世界理論での世界の数は無限大とされているものとずっと思っていたし、あらゆることがどこかで起こると見なすのが多世界理論だとも思っていた。波動関数の中にあらゆる可能な世界が存在するのだろうとね。それがセールスポイントなのだと思っていた。計算に行き詰まったときなどは、別の世界にいる別の自分のことを思って慰めにしていたものだよ。そこの私はラマかもしれない、あるいは億万長者でプレーボーイで博愛主義者の天才かもしれないとね」

「あら、違うの？」アリスはわざと驚いたふりをした。「私、お父さんはラマにちょっと似てるとずっと思ってた」

「それを言うなら、私はどこかの世界では億万長者のラマであるはずだ」

「脱線する前に一つ言わせて」とアリスは話を戻した。「ラマであったり億万長者であったりするのは『あなた』じゃないわよ。それはまったく別の存在。まあ、これについてはあとの話で出てくるとして。それより今の話に直接関係するのは、多世界理論は『あらゆる可能なことが起こる』とは言っていないということ。多世界理論は『波動関数はシュレーディンガー方程式にしたがって時間発展する』と言ってるの。だから、ある種のことは起こらない。それが起こることをシュレーディンガー方程式が導かないから。たとえば、電子が自発的に陽子に変わるのを私たちが見ることは絶対にないわ。そんなことが起こったら電荷の総量が変わってしまう。電荷は厳密に保存されるものよ。だから分岐によって、電荷の量が最初の宇宙より多かったり少なかったりする宇宙が生まれることは絶対にない。エヴェレット量子力学ではいろいろなことが起こるからといって、何もかもが起こるわけではないのよ」

アリスの父は疑わしそうに眉を上げた。「おいおい、面目を保つために細かいことにこだわりすぎだよ。それは厳密には何もかもが起こるわけじゃないだろうが、とんでもないように思えるたくさんのことが実際にさまざまな世界で起こるのはたしかなはずだ。違うか？」

「そうね、それはもちろん認める。お父さんが壁にぶつかるたびに、波動関数がいくつもの世界に分岐する。ある世界では、お父さんは鼻を傷め、別の世界では、無事に壁を通り抜け、また別の世界では、跳ね返って部屋の反対側まで投げ出される。たとえばね」

「しかし、それは大いに重要なことだろう？　普通の量子力学では、巨視的な物体が壁を通り抜ける確率はゼロではないが、想像できないぐらいに小さいから、それはあっさり無視できる。しかし多世界理論では、ある世界でそれが起こる確率は一〇〇パーセントだ」

アリスは頷いたが、その表情は、これまでに何度もこの話をしてきた人物のそれだった。「そこが違うということについては完全にそのとおり。でも私が言いたいのは、それは少しも重要ではないということ。エヴェレット派がどのようにボルンの規則を導出するかを了解してくれるなら、壁を通り抜けられる確率があっても、その確率はばかばかしいほど小さいから、日常生活を送っているかぎりは考慮に入れるべき理由なんてまったくないかのようにふるまうのが必然となる。そして、もしこの論を認めないのであれば、多世界理論についてもっと深刻に悩まなくてはいけなくなるわ」

父は譲らなかった。「その低い確率の世界のことは、重要な問題だと思うぞ。さまざまなエヴェレット的世界のどこかで、ボルンの規則の予言に逆らっているような事象を見ることになる観測者についてはどうなんだ。五〇回スピンを観測すれば、そのすべてで上向きスピンの結果が出る枝もあれば、すべて下向きスピンになる枝もあるだろう。この気の毒な観測者たちは量子力学についてどう結論すればいいんだ?」

「そうねえ。まあ、運が悪すぎたと言うしかないかな。こういうことも起こるんですよって。でも、そうした観測者たちに割り当てられる合計の重みはあまりにも小さいから、私たちはそれを気にしすぎるべきじゃない。そしてもちろん、五〇回続けて上向きスピンが観測されたあとでも、つぎの五〇回を試した場合の結果はやはり圧倒的な確率でボルンの規則の予言にかぶることになる。そうなったらたいていの人は、最初の連続大当たりを実験誤差のせいにして、研究仲間に面白おかしく話すでしょうね。古典的宇宙とまったく同じよ。それだって本当に大きいんだから。もし私たちのまわりの宇宙で見られる条件がそのまま全方向に果てしなく広がっているなら、圧倒的な確率で、私たちと同じように量子力学の検証実験をやっている文明が――それこそ無限の数だけ――あるでしょう。おそらくどの文明でも、ボルンの規則にしたがった確率が見られることになると思うけど、文明が無限にあることを考えれば、なかにはまったく違った統計値を見ることになる文明があってもおかしくない。その場合、そこの人たちは量子力学の仕組みについて不正確な結論を出してしまうかもしれない。そこの観測者たちはお気の毒だけど、この宇宙の観測者の全体集合の中では非常に珍しい存在だと思えば慰めになるわ」

「本人たちにとっては慰めになってるかどうか! きみの物理観だと、自然法則をまったく誤って受け取ってしまう観測者がつねにどこかにいるわけだ」

「彼らには悪いけど、薔薇色の人生を誰が約束したわけでもないのよ。そういう心配はどの理論でもある――十分にたくさんの観測者を抱えているかぎりは。多世界もそうした理論の一つだというだけ。

大事なのは、エヴェレット量子力学ではそのような多様な世界を比較する方法があるということよ。それぞれの枝の振幅を取りあげて、二乗すればいい。とても珍しいことが起こっている枝は、その振幅がとてもとても小さいの。すべての世界の集合の中では希少な存在。だから、その存在が気になるとしても、無限に大きい宇宙での不運な観測者を気にするのと同じ程度で気にすればいいの」

○ ○ ○

「すっかり納得したとは言えない部分もあるが、とりあえず私の疑問点は記録しておくとして、先に進もう」。父はそう言いながら、目を細めて質問の列挙された携帯電話の画面を見た。「私も多少は勉強してきたんだが――きみの論文もいくつか読んだし――多世界理論について一つ認めてる点は、観測がなされるときに関してずっと付きまとってきた謎を、これがすべて取り除いていることだよ。観測自体に特別なことは何もないんだな。重ね合わせの状態にある量子系が、観測時にもっと大きな環境と量子もつれの状態になって、デコヒーレンスを起こし、波動関数を分岐させるというだけなんだ。しかし、存在する波動関数はただ一つ、宇宙の波動関数だけで、これが空間中のあらゆるものを記述する。では、普遍的な視点からは分岐をどのように考えたらいいのだろう。分岐は一度に起こるのか、それとも相互作用が起こった系から徐々に広がるのか」

「ああ、いやだ。また納得されない答えにつながっていく予感がするわ」。アリスはしばしば間をとるように、チーズをひとかけスライスした。それを丁寧にクラッカーに載せながら、どう言えば最善の答えになるかを考えた。「基本的に、それは見る人しだい。というか、もっとそれらしい言葉で要点を言えば、『分岐』という現象そのものが、複雑な波動関数を便宜的に記述できるようにするために私たち人間が発明したものなの。私たちが分岐を一度に起こるものと考えるか、ある一点から広がっていくものと考えるかは、その状況にとってどちらのほうが便利かによるのよ」

父は頭を振った。「私は分岐こそが核心だと思っていたんだが？　ほかの枝を観測できないだけでなく、枝の数を数えられないだけでもなく、枝分かれがどう起こるかの明確な基準もないなんて、それでどうやって多世界理論はまともな科学理論だなんて言えるんだ？　分岐は単なる、なんというか、あんたの意見だろってことなのか？」——父は昔から、少しばかり、映画を引用するのが好きすぎるのだった。〔ちなみにこれは『ビッグ・リボウスキ』より〕

「ある意味では、そうね。でも、意見も良し悪しよ。おおかたの人は、光より速く進むものは何もないことになる記述がお好みかもしれない。ここで実質的に重要なのは、光よりも速く情報が送られるのはありえないということだけど、たしかにそれはどんな記述を選んで用いても変わらない。でも、分岐のような物理的に見える効果も光より速くは伝わらないと制限をかけておきたいなら、それはそれでいっこうにかまわない。その場合、波動関数の枝の数は、あなたが時空のどこにいるかによって違ってくる」。アリスはまた新しいナプキンを取り出して走り書きを始めたが、今回は、直線を使ってちょっとした図を描いていた。「左から右に延びているのが空間で、下から上に延びているのが時間。ある事象から光線が発せられるとすれば、この光線は四五度の角度で上向きに進む。これを前置きとして、波動関数の一本の枝から考えましょう。その事象のところで分岐が起こったとすると、この分岐は時間軸に沿って上向きに伝わるけれど、光の速さでしか広がらないわよね。事象から離れたところにいる観測者

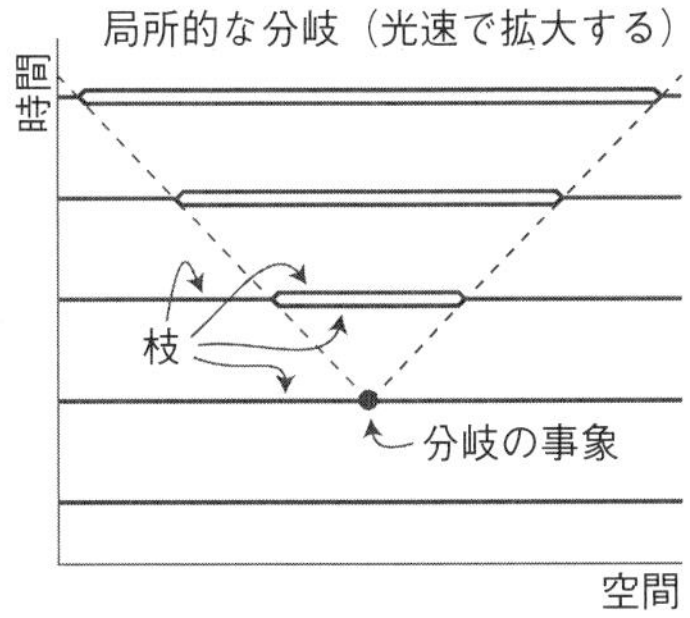

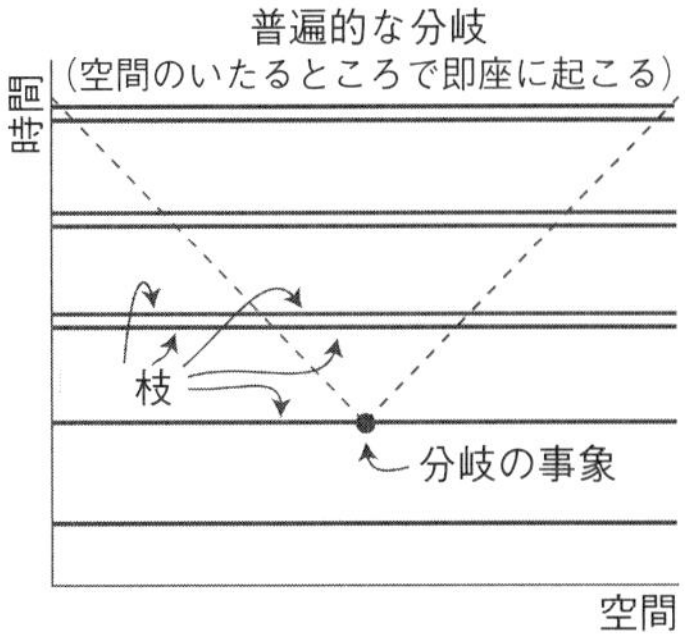

は一本の枝で記述されるけど、もっと近くにいる観測者なら二本の枝で記述されることになる。ほら、この図だと、遠くの観測者は分岐という事象を知りようがないし、その影響も受けようがないけれど、近くの観測者はそうでないという考えにぴったり一致する」

　父はアリスが描いた図をじっくり検分した。「なるほど。私は分岐が宇宙のいたるところで同時に起こると考えていたんだな。特殊相対性理論が大好きな人間としては、そこが悩ましいところだったんだ。異なる観測者が同時性に対して異なる定義をすることは、きみも私と同じぐらいよく知っているだろう。私としてはこの図のほうが気に入るね。分岐は光の速さで伝わる。効果はすべていたって局所的に見える」

　アリスは両手をひらひらさせてから、ふたたび作図にかかった。「でも、もう一方もうまくいくのよ。宇宙のいたるところで一斉に起こるものとして分岐を記述することも同じぐらい可能なの。この見方は、自己位置づけの不確定性を使ってボルンの規則を導出するときに役立つわ。分岐がどこで起ころうと、その直後に自分がどの枝にいるかについて無理なく論じることができるから。相対性理論によって、異なるスピードで運動している観測者は異なる枝を引くことになるけれど、それで観測に違いが生じることはない」

「ああああ！　さっきまでのいい仕事がだいなしだ。これじゃあ分岐は完全に非局所的なものとしても考えられることになるじゃないか」

「そうよ。でも、とにかくここで言いたいのは、『多世界理論は局所理論なのか』という質問はあまり適切な質問ではないということ。それよりむしろ、『分岐は、ある事象の未来光円錐の内部でだけ進行する局所的な過程として記述できるのか』と聞いてほしいわ。それなら答えは『イエス』だけど、それと同時に、宇宙のいたるところで即座に起こる非局所的な過程としても同じぐらいきちんと記述できるのよ」

父は両手で顔を覆ったが、なんとかこれを飲み込もうとしているようで、ただお手上げになっているわけではなさそうだった。それからやおら立ち上がると、眉を寄せながら自らマティーニのお代わりを作った。席に戻ってきた父は、片手にお酒、片手にピーナッツを持っていた。「要は、こういうことかな。遠くにいる誰かが分岐していると私が思おうが思うまいが、その人にとって違いはない。私はその人を一体のコピーと思うこともできるし、まったく同一の二体のコピーと思うこともできる。それはただの記述の問題だと」

「そう！」とアリスは叫んだ。「分岐を光速で外側に伝播していくものと考えるか、一斉に起こるものと考えるかは、どれがいちばん便利かという問題にすぎないの。長さをセンチメートルでもインチでも測定できるという程度の厄介さなのよ」

父は目を丸くした。「いったいどんな野蛮人が長さをインチで測るんだ？」

「調子が出てきたところで、ちょっと話を変えよう」と一呼吸おいてから父が言った。「弦理論の研究者とか、現実にあまり縛られていない人たちが、余剰次元について論じるのが好きなのは私も知っている。分岐した枝もそこにあるのだろうか。どちらにしても、そうした別の世界はどこに位置しているのか？」

「ああ、もう、ボブったら」。アリスは父親にいらいらするとファーストネームで呼ぶ癖があった。「そんな馬鹿なことを言うとは思わなかったわ。枝はどこにも『位置』してはいないの。ものには空間内での位置があるものだと思い込んでる人だったら、別の世界がどこにあるのかと質問してもおかしくは思わないんでしょうけど、これらの枝はべつにどこかの『場所』に隠れているわけじゃない。これらはただ同時に存在しているだけ。私たちのいる枝と平行して、うまく接触を断ちながら存在しているの。私はこれらがヒルベルト空間に存在していると思っているけど、それはじつのところ『場所』じゃないでしょ。この天と地のあいだには、哲学などの思いもよらぬことがあるのだよ」。アリスは得意げにシェークスピアをそらんじてみせた。〔ちなみにこれは『ハムレット』より〕

「ああ、もちろん。お互い一杯は飲んでるからな、そろそろきみにつまらない質問を投げておくべきかと思って」

○　○　○

父は携帯電話の文書を少し下にスクロールした。「よろしい。では、ここからはまじめに行こう。これは私をえんえんと悩ませてきた質問だ。エネルギーの保存についてはどうなのか？　まったく新しい宇宙がいきなり生み出されるとき、そこのあらゆるものはどこから来るんだ？」

「それはね」とアリスは答えた。「普通の教科書量子力学を考えてみて。ある量子状態を仮定すれば、それが記述する総エネルギーを計算できる。波動関数が厳密にシュレーディンガー方程式にしたがって時間発展するかぎり、そのエネルギーは正確に保存される、でしょ？」

「ああ」

「それだけ。多世界理論では、波動関数がシュレーディンガー方程式にしたがい、それによってエネルギーが保存される」

「しかし、追加の世界についてはどうなんだ？」と父は言い張った。「この世界、私が見ている私のまわりの世界に含まれているエネルギーなら測定できる。そして、それがつねに複製されているときみは言う」

アリスはこれに関しては確実な自信があった。「すべての世界が等しく作られるわけではないの。波動関数を考えてよ。それが多数の分岐した世界を記述するなら、各世界のエネルギー量にその世界にとっての重み（振幅の二乗）を掛けて足し合わせれば、総エネルギー量を計算できる。一つの世界が二つに分かれるなら、それぞれの世界のエネルギーは基本的に前の一つだったときの世界と同じ（その中に住んでいる人に関するかぎり）だけれど、それぞれの振幅が減少しているから、宇宙の波動関数の総エネルギーに対する寄与分は半々に分割されている。それぞれの世界は少しだけ細くなっているわけ。そこの住人からすると何も変わっていないけれど」

「きみの言っていることは数学的にはわかる」と父も認めた。「しかし、これに関して私には直観がいささか欠けているようだ。そうだな、たとえば私が、一定の質量と位置エネルギーを持ったボウリングの球を持っているとする。ところが、そこで隣の部屋にいる誰かが量子スピンを観測して波動関数を分岐させる。いまやボウリングの球は二つになっていて、それぞれが前の球と同じエネルギーを持っている。これでいいか？」

「それだと枝の振幅が無視されているわ。宇宙のエネルギーに対するボウリングの球の寄与は、その球の質量と位置エネルギーだけじゃない。そこに波動関数の枝の重みを掛けないと。分岐後はボウリングの球が二個になっているように見えるけれど、その両方で、前の一個の球とちょうど同じだけの寄与を波動関数のエネルギーに対して果たしているの」

父は考え込んでいるようだった。「きみに全面的に賛成とは言わないが、おかげさまでへとへとだよ」とつぶやいて、それから気を取り直したように質問リストに目を戻した。

○　○　○

「さて、最後にあと一つだけ質問したいと思う」とアリスの父は携帯電話をしまいながら言って、二杯目のマティーニに口をつけ、少しばかり身を乗り出した。「きみは本当にこれを信じているのかな？心から？　誰かが粒子のスピンを観測するたびに私のいくつものコピーが生まれてくると？」

アリスは椅子に深く座り直し、ワインを一口味わい、何かを深く考えているような面持ちで、こう言った。「ええ、本当にそう思っている。少なくとも私自身は、エヴェレット量子力学とそこから示唆される多世界が、これまでに知っている量子力学の理論のなかでも断然もっともらしい理論だと思っているわ。もしもその帰結として、この現在の私が時間発展して何人もの少しずつ異なる未来の私になり、そのさまざまな私は決して互いに会話したりはできないことを認めなければならないのであれば、喜んでそれを認めましょう。そして当然だけど、これはつねに更新される可能性がある。新しい実験結果であれ、あるいは理論的洞察であれ、未来に何か新しい情報が得られればね」

「経験主義者の鑑だな」と父は笑った。

「デイヴィッド・ドイッチュを引用させて」とアリスは付け足した。「彼は以前こう言っていた。『量子論の比類なき経験的成功にもかかわらず、これが自然の記述として文字どおり真実であるかもしれないという当然たる提案は、いまだに冷笑と無理解と、ことによっては怒りをもって迎えられている』[5]」

「意味がわからない。物理学者は誰だって量子力学が自然を記述していると思っている」

「たぶんドイッチュの言う『量子論』というのは、暗に多世界理論のことを指してるのよ」と、今度はアリスが笑った。「ドイッチュが言いたかったのは、多くの人がエヴェレット量子力学を原理に沿った懸念からというよりも、理屈抜きの嫌悪感から拒否しているのだということ。でも哲学者のデイヴィッド・ルイスが言ったように、『疑わしそうににらまれても、それに対しては反駁のしようがない』」

「私までそこに入れられていないといいがね」。アリスの父は少々不満げに言った。「私は原理に沿ってこの理論を理解しようと努めてきたぞ」

「もちろん！」とアリスは請け合った。「今回の対話は——これで少しでも納得してもらえたかどうかはわからないけれど、こういうことを心ある物理学者はみな論じあうべきだと思うの。私にとって重要なのは、なにも全員がエヴェレット派になることではなくて、みんなが量子力学を真剣に理解しようとしてくれること。こんな話はどうでもいいと思っている人の興味を無理に引こうとするよりは、たとえば隠れた変数の熱烈な支持者のような人と対話することを大事にしたいの」

父は頷いた。「私が相手ではしばらく時間がかかったがね。しかし、たしかにそうだ、私はこれをどうでもいいとは思っていないものな」。父は娘に微笑みかけた。「私たちの務めはものごとを理解することだ、そうだろう?」

第九章　別の道　多世界理論に代わる案

量子力学の基礎論において世界を代表する研究者の一人で、現在はコロンビア大学の哲学教授であるデイヴィッド・アルバートは、かつて量子基礎論に関心を持ちはじめた大学院生のころ、いかにもありがちな経験をした。ロックフェラー大学物理学部の博士課程にいた彼は、十八世紀の哲学者デイヴィッド・ヒュームが書いた知識と経験の関係についての本を読んだあと、物理学に足りないのは量子観測問題についての適切な理解だと信じるようになった（ヒュームは観測問題のことなど知らなかったが、アルバートの頭の中では点と点が線になっていた）。一九七〇年代後期のロックフェラー大学では、誰もそんな考え方に関心を持っていなかったため、アルバートはなんとイスラエルの著名な物理学者ヤキール・アハラノフと遠距離共同研究を開始して、いくつかの重要な論文に結実させた。だが、アルバートがその研究を自分の博士論文として提出しようとすると、ロックフェラーの当時の首脳陣は愕然とした。結局、逆らえば博士課程から完全に追放というペナルティを突きつけられて、アルバートはやむなく数理物理学の分野で別の論文を書くことになった。彼自身の回想によれば、それは「明らかに、私の性格に効果的だろうということで割り当てられていた課題だった。そこにははっきりと懲罰的な要素があったのだ」(1)

量子力学の基礎とは何なのか——という問題に関して、物理学者は長いあいだまったく合意に達せずにいた。しかし二十世紀の後半に、ついに関連する問題に関してかなりの合意が形成された。量子力学の基礎が何であれ、それについて語る**べき**でないのは確実である、となったのである。そんなことより、計算をしたり、粒子や場の新しいモデルを構築したりと、果たすべき現実的な仕事はたくさんあるというわけだった。

当時エヴェレットは、もうご存じのとおり、物理学教授になるのを目指しもせずに学術界を去っていた。一九四〇年代にロバート・オッペンハイマーに師事していたデイヴィッド・ボームは、隠れた変数を用いて観測問題に取り組むという独創的な方法を提案した。しかし、ある研究会で別の物理学者がボームのアイデアを説明したのち、オッペンハイマーはそれをあからさまに嘲笑した――「われわれがボームの誤りを証明できないなら、あとはみなで彼を無視するしかない」[2]。量子もつれに非局所的な性質があるらしいことを誰よりもみごとに明らかにしたジョン・ベルは、このテーマに関する自分の研究をわざとCERNの仲間から隠していた。彼らの前では、ベルはあくまでも保守寄りの素粒子理論家だった。一九七〇年代にデコヒーレンスの概念の先駆者となったハインツ・ディーター・ツェーは、まだ若手研究者だったその当時、恩師から、このテーマの研究を続けていると学術界での未来はないと警告された。実際、ツェーの初期の論文はまったく出版にこぎつけられず、いつも雑誌の査読者から「この論文は完全に無意味」だの「量子論は巨視的物体には適用されない」だのと告げられていた[3]。オランダ出身の物理学者サミュエル・ゴーズミット（ハウストミット）は、専門誌フィジカル・レビューのエディターを務めていたあいだの一九七三年に、量子力学の基礎についての論文は、そこに新しい実験的予言が示されていないかぎり、掲載を考慮するのも禁止する旨のあからさまな通達を社内に出した（この方針がもっと前に実施されていたら、同誌はアインシュタイン＝ポドルスキー＝ローゼン論文も、それに対するボーアの反論も、掲載を拒否せざるを得なかっただろう）。

だが、まさにこれらの逸話にあらわれているように、さまざまな障害が大きく立ちはだかってはいたものの、少数の物理学者と哲学者の一団は、量子的現実の本質をもっとよく理解しようと不屈の努力を続けてきた。多世界理論は、とくにデコヒーレンスによって波動関数の分岐の過程がはっきり浮かび上がるようになってから、観測問題の突きつける謎を解き明かすための有望なアプローチの一つと見なされている。しかし、考慮に値するアプローチはほかにもある。それらが重要なのは、実際に正しいかもしれないからというだけでなく（これはつねに最大の理由だが）、まったく異なる論法を比較することが、私たちの個人的な好みはさておいて、量子力学のよりよい評価に役立つからでもある。

この何十年ものあいだに、量子論のさまざまな定式化がじつにたくさん提案されてきた（ウィキペディアの関連記事では「解釈」と明示されているものだけで一六種類が列挙され、さらに「その他」のカテゴリーも設けられている）。ここではエヴェレット的アプローチに対する三つの基本的な競合説——動力学的収縮理論、隠れた変数理論、認識論的理論——を見ていこう。いずれも包括的な理論とは言いがたい。しかし、これらを検討することで、これまでの研究が取ってきた基本的な戦略が見えてくるだろう。

○　○　○

多世界理論の美点は、その基本的な定式化の単純さにある。シュレーディンガー方程式にしたがって時間発展する波動関数があるだけなのだ。その他はすべて注釈にすぎない。その注釈のいくつかは、たとえば複数の系とその環境への分裂にしても、デコヒーレンスにしても、波動関数の分岐にしても、いずれもきわめて有益で、実際、基本形式の整ったエレガントさを、私たちの乱雑な世界認識に一致させるのに不可欠でもある。

あなたが多世界理論をどう思っているにせよ、その単純さは、代替案を考慮するにあたっての適切な出発点となる。確率問題に妥当な答えがあることをまだ深く疑っているのなら、あるいは世界がいくつもあるというアイデアに単純に反感を覚えるのなら、あなたが今ここでなすべきことは、多世界理論をどうにかして修正することである。多世界理論がただの「波動関数とシュレーディンガー方程式」でしかないことを踏まえれば、いくつかの正しそうな道がたちどころに見えてくる。多数の世界が生まれてこないようにシュレーディンガー方程式を変更する、波動関数のほかに新しい変数を追加する、あるいは波動関数の解釈を見直して、それは現実の直接的な記述ではなく自分たちの知識に関する一意見なのだと考える。これらの道は、これまでにも何人かが熱心に歩んできた道だ。

まずは、シュレーディンガー方程式を変更できる可能性を考えてみよう。このアプローチは、ほとんどの物理学者が違和感を持たない領域にぴたりと収まってくれそうに見えただろう。まだどんな理論も確たる成功は収めていなかったころ、理論家はどうやって基本の方程式をいじくったらもっと都合がよくなるだろうかと自問していたものなのである。最初はシュレーディンガー本人も、遠くから見たときに粒子のようにふるまう小さな塊に自然に局所化する波を、自分の方程式が記述してくれないかと期待していたほどだった。この方程式をどこかちょっと修正したらその望みが達せられ、うまくいけば多数の世界など許さなくとも、観測問題に自然な解決がもたらされるのではないか。

しかし、実際はそれほど甘くない。最も明白な一手は方程式にΨ^2のような新しい項を加えることだが、それを試してみると、たいていはこの理論の重要な特徴が壊れてしまう。たとえば確率をすべて足し合わせたときに一にならなくなってしまうのだ。この種の障害が物理学者をくじけさせることはめったにない。素粒子物理学の標準模型における電磁相互作用と弱い相互作用の統一モデルをみごと構築したスティーヴン・ワインバーグは、時間を経ても全体の確率がうまく維持される、シュレーディンガー方程式の巧妙な修正を提案した。しかし、それには代価がともなった。ワインバーグの理論の最も単純なバージョンは、量子もつれの状態にある粒子と粒子のあいだで信号が光よりも速く送られることを許してしまうのだ。これでは通常の量子力学のノー・シグナリング定理に反することになる。この欠陥は手当てできるが、そうするとさらに奇妙なことが起こってしまう。波動関数のさらに別の枝が出てくるだけでなく、それらの枝のあいだで実際に信号を送ることが可能になって、物理学者のジョー・ポルチンスキーが「エヴェレット電話」と呼んだものができあがってしまうのだ。(4) 考えようによっては、それはよいことなのかもしれない――もしもあなたが人生の選択を量子観測の結果にゆだね、別の自分たちとどの人生が最良だったかを確認しあうことをよしとするならば。とはいえ、自然が実際にそのように働いているとは考えにくい。観測問題を解決することにもならないし、ほかの世界を排除することにも成功していない。

考えてみれば、これは当然だ。一個の電子が純粋な上向きスピンの状態にあると仮定しよう。この状態は、左向きスピンと右向きスピンの等しい重ね合わせの状態にあると表現することもできるので、水平方向の磁場に沿って観測すれば、どちらの結果も五〇パーセントずつの割合で観測される可能性がある。しかし、その二つの選択肢にまさしく差がないために、どちらが観測されることになるかを決定論的な方程式で予言できるとは想像しがたい（少なくとも、追加の情報を伝える新しい変数が加わらないかぎりは）。左向きスピンと右向きスピンとのあいだの均衡を破る何かがどうしても必要になる。

そこで、もう少し劇的なことを考えてなくてはならない。ただシュレーディンガー方程式を取りあげて優しくいじくる代わりに、あえて苦難を覚悟して、波動関数を時間発展させるまったく別の道を導入することもできる。それはすなわち、多数の枝が出てくる可能性をぺしゃんこに押しつぶす道だ。無数の実験証拠から、通常は波動関数がシュレーディンガー方程式にしたがうのは確実である。少なくとも、私たちがそれを観測していないときは必ずそうなると言っていい。だが、ごくまれに、しかし決定的に、波動関数がまったく違うふるまいをすることもあるのではないだろうか。

その違うふるまいとは何だろう。ここで求められているのは、単一の波動関数の中に記述されている多数の巨視的な世界のコピーという実存的ホラーを回避することだ。それなら、波動関数がときに自発的な収縮を起こし、さまざまな確率（たとえば空間内の位置）に広がっている状態から、ある一点のまわりに比較的局在化した状態に、いきなり変わることがあると考えてみたらどうなるだろう。これが動力学的収縮モデルの新しい重要な特徴であり、こうしたモデルのうち最も有名なのが、考案者のジャンカルロ・ジラルディ、アルベルト・リミニ、トゥーリオ・ウェーバーの頭文字をとった、GRW理論である。(5)

どの原子核にも束縛されていない一個の電子が、自由空間に漂っているところを想像してみよう。シュレーディンガー方程式にしたがえば、このような粒子の自然な時間発展は、その波動関数が広がって、拡散の度合いを増していくことだ。この構図に対して、GRWは、波動関数が瞬時にがらりと変わる確率がつねにあるという仮定を追加する。この新しい波動関数のピークは、それ自体が確率分布から選ばれる。つまり、もともとの波動関数にしたがって電子を観測したときの位置を予言するのに用いるのと同じ確率分布ということだ。新しい波動関数は、その中心点のまわりに強く集中するため、私たち巨視的な観測者から見るかぎり、今や粒子は実質的にある一つの位置にある。GRWにおける波動関数の収縮はランダムに実在するもので、観測によって引き出されるものではない。

GRW理論は量子力学の漠然とした「解釈」ではなく、異なる動力学を用いたまったく新しい物理理論だ。実際、この理論では二つの新しい自然定数が仮定されている。新たに局在化した波動関数の幅と、動力学的収縮が起こる一秒あたりの確率である。これらのパラメーターの現実的な値は、幅については一〇のマイナス五乗センチメートル、一秒あたりの収縮の確率については一〇のマイナス一六乗と見積もられている。したがって典型的な電子が一〇の一六乗秒のあいだ時間発展すると、その波動関数は自発的に収縮することになる。この時間はおよそ三億年だ。したがって、この観測可能な宇宙の一四〇億年の生涯のあいだに、ほとんどの電子（あるいはほかの粒子）はほんのわずかな回数しか局在化しないということだ。

これはこの理論の特徴であって、バグではない。もしシュレーディンガー方程式をいじくりまわすつもりなら、従来の量子力学のすばらしい成功の数々を壊さないようにしてやったほうがいい。私たちは一個の粒子か数個の粒子の集まりで絶えず量子実験をしている。それらの粒子の波動関数が私たちの前でつねに自発的に収縮していたら、世にも悲惨なことになっていただろう。量子系の時間発展に真にランダムな要素があるとしても、それは一個の粒子につき非常に希少なことであってくれないと困る。

では、このように穏やかに修正された理論がどうやって巨視的な重ね合わせを排除するのだろう。多世界理論でのデコヒーレンスに関してと同じように、ここでも助け舟を出すのは量子もつれだ。

一個の電子のスピンを観測する場合で考えてみよう。電子をシュテルン＝ゲルラッハ磁石に通すと、電子の波動関数は「上向き偏向」と「下向き偏向」の重ね合わせの状態に時間発展する。電子がどちらに向かったかを観測するのに、たとえばスクリーン上で電子を検出して、その結果を「上」か「下」を示す針のついた目盛り盤で表すとする。エヴェレット的な見方では、この針は大きな巨視的物体で、すぐに環境と量子もつれの状態になるから、デコヒーレンスが起こって波動関数の分岐が生じる。GRWの場合はそのような過程に頼らないが、それに関連することが起こる。

ここでは、もともとの電子が自発的に収縮するわけではない。数百万年待ってもそのような事象が起こる見込みはないだろう。しかし、装置の針には一〇の二四乗個かそこらの電子、陽子、中性子が含まれている。これらすべての粒子は、明らかに量子もつれの状態にあって、針が「上」を指すか「下」を指すかによって異なる位置にある。蓋を開ける前にある特定の粒子が自発的な収縮を起こす可能性はきわめて低いとはいえ、それらの粒子の少なくとも一個が自発的な収縮を起こしている可能性ならかなり高いだろう――およそ一秒あたり一〇の八乗回は起こっているはずだ。

べつにたいしたことでもないのでは、と思われるだろうか。たしかに巨視的な針の中で粒子のわずかな一部が局在化しても、私たちはそれに気づきさえしないだろう。しかし量子もつれの魔法とは、たった一個の粒子の波動関数が自発的に局在化すれば、それと量子もつれになっている残りの粒子もすべてそれに倣うところにある。針がどうにかしてある程度の時間、粒子を一個たりとも局在化させず、その時間のあいだに粒子が時間発展して「上」と「下」の巨視的な重ね合わせの状態になれたとしても、その重ね合わせはたった一個の粒子の局在化とともに即座に崩壊する。全体の波動関数はきわめて急速に、二種類の答えの重ね合わせを指している装置を記述するものから、どちらかの答えを明確に指している装置を記述するものへと変わるだろう。GRW理論は、コペンハーゲン的アプローチの支持者が頼みにせざるを得ない古典力学と量子力学との線引きを、操作の可能な、客観的なものにする。古典的なふるまいは多数の粒子を含んだ物体に見られるが、その粒子の数が膨大なため、そのような物体は全体の波動関数が一連の急速な収縮を起こしうるようになるのである。

GRW理論には明らかな長所と短所がある。一番の長所は、方向の確かさと具体性を備えた、観測問題にまっすぐ答えようとする理論であるということだ。エヴェレット的アプローチから導かれる多世界は、真に予言不可能な一連の収縮によって排除される。この理論における世界はただ一つ、微視的な領域での量子論の成功を維持しながらも、巨視的には古典的なふるまいを見せる世界だ。実験結果を説明するのに意識に関するあいまいな概念にいっさい頼らずにすむ、完璧に現実主義的な論である。GRWは従来のエヴェレット量子力学に、波動関数の新たな枝を出てくるたびに切り落とす、ランダムな過程な加えたものと考えられる。

さらに、これは実験的に検証可能な理論でもある。局在化した波動関数の幅と収縮の確率という二つのパラメーターは、任意に選ばれるものではない。それらの値があまりにも違っていれば、そのパラメーターは正しく機能しない（収縮の頻度が低すぎる、局在化の程度が不十分である）か、すでに実験によって除外されているかのどちらかだ。たとえば、とてつもなく低温の状態にある原子の流体を考えてみよう。この温度のため、すべての原子は運動できたとしても非常にゆっくりとしか運動しない。この流体の中の電子が一個でも波動関数の自発的収縮を起こせば、その原子のエネルギーにちょっとした変動が生じるから、物理学者はそれを流体のわずかな温度上昇として検出できる。この種の実験は現在進行中で、うまくいけば最終的にはGRWが正しかったのか、それとも完全に除外されるかがわかるだろう。

ここで調べられるエネルギー量は本当に微小なものなので、実際に実験を行うのは言うほど容易ではない。それでも、多世界理論をはじめ量子力学に対するさまざまなアプローチ全般は実験的に検証できないじゃないかとあなたが友人から文句をつけられたなら、GRWはそのとき持ち出すのにうってつけの一例だ。理論の検証はほかの理論と比較することによってもなされるが、この二つの理論は経験的に予言されることが明らかに違うのである。

一方、GRWの最大の短所は、いささか言いにくいことではあるのだが、この新たな自発的収縮の規則がまったくもってその場しのぎで、ほかのあらゆる既知の物理と調和していないことにある。自然が通常の運動法則をわざわざランダムな間隔で破っているだけでなく、それを私たちがいまだ実験で検出できないような方法でやっているとは、やはりにわかには信じがたい気がする。

加えて、GRWとその関連理論が理論物理学者のあいだで盛り上がらない理由になっているもう一つの短所が、この理論をどう改変すれば粒子だけでなく場にも適用できるようになるかが不明であることだ。現代物理学では、自然の基本構成要素は粒子ではなく、場なのである。振動している場を十分に注意して見たときに粒子が見えるのは、それらの場が量子力学の規則にしたがっているからにほかならない。ある条件下では、場の記述を有益ではあっても必須ではないものと考えて、場とは多数の粒子のふるまいを一度に把握する手段にすぎないと割り切ることも可能だろう。しかし、そうはいかない状況もあり（たとえば初期の宇宙や、陽子や中性子の内部など）、そこでは場を場として考えることが不可欠だ。そしてGRWは、少なくともここで紹介した単純なモデルの場合だと、一個の粒子についての確率に特化した波動関数の収縮についてしか説明しない。これは必ずしも乗り越えられない障害ではない――あまりうまくいかない単純なモデルを取りあげて、うまくいくまで一般化することは、理論物理学者の常套手段だ――が、それはすなわち、そのアプローチがそのままでは自然の法則についての現時点での考え方に一致しないようであることを示してもいる。

GRWは、自発的収縮が個々の粒子にとってはめったに起こらないが、多数の粒子の集まりにとっては急速に起こるものとすることによって、量子力学と古典力学との境界を区切っている。これに代わるアプローチとして考えられるのは、伸ばされすぎたゴムバンドがいずれ必ずちぎれるように、系がある一定の閾値に達したときに必ず収縮が起こるとすることだ。その種の試論としてよく知られる一例が、一般相対性理論についての研究で有名な数理物理学者のロジャー・ペンローズが提案したものである。(6) ペンローズの理論では、重力が決定的な役割を担っている。この理論での波動関数は、別々の成分それぞれがはっきりと異なる重力場を持つ巨視的な重ね合わせを記述しはじめるとき、自発的な収縮を起こすのである。では何をもって「はっきりと異なる」と見なすのかというと、その基準は、じつは精密に特定するのが難しい。一個の電子なら、波動関数がどう広がっていようと収縮することはないだろうし、目盛り盤の針なら十分に大きいので、異なる状態へと時間発展しはじめたとたんに収縮を起こすだろうという程度だ。

量子力学の専門家のほとんどは、ペンローズの理論にさほど興味を示してこなかったが、その理由の一つには、量子力学の基礎の定式化によもや重力が関係しているとは思いがたかったということがある。実際に、重力のことなどまったく考えなくても量子力学や波動関数の収縮については論じられる——事実、このテーマの歴史の大半においてはそうだった——ではないか、というわけだ。

今後ペンローズの基準が精密に理論化されることもありえるが、その場合、その基準は姿を変えたデコヒーレンスと考えられる。ある物体の重力場はその物体の環境の一部であると考えられるからで、波動関数の二つの異なる成分が異なる重力場を持っていれば、それらは実質的にデコヒーレンスを生じさせることになる。重力の力はきわめて弱いので、たいていの場合は、重力が働くよりもずっと前に通常の電磁相互作用がデコヒーレンスを生じさせてしまうだろう。しかし重力のいいところは普遍的であることで（すべてのものが電荷を持っているわけではないが、すべてのものは重力場を持っている）、ゆえに少なくとも、重力はどんな巨視的物体の波動関数も必ず収縮させることになる。一方、デコヒーレンスが起こると同時に分岐が生じることは、すでに多世界アプローチの一部に組み込まれている。そう考えると、こうした各種の自発的収縮理論が言っているのは結局のところ、「これはエヴェレット理論と似たようなものだが、こちらは新しい世界が生まれるたびに手動でそれを消している」ということだ。さて、真相はいかに。ひょっとしたら自然は本当にそのように働いているのかもしれないが、今のところ現役物理学者のほとんどは、その道を追求することに乗り気でない。

○　○　○

量子力学の黎明期から、明らかに検討すべき可能性としてずっと考えられてきたのが、波動関数だけですべてが片付くわけではなく、それに追加される別の物理的変数があるというアイデアだ。なんといっても物理学者は十九世紀以来の統計力学での経験からして、確率分布の観点でものを考えることに慣れきっている。箱に入った気体のすべての原子の正確な位置と速度を特定しなくても、全体の統計的な性質を特定できればそれでよいとされるのだ。しかし古典的な見方では、たとえ私たちが知っていなくても、一個一個の粒子に何らかの厳密な位置と速度があるのは当然のことである。ならば、量子力学も同じではないのか。予想される観測結果に関連する一定の物理量があるのだが、それが何であるかを私たちは知らなくて、波動関数がなぜか統計的現実の一部をとらえているために、私たちには全貌がわからないのではないのだろうか。

もちろん、波動関数は古典的な確率分布とそっくり同じではありえない。真の確率分布は確率をそのまま結果に割り当てるし、ある任意の事象の確率は必ず○から一までの（○と一も含めた）実数である。一方、波動関数はあらゆる可能な結果に振幅を割り当てるのであり、その振幅は複素数である。複素数には実部と虚部の両方が含まれていて、ともに正の数にも負の数にもなりうる。そのような振幅を二乗すれば確率分布が得られるが、実験的に何が観測されるかを説明したいとき、波動関数を忘れて確率分布をそのまま使ってもうまくはいかない。振幅が負の数にもなりうるために、二重スリット実験で見られるような干渉が生じてしまうのである。

この問題には単純な解決策がある。波動関数を実在のもの、物理的に存在するものと考えて（単に私たちの不完全な知識の便利な要約と考えるのではなく）、それと同時に、ほかにも追加の変数があり、それが粒子の位置を表すのだろうと想像すればよいのである。この追加の物理量が通例「隠れた変数」と呼ばれるのだが、このアプローチの支持者の一部はその呼び方を好まない。なぜなら観測をしたときに実際に見られるのがそれらの変数だからである。その意味で、この変数は粒子と呼んでもかまわない。たいていの場合はそういうことになるからだ。そしてその場合、波動関数は粒子の運動を導く「パイロット波」の役割を担う。粒子は水に浮かんだ小さな樽のようなもので、波動関数はその樽を動き回らせる水中の波と流れを記述する。波動関数は通常のシュレーディンガー方程式にしたがうが、新しい「誘導方程式」は波動関数が粒子をどう動き回らせるかを支配する。粒子は波動関数が大きいところに誘導され、波動関数がゼロに近いところからは遠ざかる。

こうした理論を初めて提示したのがルイ・ド・ブロイで、それは例の一九二七年のソルベー会議でのことだった。当時、アインシュタインとシュレーディンガーの両人も同じようなことを考えていた。しかしド・ブロイのアイデアは、ソルベー会議でこっぴどく批判された。とくに手厳しかったのがヴォルフガング・パウリである。会議の記録を見るかぎり、パウリの批判は見当違いで、むしろド・ブロイのほうが正しく返答しているように見受けられる。しかし、会議での反応はド・ブロイの士気をくじくのに十分で、結局ド・ブロイはこのアイデアを捨ててしまった。

隠れた変数理論を構築することの難しさについての定理を、一九三二年の有名な著書『量子力学の数学的基礎』で証明したのがジョン・フォン・ノイマンである。フォン・ノイマンは二十世紀の最も優秀な数学者・物理学者の一人であり、当時の量子力学研究者から見ても、彼の名前にはとてつもなく高い信頼性が備わっていた。本質的にあいまいさをともなうコペンハーゲン的アプローチより、量子論をもっと明確に定式化する方法があるかもしれないと誰かが提言するときに、フォン・ノイマンの名前と彼による証明の存在を持ち出そうものなら、必ずそれは標準的なやり方になった。もはや議論など始まる前からつぶされているも同然だった。

実際のところ、フォン・ノイマンが証明したものは、一般に思われているほど完璧ではなかった（彼の著書は一九五五年まで英訳されていなかったこともあり、じつはそれほど読まれていなかった）。よい数学の定理は、明言された仮定からしっかりと結果が得られるようにする。しかし、そのような定理をもとにして現実の世界に関する何かを知りたいときは、その仮定が現実において本当に真であるかを注意深く確かめる必要がある。振り返ってみるとフォン・ノイマンは、量子力学の予言を再現する理論を考案することが目的なのであればする必要のない仮定をしていた。彼はたしかにあることを証明していたが、そこで証明されていたのは、「隠れた変数理論はうまくいかない」ことではなかった。これを指摘したのは数学者で哲学者のグレーテ・ヘルマンだったが、彼女の研究はほとんど無視された。

次いで現れたのがデイヴィッド・ボームである。彼は量子力学の歴史においてもひときわ興味深い、複雑な人物だ。一九四〇年代の初め、大学院生だったボームは左翼政治に関心を持つようになった。のちに彼はマンハッタン計画に携わることになるが、ロスアラモスの研究所に移るのに必要なセキュリティ上の資格を認められなかったため、バークレーに残って研究をさせられた。戦後、ボームはプリンストン大学の助教になって、大きな影響力を持つことになる量子力学の教科書を出版した。この本において、ボームは当時一般的だったコペンハーゲン的アプローチを慎重に踏襲していたが、この問題をよくよく考えた結果、彼は別の代案を模索するようになった。

この問題に対するボームの関心は、ボーアとその同僚たちに抵抗できるだけの地位を持つ数少ない人物の一人からの応援を受けていた。ほかならぬアインシュタインその人である。御大はボームの本を読んでおり、その若い教授を自分の研究室に呼び寄せて、量子力学の基礎について論じた。量子力学は申し分のない現実観とは考えられないという自らの基本的な異議を説明し、隠れた変数の問題をもっと深く考えるようにとボームを激励したのである。そしてボームはそのとおりにした。

こうしたことが進んでいた傍らで、ボームには政治的な疑いがかけられていた。共産主義と結びつけられることがその人の将来を破壊しかねなかった時代である。一九四九年、ボームは非米活動委員会の前で宣誓証言し、そこでかつての同僚を巻き込むようなことをいっさい拒否した。一九五〇年、ボームはプリンストンの研究室にいたところを議会侮辱罪で逮捕された。最終的にすべての嫌疑は晴らされたが、大学総長はボームに構内への出入り禁止を言い渡し、物理学部にボームの契約更新をしないようにと圧力をかけた。一九五一年、アインシュタインとオッペンハイマーの支援を受けて、最終的にサンパウロ大学に職を見つけられたボームは、ブラジルへと去った。そのためプリンストンでボームのアイデアを説明するための最初の研究会が開かれたとき、講義は別の人がしなくてはならなかった。

○　○　○

こうした劇的な事件の連続にさらされながらも、ボームは量子力学について生産的に考えつづけた。

アインシュタインに励まされて案出した理論は、ド・ブロイの理論に似たもので、波動関数から構築された「量子ポテンシャル」によって粒子が誘導されると考えられていた。今日、このアプローチは一般に「ド・ブロイ＝ボーム理論」と呼ばれるが、単に「ボーム力学」と呼ばれることもある。ボームはこの理論をド・ブロイよりはやや具体的に提示した。とりわけ観測過程を記述する部分がよく肉付けされていた。

今日でも、量子力学の予言を再現する隠れた変数理論を構築するのは「ベルの定理があるから」不可能だ、とプロの物理学者が言うのをときどき聞くことがある。だが、少なくとも非相対論的な粒子の場合においてなら、それこそボームがやったことだった。実際、ジョン・ベル自身がボームの研究に深く感銘を受けた数少ない物理学者の一人で、ベルはどうしたらボーム力学の存在を、隠れた変数はないとされるフォン・ノイマンの定理とうまく折り合わせられるかを正確に理解しようとして、自らの定理を考案するにいたったのである。

ベルの定理が実際に証明しているのは、局所的な隠れた変数理論を介して量子力学を再現するのは不可能だということだ。そのような理論はアインシュタインがずっと求めていたもので、具体的に言えば、空間内の特定の位置に関連する物理量に独立した実在性を付与し、それらのあいだに光速以下での伝播効果を持たせるモデルということである。ボーム力学は完璧に決定論的な理論だが、あくまで非局所的な理論であって、離れた粒子が瞬時に互いに影響を及ぼせる。

ボーム力学は、明確な（しかし私たちには観測するまでわからない）位置を持った一連の粒子と、独立した波動関数の両方を仮定している。波動関数はシュレーディンガー方程式にしたがって時間発展するのみで、そこに粒子があることに気づいてもいないかのように、粒子のふるまいにいっさい影響されることがない。それに対して粒子のほうは、波動関数に依存する誘導方程式にしたがって動き回る。ただし、それぞれの粒子の導かれ方は波動関数だけに依存するのではなく、その系に含まれているかもしれないほかのすべての粒子の位置にも依存する。これが非局所性だ。ここにある一個の粒子の運動が、原理的には、任意に遠いところにある別の粒子の位置に依存しうるのである。のちにベル自身が言ったように、ボーム力学においては「アインシュタイン＝ポドルスキー＝ローゼンのパラドクスが、アインシュタインの最も好まなさそうなかたちで解決される」(7)。

通常の量子力学の予言をボーム力学がどう再現するかを理解するうえで決定的な役割を果たすのが、この非局所性だ。二重スリット実験で考えてみよう。この実験では、量子現象が波のようでもあり（干渉縞が現れる）、粒子のようでもある（検出スクリーンに点が現れ、粒子がどちらのスリットを通るかを検出すれば干渉は消え去る）ことが如実に示される。しかしボーム力学では、この両義性になんの不思議もない。粒子と波がどちらも含まれているからだ。私たちが観測するのは粒子であり、波動関数がその粒子の運動に影響しているが、それを直接観測する方法はない。

ボームによれば、波動関数は両方のスリットを通って時間発展する。これはエヴェレット量子力学の場合とまったく同じだ。波動関数がスクリーンに達した時点で重なるところ、相殺されるところには、干渉効果が出現するだろう。しかし私たちがスクリーンに波動関数を見ることはない。私たちが見るのはあくまでも、スクリーンにぶつかった個々の粒子だ。それらの粒子は波動関数によって動かされる。したがって波動関数が大きいところでは、スクリーンにぶつかる粒子の数が多くなり、波動関数が小さいところでは粒子の数が少なくなると考えられる。

ボルンの規則から、ある任意の位置に粒子が観測される確率は、波動関数の二乗によって与えられる。これは一見すると、粒子の位置が完全に独立した変数で、好きなように特定できるというアイデアと相反するように感じられる。加えてボーム力学は完璧に決定論的な理論であり、GRW理論にある自発的収縮のような、真にランダムな事象は存在しないことになっている。では、ボルンの規則はどこから来るのか。

答えを言うと、原理的には粒子の位置はどこにでもなりうるのだが、実際には粒子の位置には自然な分布がある。ある波動関数と、ある一定数の粒子が手元にあると想像してみよう。ボルンの規則を取り戻すには、まさにボルンの規則のような粒子の分布を出発点とするだけでいい。つまり、粒子の位置の分布が波動関数の二乗で得られる確率でランダムに選ばれたように見えるよう、手元の粒子を分布させればよいのである。振幅が大きいところには粒子を多く配し、振幅が小さいところには粒子を少なく配する。

このような「平衡」分布には、時間が経過してもボルンの規則が破られないまま系が時間発展するという、すばらしい特徴がある。通常の量子力学から予想される結果に合致した確率分布で粒子をあらかじめ配しておけば、その分布はずっと予想に合致したまま進んでいく。多くのボーム力学派のあいだでは、最初の時点で平衡状態になかった分布でも、箱の中の古典的な気体粒子が熱平衡状態に時間発展するのと同様に、時間発展するにつれて平衡状態に行き着くと考えられている。しかし、それが正しいのかどうかはまだ決まっていない。もちろん結果的に得られる確率は、その系についての私たちの知識に関わるもので、客観的な頻度とは関係ない。もしも粒子の見つかる確率でなく、粒子の位置そのものがどうにかして正確にわかるなら、確率などに頼らなくても正確に実験結果が予測できるだろう。

ボーム力学が量子力学の定式化の一候補として興味深い位置にあるのはこのためである。GRW理論は伝統的な量子力学からの予想とたいてい合致するが、検証のできない新しい現象についても明確な予言をする。そのGRWと同様に、ボーム力学はまぎれもなく別種の物理理論であって、単なる「解釈」ではない。何らかの理由で手元の粒子の位置が平衡分布になっていないなら、これがボルンの規則にしたがう必然はない。しかし平衡分布になっているのなら、当然ボルンの規則にしたがうことになる。その場合、ボーム力学の予言は通常の量子力学の予言と厳密に区別がつかない。波動関数が大きいところではスクリーンにぶつかる粒子が多く見つかり、波動関数が小さいところでは少なく見つかるだろう。

しかし別の問題もある。粒子がどちらのスリットを通ったのかを見きわめようとしたときに何が起こっているのかだ。ボーム力学では波動関数は収縮しない。エヴェレット量子力学においてと同様に、波動関数はつねにシュレーディンガー方程式にしたがう。それなら二重スリット実験で干渉縞が消えてしまうのはどう説明されるのだろう。

答えは「多世界理論での説明と同じ」である。波動関数は収縮せずに、時間発展する。重要なのは、スリットを通る粒子の波動関数と同様に、検出装置の波動関数を考慮するべきだということだ。ボーム力学での世界は完全に量子的で、古典的領域と量子的領域との人為的な分かれ目に落ち込むことがない。デコヒーレンスを考えてみればわかるように、検出器の波動関数は、スリットを通過する電子の波動関数と量子もつれの状態になるだろう。そして、そこで一種の「分岐」が起こる。多世界理論と違うのは、装置を記述する変数（多世界理論にはないもの）が、別の枝ではない特定の枝に対応する位置にあることだ。そうすると、それはもう波動関数が収縮しているようにしか見えない。あるいは別の言い方をするならば、まさにデコヒーレンスが波動関数を分岐させているようにも見えるのだが、ただし、それによって一本一本の枝が実在するようになるのではなく、私たちを構成する粒子がたまたま一本の特定の枝に位置することになるのである。

当然と言えば当然だが、多くのエヴェレット派は、このような説明を疑わしく思っている。世界の波動関数が普通にシュレーディンガー方程式にしたがうなら、普通にデコヒーレンスが起こって分岐が生じるだろう。さらに、波動関数が現実の一部であることもすでに受け入れられている。その意味では、波動関数がどう時間発展するかに粒子の位置はまったく影響しない。粒子の位置の役割は、ただ波動関数のある特定の枝を指し示し、「これが実在の枝である」と言うことだけだろう。したがって一部のエヴェレット派に言わせれば、ボーム力学はじつのところエヴェレット理論となんら違わない。自分が多数のコピーに分裂することへの不安を和らげる以外に何の意味もない、不要な変数を追加で含んでいるだけだ。ドイッチュの言葉を借りるなら、「パイロット波理論は慢性的な拒否体質の平行宇宙理論」なのである。

ここでこの論争を裁定するつもりはない。とりあえず明らかなのは、ボーム力学がきちんと組み立てられた明確な理論であること、そして多くの物理学者に不可能だと思わせていたことを明確な理論として実現しているということだ。ボーム力学は、観測過程に関する不思議な呪文も、古典的な領域と量子的な領域との区分もいっさい必要とせずに、教科書量子力学の予言をすべて再現する精密な決定論的理論を構築している。その代価として、私たちはこの動力学の明らかな非局所性を受け入れなければならない。

○　○　○

ボームはこの新しい理論が広く物理学者に認められることを願っていた。しかし、そうはならなかった。量子の基礎についての議論にほぼ付き物となっている感情的な言葉遣いで、ハイゼンベルクはボームの理論のことを「余計なイデオロギー的上部構造」と呼び、パウリは「人工的な形而上学」と言い表した。[8] ボームのかつての師であり、支援者であったオッペンハイマーからの判定は、すでに述べたとおりである。アインシュタインはボームの努力を認めていたようだが、最終的にできあがった理論については、人工的で、完全に納得のいくものではないと考えていた。しかしド・ブロイと違って、ボームはこうした圧力に屈することなく、引き続き自分の理論を発展させながら売り込んでいった。実際、ボームの訴えは、当時まだ現役だった元祖のド・ブロイの心を動かした（彼が亡くなったのは一九八七年だ）。晩年のド・ブロイはふたたび隠れた変数理論に取り組むようになり、自分の最初のモデルを丹念に発展させた。

ボーム力学には、明らかな非局所性があることを別にしても、また、拒否体質の多世界理論にすぎないという非難があることも別にしても、また別の重要な難点が本質的に備わっており、とくに現代基礎物理学者の観点からすると、それは看過しがたい問題だ。ボーム力学では、理論を構成している一連の要素が疑いなくエヴェレット理論より複雑であり、あらゆる可能な波動関数の集合であるヒルベルト空間がこれ以上ないほど大きい。多数の世界が出てくる可能性は、それらの世界を消すことによって回避されるのではなく（GRWはこちらの方法だが）、単純にそれらの世界を実在しないものとすることによって回避される。ボーム力学の仕組みはエレガントとは程遠い。古典力学が量子力学に取って代わられてからずいぶん経っても、物理学者はいまだ直観的にはニュートンの第三法則のようなものから逃れられない。あるものが別のものを押しているならば、その別のものも最初のものを押し返していると考えたくなってしまうのだ。したがって、手元の粒子が波動関数に押されているのに、波動関数のほうは粒子からの影響をまったく受けないというのは、どうも奇妙に感じられる。もちろん、量子力学は私たちを否応なしに奇妙なものに直面させるのだから、そんなふうに考えるほうがおかしいのかもしれないが。

さらに重要なことに、ド・ブロイとボームの最初の定式化は両方とも、本当に存在するのは「粒子」であるという考えに深く依存している。GRWの場合と同様に、世界についての現時点での最良のモデル、すなわち場の量子論を理解しようとするときに、これは困った問題を生む。場の量子論を「ボーム化」する方法はいろいろと提案されて、それなりに成功もしてきた。物理学者はその気になれば非常に賢くなれるのだ。しかしながら、その結果はどこか無理やりで、自然ではなかった。それらの結果が必ずしも間違いだとは言わないが、場や量子重力を含めることが容易な多世界理論に対しては生じないような不一致が、ボーム理論に対しては生じてしまう。

ここまでのボーム力学についての話の中で、粒子の位置については言及したが、粒子の運動量については触れていない。それで思い出すのがニュートンの時代だ。ニュートンは粒子がどんなときでも位置を持っていて、その位置の変化率を計算すれば、粒子の軌道から速度（と運動量）を導出できると考えていた。もっと近代的な（言ってみれば一八三三年からの）古典力学の定式化は、位置と運動量を対等に扱う。量子力学が出現してからは、その見方がハイゼンベルクの不確定性原理に反映されて、位置と運動量がまったく同じように見えるとされた。ボーム力学は、こうした展開を元に戻し、位置を第一に扱って、運動量を位置から導出されるものとした。しかし実際、粒子の位置に対して時間とともに及ぼされる波動関数の避けがたい効果によって、粒子の位置は正確には測定できないことがわかっている。つまり結局のところ、ボーム力学には不確定性原理が動かしがたい事実として残っているが、波動関数を唯一の実在とする理論が自動的に持つような自然さは備わっていない。

ここで働く、もっと普遍的な原理がある。多世界理論は簡潔であるがゆえに、きわめて柔軟でもある。シュレーディンガー方程式が波動関数を得て、その波動関数がどれだけ速く時間発展するかを、量子状態のさまざまな成分のさまざまなエネルギー量を測定するハミルトニアンを適用することによって突きとめる。ハミルトニアンさえわかっていれば、それに対応する量子論のエヴェレット版はすぐに理解できる。粒子も、スピンも、場も、超弦も関係ない。多世界理論はプラグ・アンド・プレイだ。

ほかのアプローチの場合はそれよりずっと多くの作業が必要で、その作業が実行可能なのかどうかさえもまったく明らかでない。ハミルトニアンを特定するほかに、波動関数を自発的に収縮させる方法を見つけたり、一連の新しい隠れた変数を特定して追跡したりする必要がある。それは言うほど簡単なことではない。そして場の量子論からさらに進んで量子重力のことまで考えるなら（前述したように、これがエヴェレットの最初の動機の一つだったのだが）、問題はますます顕著になる。量子重力理論では、波動関数のさまざまな枝がさまざまな時空の幾何学を持つようになるために、「空間内での位置」という概念そのものが問題をはらむことになるからだ。これは多世界理論では何の問題にもならないが、ほかの理論にとっては大惨事に近い問題を呼ぶ。

ボームとエヴェレットがコペンハーゲン的アプローチの代替案をひねり出していた一九五〇年代や、ベルが自らの定理の証明に取り組んでいた一九六〇年代、量子力学の基礎についての研究をわざわざしようとする物理学者はほとんどいなかった。それがいくらか変わりはじめたのは、デコヒーレンス理論と量子情報理論が出現した一九七〇年代と八〇年代のことだった。そして一九八五年に提案されたのが、GRW理論である。当時でも量子力学の基礎論というサブフィールドは、物理学者の大多数からいまだ疑わしげに見られていたが（これに哲学者が引き寄せられがちだというのもあって）、一九九〇年代以降は興味深い重要な研究が続々と完成し、その大半が広く世に公開された。しかしながら、量子の基礎についての現代の研究のほとんどは、いまだ量子ビットや非相対論的粒子の範疇で行われていると言っていいだろう。ひとたび量子場や量子重力の領域に足を踏み入れれば、これまで当たり前のように受け止めていたことのいくつかは、もはや使い物にならなくなる。物理学という分野にとって、量子基礎論をいよいよ真剣に考える時期が来ているように、その量子基礎論にとっても、場の理論と重力理論をいよいよ真剣に考える時期が到来している。

○　○　○

量子力学の基本形式の最も簡素なかたちから出てくる多数の世界をどうにか排除する方法を考えるにあたって、これまで見てきたのが、ランダムな事象によって世界を切り落とす方法（GRW）、ある種の閾値まで到達する方法（ペンローズ）、そして、新たな変数を追加することによって特定の世界を実在として選び出す方法（ド・ブロイ＝ボーム）だった。さて、あとは何だろう。

問題は、波動関数とシュレーディンガー方程式を前提として信じると、必然的に波動関数の多数の枝が出現してしまうことである。だからこれまでに見てきた各案は、それらの枝を排除するか、あるいは枝の一本を特別なものとして選び出す何かを仮定するしかなかった。

これから見る第三の方法は、波動関数の実在を完全に否定するというものである。

といっても、量子力学における波動関数の中心的な重要性が否定されるわけではない。むしろ波動関数は使ってよいのだが、波動関数が現実の一部を表していると主張するのはいかがなものか、ということだ。波動関数は私たちの知識、とくに未来の量子観測の結果についての不完全な知識を、端的に表しているだけなのかもしれない。これは量子力学に対する「認識論的」なアプローチと呼ばれる。ここでの波動関数は、私たちが何を知っているかに関することを捕獲するものと考えられているからで、波動関数を客観的な実在の記述として扱う「存在論的」なアプローチとは対極にある。通常、波動関数はギリシャ文字のΨ（プサイ）で表されるので、量子力学に対する認識論的アプローチの支持者は、エヴェレット派や、ほかの波動関数実在派のことを「プサイ存在論者」とからかって呼んだりすることもある。

すでに触れたとおり、認識論的な戦略は、あまりにも素朴で単純なやり方ではうまくいかない。波動関数は確率分布ではない。実在の確率分布は負にはなりえないので、二重スリット実験で観測されるような干渉現象は起こしようがないのである。しかしあきらめる前に、波動関数と現実世界の関係について、もう少し洗練された考え方を試してみることもできる。波動関数に根本的な実在性をいっさい与えないまま、ただ実験結果に関連する確率を計算するために波動関数が使えるような形式を組み立てればいいのだと考えてみる。これが認識論的アプローチのやるべきことだ。

波動関数の収縮モデルや隠れた変数理論にいくつもの競合説があったように、波動関数を認識論的に解釈する試みにもさまざまなものがあった。とくに代表的な例の一つが、クリストファー・フックス、リュディガー・シャック、カールトン・ケイヴズ、N・デイヴィッド・マーミンらによって考案された、量子ベイズ主義（Quantum Bayesianism）である。昨今では、短縮形でQBイズム（またはQビズム、発音はキュービズム）と呼ばれるのが一般的だ[9]（しゃれた名称なのは認めざるを得まい）。

ベイズ推定の考え方にしたがえば、人は誰しもさまざまな命題の真偽に対する一連の信用度を持ち合わせていて、新しい情報が入るたびにその信用度を更新する。量子力学のあらゆる理論（もっと言えば、科学のあらゆる理論）は、何らかのかたちのベイズの定理を用いているが、量子確率を理解するための多くのアプローチでは、そのベイズの定理が決定的な役割を果たす。なかでもQBイズムの特徴は、量子確率の信用度を普遍的なものでなく、個人的なものにすることにある。QBイズムにしたがえば、ある一個の電子の波動関数は、原理的に全員が合意できるような決定的なものではない。その電子の波動関数について誰もが自分なりの考えを持っていて、その考えにもとづいて観測結果の予言をする。もし私たちが何度も実験をして、観測されたものについて互いに論じあえば、私たちはさまざまな波動関数についてある程度の合意にいたるだろう。しかし、基本的にそれは個人的な信念の尺度であって、この世界の客観的な特徴ではない。シュテルン＝ゲルラッハ磁場を通った電子が上に偏向するのを私たちが見たからといって、世界が変わるわけでなく、私たちが新しいことを知っただけである。

このような哲学には、否定しようのない直接的な利点が一つある。波動関数が物理的な実体でないのなら、波動関数の「収縮」が非局所的であると言われたとしても、その収縮について思い悩む必要もないのだ。アリスとボブが量子もつれの状態になっている二個の粒子を持っていて、アリスがその観測をした場合、量子力学の通常の規則にしたがえば、ボブの粒子の状態は即座に変化する。QBイズムは、それについて心配する必要はまったくないと保証してくれる。そもそも「ボブの粒子の状態」なんてものはないからだ。変化するのは、アリスが予言をするために持ち合わせている波動関数である。この状況にふさわしい量子版のベイズの定理を介してアリスの波動関数が更新されるのであって、ボブの波動関数はまったく変わらない。QBイズムでは、ボブが自分の粒子を観測する段になったときに、その結果がアリスの観測結果にもとづいて予言がなされたときの答えに一致するように、ゲームの規則が取り決められている。しかし、それに倣ってボブの位置ではあらゆる物理量が変化するのだと考える必要はない。変化するのは個別の人間の知識状態であり、それは結局のところ各自の頭の中で局在化されているもので、全空間に広がっているものではない。

QBイズムの観点で量子力学が考えられた結果、確率の数学には興味深い進展があり、量子情報理論への洞察が生まれた。それでも大半の物理学者は、いまだこの見方に疑問を残している——この見方では、実在とはいったい何であると考えられるのか（アブラハム・パイスの回想によれば、アインシュタインはかつてパイスにこう聞いたという。「きみは本当に信じているのか。月はそれを見たときにしか存在しないのだと」）。

それに対する明らかな答えはない。シュテルン＝ゲルラッハ磁場に一個の電子を通したところを想像してみよう。ただし、ここで電子が上下のどちらに偏向するかは、あえて見ないものとする。エヴェレット的な見方だと、それでもかまわずデコヒーレンスと分岐は起こるので、自分のどのコピーがどの枝にいるかについての事実があるだけだ。しかしQBイズムでは、見方がまったく異なる。スピンが上に偏向したとか下に偏向したとか、そんなものは存在しない。ただ最終的にそれを見ることにしたときに、何が見えるかについての信念の度合いがあるだけだ。映画『マトリックス』でネオが知るように、「スプーンはない」のである。この見方では、見る前に起こっていることの「実在」について思い悩むのがそもそも間違いで、それがあらゆる種類の混乱を生むのだとされる。

QBイズム派はだいたいにおいて、この世界が本当のところ何であるかなど論じない。少なくとも、現在そのような研究プログラムを進めてはいない。QBイズム派は、ほかの人びとが非常に重要視する実在の本質についての問題に、あえて深くは立ち入らないようにしている。この理論の基本的な構成要素は、信念を持ち、経験を蓄積する一連の行為者だ。この見方では、量子力学は行為者が自らの信念をまとめあげ、新しい経験に照らして更新するための方法である。絶対的な中心にあるのは行為者という概念で、そこがこれまで見てきたほかの量子論の定式化、すなわち、観測者はほかのすべてのものと同様に物理系にすぎないとする解釈との明確な相違である。

ときにQBイズム派は、観測すると同時に発生するものとして実在を論じることもある。マーミンの記述によれば、「個々に異なるいくつもの個人的な外部世界に加えて、一つの共通の外部世界もあるにはある。しかし、その共通の外部世界というのは基本的に、私たち人間の最も強力な発明品である言語を使って、私たち全員がそれぞれの私的な経験からまとめあげてきた、相互構築物なのだと理解しなくてはならない」[10]。これは実在するものがないということではなく、実在とは一見したところ客観的な第三者の視点によってとらえきれるものではないということだ。フックスはこの見方を「参加型実在論」と呼んでいる[11]。さまざまな観測者が経験することの総体として現れるのが実在だということである。

現状のQBイズムは量子力学へのアプローチとしては比較的若く、これから発展すべき余地が多分にある。このアイデアがいつか乗り越えられない障害にぶつかって、これに対する関心がしぼんでしまう可能性もなくはない。と同時に、いずれQBイズムの洞察が場合によっては有益なものと解釈されて、直截的な実在論的量子力学の範疇で観測者の経験を論じるのに活かされる可能性もある。そしてひょっとすると最後には、QBイズム、もしくはそれに近い何らかのアイデアが、あなたや私のような行為者を実在についての最善の記述の中心に据える、この世界についての真の革命的な考え方だったとわかるかもしれない。

個人的に、多世界理論にいたって満足している身としては（まだ答えの定まっていない問題であるとは重々認めながらも）、これらのアイデアを見るにつけ、本当はありもしない問題を解決しようとして信じがたいほどの努力を傾けているように思えてしまう。しかし、もちろんQBイズム派のほうでも、エヴェレット的な考えに対して同程度のいらだちを覚えているだろう。マーミンに言わせれば、「QBイズムは［同時に存在する多数の世界への分岐のことを］量子状態を具体化しようとしての理論倒れだと思っている」[12]。人にはそれぞれ量子力学に対する見方があり、ある人にとっては不合理な説でも、別の人にとっては生涯の疑問すべてへの答えだということだ。

物理学の基礎という分野には、こうした問題を長らく真剣に考えてきた賢い研究者がたくさんいるが、何が量子力学への最善のアプローチなのかについてはいまだ合意に達していない。理由の一つは、問題に対してさまざまな背景から人が集まってくるために、各自にとって何が最大の関心なのかもさまざまだからだ。基礎物理の研究者は、専門分野が素粒子理論でも一般相対性理論でも宇宙論でも量子重力理論でも、わざわざ量子基礎論に関わってくださる場合には、全般にエヴェレット的アプローチを好む傾向がある。これは多世界理論が、それによって記述されている基本の物理に対して非常に強靭であるためだ。粒子や場などの一式と、それらの相互作用の規則さえ与えてくれれば、これらの要素はエヴェレット的な図式にすんなりと収まる。それに対してほかのアプローチは、たいていもっと細かな作業が必要で、その理論が実質的に何を言っているのかを新しい事例ごとにいちいちゼロから見きわめないといけない。粒子と場と時空についての根本的な理論とは本当のところ何なのか、じつは私たちは何も知らないのだということを認めている人にとって、これは非常にぐったりすることだ。それに比べたら多世界理論は、自然で気安い休息場所だろう。デイヴィッド・ウォレスが言っているように、「エヴェレット解釈は（これを哲学的に受け入れられるかぎりにおいては）、量子物理学を見たままに理解するのに向いている現時点で唯一の解釈戦略だ」[13]。

しかし、エヴェレット的アプローチが好まれる理由はもう一つある。これはどちらかというと個人的な流儀にもとづく理由だ。基本的に誰もが同意することだと思うが、科学的な説明を探しているときには、シンプルでエレガントなアイデアが求められるものだ。シンプルでエレガントだからといって、そのアイデアが正しいことにはならない――それを決めるのはデータだ――が、多数のアイデアが覇権を争っていて、どれを選ぶべきかを決めるデータがまだそろっていないとき、最もシンプルで最もエレガントなアイデアを少しばかり多めに信用するのは自然なことだろう。

問題は、何がシンプルでエレガントなのかを誰が決めるのかということである。これについての感覚はさまざまだ。ある観点から見れば、エヴェレット量子力学は絶対的にシンプルでエレガントである。なめらかに時間発展する波動関数、それしかない。しかし、そのエレガントな仮定の結果は――すなわち多数の宇宙に増殖する樹という構図は――とてもシンプルだとはまず言えないだろう。

一方、ボーム力学は、言ってみれば場当たり的に組み立てられている。粒子と波動関数の両方があり、それらがエレガントとは程遠そうな非局所的な誘導方程式を通じて相互作用する。しかしながら、粒子と波動関数の両方を基本構成要素として含めることは、量子力学の基本的な実験的要請を前にした場合、自然に検討される戦略である。物質は波のようにも粒子のようにもふるまうのだから、波と粒子をどちらも持ってくれればよいのである。これに対してGRW理論は、シュレーディンガー方程式に奇妙な一時しのぎの確率的修正を加える。しかし、これは波動関数が収縮するように見えるという事実を物理的に果たしてくれる最もシンプルで、最も力ずくの方法だと言っていい。

物理理論のシンプルさと、その理論が私たちの見る現実に写像されるときのシンプルさをはっきりと区別するのは有益なことだ。基本的な構成要素の観点からすると、多世界理論は間違いなくシンプルきわまりない。しかし、この理論そのものが言っていること（波動関数、シュレーディンガー方程式）と、

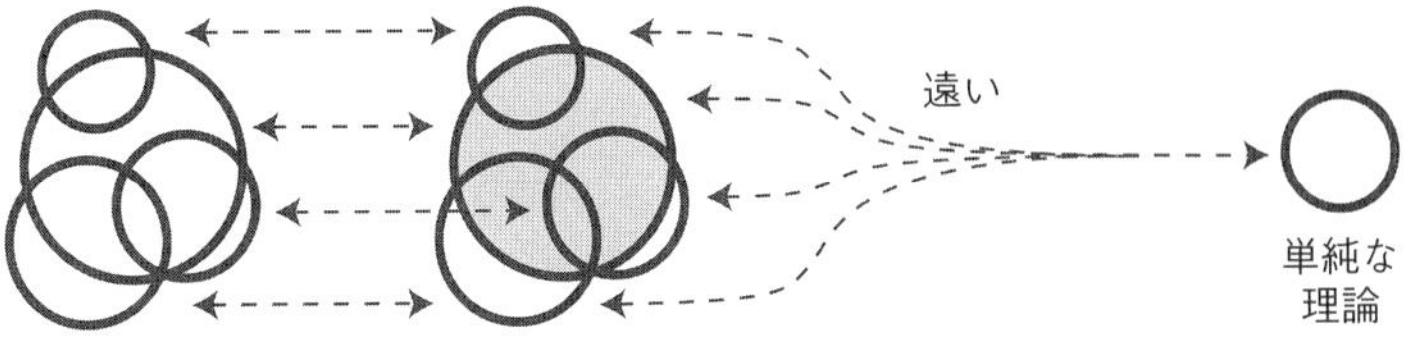

私たちがこの世界に見るもの（粒子、場、時空、人、椅子、星、惑星）との開きはとてつもなく大きい。ほかのアプローチは基本原理の点では過剰にごてごてしているかもしれないが、私たちが見ているものを説明することにかけては比較的明確だ。

基本的なシンプルさと現象に対する近さとは、どちらもそれぞれに長所であるが、両方をバランスよく保たせるのは難しい。そこで個人的な流儀が絡んでくる。これまで見てきた量子力学へのアプローチはどれをとっても、それを物理世界を理解するための揺るぎない基盤に発展させようと考えると、どうしても大きな障害にぶつかることになる。したがって私たちは一人ひとり、それらの問題のどれが最終的に解決され、どれがさまざまなアプローチにとって致命的となるのかについて個人的な判断をくださなくてはならない。それ自体はかまわないことで、むしろ、どう前進するかについての判断にそれぞれの人がそれぞれに行き着くのはきわめて重要なことだ。それによって私たちは多数のアイデアを生かしつづけながら、最終的に正しい選択にいたる確率を最大限に高められる最上の機会を得ることができる。

多世界理論による量子力学の見方は根本的にシンプルでエレガントであるだけでなく、場の量子論と時空の本質を理解するという現在進行中の探求にもそのまま適用できそうに思われる。それだけでも私にとっては十分に、自分のコピーが絶えず生み出されている悩ましさを抱えながら生きていくことに慣れるべきなのだと納得する理由になっている。だが、もしも別のアプローチが私たちの最も深い疑問に最も有効に答えてくれるとわかったら、そのとき私は喜んで自分の考えを変えよう。

第十章　人間の側　量子宇宙に生き、量子宇宙で考える

長い人生のあいだには、折にふれて難しい決断を迫られることがある。独身でいるか、結婚するか。ランニングに出るか、もう一個ドーナツを食べるか。大学院に進むか、それとも実社会に出るか。どちらか一つを選ぶのではなく、どちらも選べたならどんなにいいだろう。そんな人のために、量子力学はある戦略を提案する。決断を迫られたときは、いつでも量子乱数発生器に相談すればいいのだと。実際、まさにその目的のために使えるようなアイフォン用のアプリが開発されており、その名も「ユニバース・スプリッター」という（コラムニストのデイヴ・バリーの言い草ではないが、誓ってこれは作り話ではない）。

たとえばこんな選択に迫られたとする。「これから注文するピザにペパロニを載せるべきか、ソーセージを載せるべきか」（なお、追加の仮定として、厳しい食事制限があるため一枚のピザに両方を載せるという明白な答えは出せないものとしよう）。そんなときはユニバース・スプリッターを起動すればいい。画面に二つの入力窓が出てくるから、それぞれに「ペパロニ」「ソーセージ」と打ち込む。そうしてボタンを押すと、あなたの電話からインターネットを通じてスイスのとある研究所に信号が送られ、そこで一個の光子がビームスプリッターに向かって発射される（この装置は基本的に、鏡に部分的に銀コートを施したもので、光子の一部を反射させ、一部を透過させるようになっている）。シュレーディンガー方程式に

したがえば、ビームスピリッターは光子の波動関数を左進行と右進行の二つの成分に変換し、それぞれを異なる検出器に向かって進ませる。どちらかの検出器が光子を感知するとデータが読み出され、それが周囲の環境と量子もつれの状態になって、すぐさまデコヒーレンスを生じさせ、波動関数を二つに分岐させる。光子が左に進行した枝にいるあなたのコピーは、電話の画面に「ペパロニ」のメッセージが輝くのを見ることになり、光子が右に進行した枝では、「ソーセージ」のメッセージが見られることになる。もしそれぞれの枝でこれまでどおりにことが進み、あなたが電話でアドバイスされたことをそのまま実行しようとするならば、ある世界にはペパロニを注文するあなたがいて、別の世界にはソーセージを注文する別のあなたがいる。残念ながら、この二人の人物は互いにコミュニケーションをとることが絶対にできないので、食後にそれぞれの味の感想を伝えあうこともできない。

どんな百戦錬磨の量子物理学者でも、これを聞いたら馬鹿らしいと思うほかはないだろう。しかし、量子力学についての現時点での最上の理解を最も単純に読み解くと、こういうことになるのである。

そこで自然と疑問が生じる。それなら私たちはどうするべきなのか。もし現実の世界が本当にこのように日常的に経験される世界と劇的に異なっているのなら、私たちの生き方にもなにがしかの影響があるのだろうか。

先に言ってしまえば、ない、に等しい。波動関数のどれかの枝にいる個人にとって、人生は普通に過ぎていき、真に確率的に量子事象が起こる単一の世界に生きているのとなんら変わりはない。だが、この問題を深く考えてみるだけの価値はあるだろう。

お望みならば、難しい決断を量子乱数発生器に委ねてしまってもいいだろう。そうすれば、少なくとも波動関数のどれか一つの枝では、確実に最良の選択肢が選ばれている。だが、あえてそうしない道を選んだらどうなるだろう。現在の自分が分岐して多数の未来の自分が生まれることが、私たちのする選択に影響を及ぼしたりするのだろうか。教科書量子力学の視点で見れば、私たちが量子系を観測したときに、ある結果になったり別の結果になったりする確率があるが、多世界理論の視点で見れば、あらゆる結果が生じるのであり、そこに波動関数の振幅の二乗による重みが加わっている。そうした別の世界すべての存在は、私たちが個人的に、あるいは倫理的にどうふるまうべきかということに、何らかの影響を及ぼすのだろうか。

そうであってもおかしくないという気はするが、よくよく考えてみると、想像するほどたいした影響はないのがわかる。悪名高い量子自殺実験、もしくはそれに関連した量子不死のアイデアを例にして考えてみよう。これは多世界理論が世に現れて以来、ずっと検討されてきたアイデアである――ヒュー・エヴェレット自身がある種の量子不死を信じていたとも伝えられる――が、これを一般的に広めたのは物理学者のマックス・テグマークである。(1)

実験設定は次のとおりだ。まず、ユニバース・スプリッターに質問を送った場合のように、何らかの量子観測がなされることによって、引き金が引かれる殺人装置がある。この量子観測の結果しだいで、装置の銃口から私の頭に至近距離で弾丸が撃ち込まれる可能性が五〇パーセントあり、何も起こらない可能性が五〇パーセントある。多世界解釈にしたがえば、これは波動関数が二つの枝に分岐しているということで、一方の枝には生きている私がおり、もう一方の枝には死んでいる私がいる。

この思考実験の目的からして、生命そのものは純粋に物理的な現象と考えるべきなので、ここでは死後の生については考慮しない。私の観点からすると、銃が発射された枝は、いかなる私も経験することにならない枝である——その世界に生まれた私はすでに死んでいるからだ。しかし、銃が発射されなかった枝に生まれた私はぴんぴんしたまま生きつづける。ということは、ある意味で、この恐ろしい手順が何度繰り返し行われようと「私」は永遠に生きられることになる。極端な話をすれば、この実験が実際に行われることになっても私は反対するべきでないと言う人も出てくるかもしれない（世界のおおかたの人の気持ちは別として、と思いたいが）。なにしろ銃が発射された枝では「私」は存在しておらず、一方、繰り返し銃が発射されそこなったある一本の枝では、私は完全に無事なのである（テグマークのもともとの論点はここまで壮大ではない。何回もの試行を生き延びた実験者はエヴェレット的な世界像を受け入れて当然の理由を持つことになる、と言っただけだ）。この結論は、従来の確率的な量子力学の定式化とは歴然とした対照をなしている。後者においては世界はたった一つで、私がそこで生きていられる見込みはとてつもなく小さいだろう。

このような実験を自宅でやってみることをお勧めはしない。実際、あなたが死ぬことになる枝のことなど気にしなくてよいとする考えの背後にある論理は、ちょっと危なっかしいどころではない。

生きるということを、昔ながらの古典的な単一宇宙の図式で考えてみよう。もしあなたがそうした宇宙で生きていると考えた場合、誰かがあなたの背後に忍び寄って、あなたが即死するようにあなたの頭を撃ったならば、あなたはそれを気にするだろうか（ここでも他の人びとが憤慨する可能性は別とする）。たいていの人は、そんなことは起こってはならないと思うだろう。しかし前述の論理に即して言えば、あなたはまったく「気にする」べきでない。なんといっても、ひとたび死んでしまった以上、もはや起こったことに憤慨する「あなた」はいないのである。

この分析で見過ごされている大事な点は、私たちは今現在、まだしっかり生きていて感情を持っている時点で、このあと自分が死ぬという未来の見込みに対して憤慨しているのだということである。しかもその未来が遠い先でなく、すぐ先であるなら怒りもひとしおだ。そして、これはまったく正当な見方である。私たちが現在の自分の命をどう思うかは、この先の自分の存在がどう見込まれるかに大きく依存する。その存在を途中で切り落とされることになるのなら、それに対しては当然反対していいはずで、それが起こったときにはもうそれに悩まされる自分はいないとしても、今の時点には関係のないことなのだ。そう考えれば、さきほどの量子自殺にしても、まさに私たちの直観が示すとおりの殺伐とした、受け入れがたいものになってくる。今しがた単一の世界で考えたとき、自分が長生きしたいと望むのが正当なことであったのならば、それとまったく同様に、波動関数のさまざまな枝に行き着く未来の自分の全員にも、幸福で長命な人生を願ってかまわないのである。

これは振り返ると、第七章で論じた問題に関係する。波動関数のさまざまな枝にいる各個人は、たとえ過去に一人の同じ人物から派生したとしても、別人として扱うことが重要だった。多世界理論における「自分の未来」と「自分の過去」をどう考えるかには重要な非対称性があり、それは突きつめれば、私たちの初期の宇宙の低エントロピー状態のせいだと考えられる。どの個人も過去にさかのぼれば一人の特定の人物に行き当たるが、未来に向かって進んでいけば、一人が多数の人物に分岐する。「本当の自分」として選び出せるような未来の自分は一人もいないが、その未来の個人全員によってできている人物がいないのも同じぐらい真実だ。双生児が単一の受精卵にさかのぼれても別々の人物であるように、これらの個人も一人ひとり別の人物である。

別の枝に生きている別の自分に何が起こるかを心配するのはいいとして、その人物を「自分」そのものと考えるのは合理的でない。たとえば今、あらかじめ上向きスピンと下向きスピンの等しい重ね合わせ状態にしておいた一個の電子の垂直スピンを観測しようとしているとする。そのとき、あるランダムな慈善家が実験室に入ってきて、次のような取引をもちかける。そのスピンが上向きだったら、私からあなたに一〇〇万ドルあげましょう。もし下向きだったら、あなたから私に一ドルください。こんな誘いを断る馬鹿はいない。これはどう見ても、一〇〇万ドルを得る機会とたった一ドルを失う機会が五分五分の賭けをもちかけられているようなものなのだ――たとえ未来の自分の一人が確実に一ドルを失っているとしても。

だが、ここでこんな想像をしてみる。じつは自分はもう少し早く実験準備を終えていて、慈善家が入ってくる直前に下向きスピンの結果を観測していたのだと。その場合、この慈善家は強引なディールメーカーだったことになり、別の枝にいる別のあなたは一〇〇万ドルもらっているのだからと説明されるが、この枝にいる自分は一ドルを払わなければならなくなっている。

こうなって、たとえ別の枝にいる別の自分が嬉しくなっているかもしれないとしても、ここにいる自分が嬉しくなる理由は何もない（一ドルを差し出す理由もない）。自分はその別の自分ではないし、その別の自分は自分の一部でもない。分岐のあとでは、自分は二人の異なる人物になっている。自分の経験も、自分の報酬も、別の枝にいる自分のさまざまなコピーと共有されているのだと考えるいわれはない。だから、量子ロシアンルーレットをしてはならないし、強引な慈善家からの負けが決まっている取引にも乗ってはならない。

○ ○ ○

こと自分の幸せに関するかぎり、それは妥当なポリシーかもしれないが、別の自分の幸せにとってはどうだろう。別の世界の存在を知っていることで、私たちの道徳観念や倫理的行動には何らかの影響があるのだろうか。

道徳性についての正しい考え方は、それ自体が議論を呼ぶテーマだが（世界は単一だとする現実観においてさえ）、道徳論の二大分類である「義務論」と「帰結主義」を考えてみると見えてくるものがある。まず義務論の考えでは、道徳的なふるまいとは正しい規則にしたがっているかどうかの問題であり、あらゆる行動は本質的に正しいか誤っているかのどちらかで、その行動の帰結がどうなるかとは関係がないとされる。一方、帰結主義では当然ながら、それとは別の見方をとっており、行動の有益な帰結を最大限にするよう努めるべきだとされている。ある程度の全体的な幸福を最大限にすることを目指す功利主義も、一種の帰結主義と考えられる。これらとは別の立場もあるにはあるが、基本的な要点はこの二つにあらわれている。

義務論は、たとえほかの世界が存在しているとしても、その存在には影響を受けないだろうと思われる。もしあなたの持論の核心が、結果がどうあれ行動は本質的に正しいか誤っているかのどちらかだということなら、違った結果になりうる世界がいくつあってもまったくかまわないことになるだろう。典型的な義務論の規則は、次のようなカントの定言的命令である。「その格率が普遍的な法則になることを、あなたがその格率によって同時に意志しうるような、そういう格率のみにしたがって行為しなさい」。ここではその「普遍的な法則」を、「波動関数のすべての枝に適用される法則」に置き換えて、どのような行動が適当とされるかについての本質的な判定をいっさい変えることなく当てはめられる法則と考えてよさそうだ。

それに対して、帰結主義のほうはまったく異なる。もしも自分が生真面目な功利主義者だったなら、と想像してみよう。あなたは意識的な生き物に関連づけられる幸福の総計を測る「効用」という量があると信じており、効用をすべての生き物のあいだで合算すると総効用が算出できて、道徳的に正しい行動指針とは総効用を最大限にする行動指針であるとも信じている。それからさらに想像をたくましくして、あなたの見積もりでは宇宙全体の総効用がなんらかの正の数になっているとする（もしそう見積もらなかったら、あなたは宇宙を破壊する試みに手を貸していることになり、そうなったら上出来の超悪玉誕生物語は生み出せても、良好な隣人関係は望めない）。

さて、その先はどうなるか。この宇宙が正の効用を持っていて、私たちの目的が効用を最大限にすることなら、宇宙全体の新しいコピーを生み出すことは、望みうるかぎりの最も道徳的に勇ましい行為の一つになるだろう。それならばするべきことは、宇宙の波動関数をできるだけ頻繁に分岐させることだ。たとえば量子効用最大化装置なるものを作ってみたら、と想像してもいい（quantum utility maximizing device：略してQマッドだ）。この装置の内部で電子を絶えず反跳させ、その垂直スピンをまず観測してから、次いで水平スピンを観測する。電子に対してどちらかの観測がなされるたびに、宇宙は二つに分岐し、すべての宇宙の総効用が二倍になる。このQマッドを建設して稼働させれば、あなたは史上最も道徳的な人間になっているだろう！

だが、やはりこれはうさんくさい。Qマッドを稼働させても、この宇宙にいる人びとの暮らしにも、ほかのどの宇宙にいる人びとの暮らしにも、なんら影響は及ばない。人びとはこのマシンが存在していることさえ知らないだろう。そんなものが道徳的に称賛に値する効果を持っているなど、とてもじゃないが信じられない。

幸い、この困った状況から抜け出せる方法が二つある。一つは、最初の仮定を否定することだ。結局のところ、この種の生真面目な功利主義というのは最善の道徳論ではないのかもしれない。私たち人間のあいだには、この宇宙の効用を名目上は高めるが、私たちの道徳的直観とはどこか違うものを発明してしまうという昔からの誉れ高い伝統があるのだ（哲学者のロバート・ノージックが仮説上の生き物として考案した「効用モンスター」は、喜びを感じることに非常に長けており、したがって、このモンスターをできるかぎり喜ばせておくことが、たとえそれによってほかの誰が苦しもうとも、誰にでもできる最も道徳的なことになってしまう）[2]。Qマッドもその伝統に沿った一例だ。さまざまな人のあいだで効用を足し合わせるというシンプルなアイデアは、必ずしも、最初に想像したような結果にはつながらないのである。

しかし、解決策はもう一つある。こちらはもっと直接的に、多世界理論の哲学に一致する。ボルンの規則の導出について論じたときに、自己位置づけの不確定性の状態にどう信用を配分するかを説明したと思う。宇宙の波動関数はわかっているが、自分がどの枝にいるのかはわからないという話だ。その答えは、枝の重み、すなわち対応する振幅の二乗に比例して信用を割り当てるべきというものだった。この「重み」こそ、エヴェレット的な世界を考えるときの非常に重要な側面である。これは確率だけの話ではない。エネルギーの保存を成り立たせるにも、それぞれの枝のエネルギーに、やはり関連する重みを掛けなくてはならない。

したがって、効用に対しても同じことをすればよいと考えられる。ある一定の総効用を持った宇宙があって、スピンを観測するとその宇宙が二つに分岐するのなら、分岐後の効用は、それぞれの枝の重みに効用を掛けた値の合計になるはずだ。そして、スピンを観測しても誰の効用にも実質的に影響がないというのがそのとおりだった場合、観測がなされても総効用はまったく変わらない。これこそまさに私たちが直観的に想像しそうなことだ。それればかりか、第六章で言及した確率に対する決定理論的アプローチから直接的に導かれることでもある。この観点から見れば、多世界理論が道徳的な行為についての私たちの考えを著しく変えるはずはない。

とはいえ、多世界理論と収縮理論との違いが本当に道徳的に関係してくる系を仕立てあげることはできる。たとえば、何らかの量子実験によって可能性の等しいAという結果とBという結果が出るとする。Aはとてもよい結果だが、Bはそこそこよい結果でしかない。そしてどちらの効果も、世界中の全員に同等に及ぼされる。世界を単一だとする見方では、功利主義者が（というより、常識人なら誰でも）喜んでこの実験をやらせたがるだろう。結果がとてもよいAであろうと、そこそこよいBであろうと、世界の総効用は高まることになるからだ。しかし、もしあなたの倫理規定が平等性に完全に肩入れされていたらどうなるだろう。あなたは何が起ころうと、それが全員に平等に起こるのであればいっこうにかまわない。収縮理論では、どちらの結果が出るのかはわからなくても、いずれにしても平等は維持されるので、やはりこの実験をやるのが名案ということになる。しかし多世界理論では、ある枝にいる人びとが結果Aを経験し、もう一つの枝にいる人びとが結果Bを経験することになる。二つの枝が互いにコミュニケーションをとったり相互作用したりすることはできないにせよ、これはおそらくあなたの道徳的な感受性を傷つけるから、あなたはそんな実験には頭から反対するだろう。私個人としては、文字どおり住む世界が違う人びとのあいだの不平等を、私たちがそれほど気にする必要もないと思うのだが、論理的な可能性としてはたしかにある。

こうした人工的な仕掛けを別にすると、多世界理論にはさほど道徳的な影響はなさそうに思える。この宇宙のまったく新しいコピーを「創造」することとして分岐をとらえると、たしかに鮮明な像にはなるが、それはあまり正しい像ではない。それならむしろ、既存の宇宙を分割して、もとの宇宙より重みの少ないほぼ同一のスライスにすることであると考えたほうがいい。この像を注意深く追っていくと、未来に生きている私たちも、ボルンの規則にしたがう単一の確率的な宇宙に生きているのとまったく同じようなものと考えるのが正しいのだという結論にいたる。多世界理論はさぞ直観に反しているように見えるかもしれないが、結局のところ、私たちの生き方をなんら変えるものではない。

○　○　○

ここまでは、波動関数の分岐を私たちとは無関係に起こるものとして扱ってきた。その場合、私たちはただそれにお付き合いするしかない。ここでそろそろ、それは果たして適切な見方なのかと考えてみてもいいだろう。私が意思決定をするたびに、私が別の選択をしている別の世界が生まれているのか？私がしていたかもしれない一連の別の選択すべてに対応する現実があって、私の人生のあらゆる可能性がそれらの宇宙で実現されているのだろうか？

「意思決定」という概念は、物理の基本法則に刻まれているものではない。私たちが人間スケールの現象を記述するときに便利に使える、有益で近似的で創発的な概念の一つだ。あなたや私が「意思決定」という言葉で呼んでいるものは、私たちの脳内で起こっている一連の神経化学的プロセスである。意思決定について論じるのはまったくかまわない。しかし、それは物理法則にしたがう通常の物質のほかにあるものではない。

そこで問題は、あなたが意思決定をするときにあなたの脳内で進行している物理的プロセスは、宇宙の波動関数の分岐を引き起こすのか、そうして生じた別々の枝で別々の決定がなされているのか、ということだ。たとえば私がポーカーをやっていて、下手な間合いでブラフをかけたせいでチップをすべて失ったとしても、もっと堅実なプレーをしている自分が別の枝にいるのだと考えて、せめてもの慰めにしていいのだろうか。

いやいや。あなたの意思決定によって波動関数の分岐が引き起こされることはない。これはおもに、何かが別の何かを「引き起こす」と言うときに一般に意味されること（あるいは意味されるべきこと）のせいにほかならない。分岐は巨視的スケールに拡張された微視的スケールのプロセスの結果である。量子的重ね合わせの状態にある系がもっと大きな系と量子もつれの状態になり、それがまた環境と量子もつれの状態になって、デコヒーレンスを生じさせる。一方、意思決定は純粋に巨視的な現象である。あなたの脳内の電子や原子によってなされるような意思決定はない。電子や原子はただ物理法則にしたがっているだけだ。

意思決定や選択やその結果は、巨視的な人間大のレベルでのものごとを論じるのに便利な概念である。選択を実在するもの、影響力を持つものと考えるのは、そうした論をそれらの概念が適用される範囲に制限しているかぎりは何の問題もない。言い換えれば、ある人間をシュレーディンガー方程式にしたがう粒子の集まりとして論じてもいいし、それと同じだけ、世界に影響を与える意思決定をくだす自主的な行為者として論じることもできる。ただし、両方の記述を同時に用いることはできない。あなたの意思決定は波動関数の分岐を引き起こさない。なぜなら「波動関数の分岐」は基礎物理のレベルで関係してくる概念で、「あなたの意思決定」は人間の日常の巨視的なレベルで関係してくる概念だからだ。

したがって、あなたの意思決定が分岐を引き起こすというのは支離滅裂だ。しかし、あなたが違う意思決定をした別の枝があるのかどうかと問うことはできる。そして実際、それはあるかもしれないのだが、その因果関係についての正しい考え方としては、「なんらかの微視的なプロセスが起こったことが分岐を引き起こし、あなたはそれぞれの枝で最終的に違う意思決定をした」のであって、「あなたが意思決定をしたことが宇宙の波動関数の分岐を引き起こした」のではない。とはいえ、たいていの場合、あなたが意思決定をするとき――その時点ではとっさの決断に思えるような場合でも――重みのほぼすべては一本の枝に集中していて、多数の別の枝に等しく分散してはいないだろう。

私たちの脳内のニューロンは、中心体と多数の付属器官からなる細胞である。この付属器官の大半は、周囲のニューロンからの信号を取り込む樹状突起だが、軸索というもっと長い繊維もあり、外への信号はこれに沿って送られる。ニューロンの内部では電荷を持った分子（イオン）が合成されているが、ある点まで達すると電気化学的パルスが誘発され、それが軸索に沿って進みシナプスを越えて別のニューロンの樹状突起に届く。こうした多くの事象の組み合わせによって、私たちは「思考」を持つにいたる（ここではいろいろと複雑なことを適当に言いつくろっている。神経科学者が大目に見てくれることを祈る）。

これらのプロセスは大部分において、純粋に古典的なもの、あるいは少なくとも決定論的なものとして考えることができる。量子力学もある程度まではどの化学反応においても働いている。電子がある原子から別の原子に飛び移ったり、二つの原子を結びつけたりする場合の規則を定めるのは量子力学だからだ。しかし原子を十分な数で一箇所にまとめてしまえば、もはや量子もつれやボルンの規則のような量子的な概念に頼らなくても、原子全体のふるまいを記述することができる。そうでなかったら高校の化学の授業が成り立たなくなってしまうだろう――その前にシュレーディンガー方程式を学んで観測問題に悩まされなくてはならないのだから。

したがって「意思決定」は量子的な事象ではなく、古典的な事象として考えるのが一番だ。自分が最終的にどういう選択をするのかを自分ではよくわかっていない場合でも、その結果はあなたの脳内でコード化されている。これがどこまで真実なのかは絶対的には確信できない。思考の背後にある物理的プロセスについては、まだわかっていないことがたくさんあるからだ。神経学的に重要な化学反応の頻度が、関連する異なる原子間の量子もつれの状態しだいでわずかに変わってくる可能性はある。もしそうだとわかれば、あなたの脳は量子コンピューターなのだと言えるかもしれない。もちろん性能に限りはあるが。

と同時に、正直なエヴェレット派なら、とうていありえなさそうなことを量子系が果たしているように見える波動関数の枝がつねにあることを認めるだろう。第八章でアリスが言っていたように、私が壁にぶつかって跳ね返るのではなく、壁を通り抜けてしまうような枝もある。同じように、たとえ私の脳の古典的な近似では、私は自分のチップをすべてポーカーテーブルに賭けようとしているとしても、どこかの微小な振幅に対応するところでは、ニューロンの束がありえなさそうなことを実行し、私に安全策をとって降りさせているだろう。しかし、分岐を引き起こしているのは私の意思決定ではない。まず分岐があって、私はそれが私の意思決定につながったと解釈するのだ。

私たちの脳内で起こっている化学反応を最も単純に理解するなら、私たちの思考のほとんどは、量子もつれとも波動関数の分岐とも関係ない。悩ましい意思決定をしたことがこの世界をいくつものコピーに分割し、そのコピーそれぞれに別の選択をした別のあなたがいるのだと考えるべきではない。もちろん、あなたが責任を負いたくなくて、自分の意思決定を量子乱数発生器に委ねるというのなら話は別だ。

○
○
○

同じように、量子力学は自由意志の問題にもまったく関係しない。それが関係しているように思うのは自然なことで、自由意志はしばしば決定論に対比するものとして語られるからだ。決定論とは、未来が宇宙の現在の状態によって完全に決定されるという考えである。結局のところ、未来があらかじめ決定されているのなら、自分で選択をする余地がどこにある？　量子力学を教科書的に説明すると、観測の結果は真にランダムなので、物理は決定論的ではない、ということになる。これが、閉められていた扉をほんの少し開けてくれるのではなかろうか。そしてその隙間から、古典力学のニュートン的な時計仕掛けのパラダイムによって追い出されてしまった自由意志が、ひっそり戻ってこられるのではなかろうか。

この理屈には、どれから手をつけていいかわからないほど間違いが多すぎる。第一に、「自由意志」と「決定論」との対立からして正しい線引きではない。決定論と対比されるべきは「非決定論」であり、自由意志と対比されるべきは「自由意志の不在」である。決定論の定義は単純で、系の現在の正確な状態がわかっていれば、物理法則がその系ののちの状態を精密に決定する、ということである。自由意志はもっと複雑なものだ。俗に自由意志はこんなふうに定義されることがある――「別のものを選択できていた能力」。これはつまり、実際に起こったこと（私たちはこれこれこういう状況にいたところ、こういう選択をして、それにしたがって行動した）と、それとは異なる仮想のシナリオが比べられている（時計の針を戻して最初の状況を復活させたところで、違う決断が「できていた」かを考えてみる）ということだ。この種の思案をするときに決定的に重要なのは、現実と仮想のあいだで変わっていないものは何なのかを正確に特定することだ。最も微視的な細部にいたるまで、何もかもが変わっていないのか。それとも手元の巨視的な情報が変わっていないことを想定しているだけで、目に見えない微視的な細部での変化については許容されているのか。

たとえば私たちがこの問題のエキスパートで、この宇宙に実際に起こったことと、仮想で再生した宇宙の歴史――現実とまったく同じ条件から出発して、すべての素粒子の現在の状態にいたるまで――を比べてみたとする。古典的な決定論的宇宙では、結果は厳密に同じになるので、「違う意思決定」ができていた可能性はゼロである。対照的に、教科書量子力学にしたがえば、ランダムさの要素が導入されるので、同じ初期条件から正確に同じ未来の結果を確実に予言することはできない。

しかし、それは自由意思とは関係ない。違う結果が出るからといって、ある種の個人的で超物理的な意思による影響が自然法則に及ぼされることを証明していることにはならない。それはただ、予言不可能な量子的な乱数がさまざまに介入することを意味しているだけだ。自由意志の伝統的な「強い」概念にとって重要なのは、私たちが決定論的な自然法則に支配されているのかどうかではなく、あらゆる種類の非個人的な法則に支配されているのかどうかである。未来を予言できないという事実と、未来をいかようにもできるという考えは別のものだ。教科書量子力学においてさえ、人間はやはり物理法則にしたがう粒子と場の集まりなのである。

その意味では、量子力学は必ずしも非決定論的ではない。多世界理論がいい反例だ。あなたは一人の人物から完璧に決定論的に時間発展して、未来には多数の人物になっている。そのどこにも選択の入る余地はない。

一方、自由意志のもっと弱い概念について考えてみることもできる。こちらは微視的に完璧な知識にもとづいて思考実験をするのではなく、私たちがこの世界に関して実際に持っている、巨視的に得られる知識を頼りにする。この場合には、違ったかたちの予言不可能性が生じる。ある人がいて、私たちが（あるいは本人でも誰でもいいが）その人の現在の心理状態について知っていることがあるとすると、その人の体内や脳内のさまざまな原子や分子のある特定の配置は、その知識と矛盾しないものになっているはずだ。そうした配置の一部には、違う神経プロセスを導くものもあるかもしれないから、実際にそのような配置だったのであれば、最終的にはまったく違う行為がなされるだろう。その場合、現実の世界での人間（に限らずとも、意識を持った行為者）の行為がどのようになされるかを記述しようとして現実的にできるのは、せいぜいのところ、意志作用を人間の特質だとすることぐらいだ――つまり人間には違ったことを選択をする能力がある。

意志作用を人間の特質だとすることは、自己や他者について論じながら人生を送っていくあいだ、私たちの誰もが普通にやっていることである。実際問題として、現在についての完璧な知識から未来を予言できるかどうかは瑣末なことだ。なぜなら私たちはそのような知識を持たないし、これからも持つことはないからである。だから哲学者は、それこそトマス・ホッブズの昔から、基本にある決定論的な法則と人間が選択を行っている現実との「両立論」を提唱してきた。ほとんどの近代哲学者は、自由意志に関しては両立論者だ（これはもちろん、両立論が正しいという意味ではない）。自由意志は現実のものである。テーブルや温度や波動関数の分岐がそうであるように。

量子力学に関するかぎり、自由意志に関して両立論者であるか非両立論者であるかは重要でない。いずれにしても、量子的な不確定性があなたの立場に影響を及ぼすことはない。あなたが量子観測の結果を予言できないとしても、その結果は物理法則の帰結であって、あなたがくだす個人的な選択とはいっさい関係ないからだ。この世界は私たちが私たちの行為によって生み出すのではない。私たちの行為がこの世界の一部なのである。

多世界理論の人間サイドを論じるにあたって意識の問題に向き合わなかったら、それこそ怠慢というものだろう。量子力学を理解するには人間の意識が必要だという主張はずっと前からあり、逆に、意識を理解するには量子力学が必要かもしれないという主張もある。こうした主張のかなりの部分は、量子力学が謎めていて、意識もやはり謎めいているから、この両者には何か関係があるのかもしれないという印象のせいだと考えられる。

今のところ、それは間違いではない。ひょっとすると量子力学と意識はどこかでつながっているのかもしれない。これは十分に考えてみていい仮説である。しかし、現在わかっているかぎりの知識にしたがえば、実際にそうであるという有力な証拠はない。

まずは、量子力学が意識を理解する助けになりそうなのかどうかを検討してみよう。脳内のさまざまな神経プロセスの速度がどういうわけか量子もつれに依存していて、そのため古典的な説明だけでは理解できないのだという可能性は——確実とは程遠いが——ある。しかし、伝統的に考えられている意識というのは、神経プロセスの速度という単純な問題で説明されるものではない。哲学者は意識の「イージー・プロブレム」と「ハード・プロブレム」を区別している。前者は私たちがものごとに対してどう知覚し、どう反応し、どう考えるかを解き明かすことだが、後者は私たちの主観的、直接的な世界経験に関するもので、自分がほかの誰でもなく自分であるとはどういうことかという問題である。

量子力学は、後者のハード・プロブレムに関係しているようには見えない。その関係が探られたことはある。たとえばロジャー・ペンローズは、麻酔科医のスチュワート・ハメロフと組んで、脳内の微小管の波動関数の客観的な収縮が意識を経験する理由を説明する助けになるとする理論を展開した。この提案は、神経科学界からはあまり賛同を得られていない。何より重要なことに、なぜそれが意識にとって重要なのかもまったく明らかでないのだ。脳内での何らかの微妙な量子プロセスが、微小管、あるいはまるっきり別のものと関連して、ニューロンの発火する速度に影響しているということは完璧にありうる。しかし、だからといって、「ニューロンの発火」と「主観的な自己認識経験」との溝を埋めることには少しも役立っていない。私も含めて多くの科学者と哲学者は、その溝は十分に埋められるものだと迷いなく確信している。しかし、神経化学的なあれこれのプロセスの速度にわずかな変化があったところで、どうしてそうなるかの理解に関係しているようには思われない（もし関係しているのなら、その効果が人間でないコンピューターでも再現できない理由はない）。

エヴェレット量子力学は、意識のハード・プロブレムに関して、世界が完全に物理的であるとするほかのどの見方にもないような特別なことは何も言っていない。そうした見方では、意識について関連する事実は次のとおりだ。

1. 意識は脳から生じる。
2. 脳はコヒーレントな物理系である。

以上である（ここでの「コヒーレント」は「互いに相互作用する各部分でできている」という意味で、互いに相互作用しない波動関数の二本の枝にある二組のニューロンの集まりは、二つの別個の脳である)。この「脳」は、「神経系」にでも「有機体」にでも「情報処理系」にでも、好きなように拡張できる。要は、多世界量子力学を論じるために意識や自己同一性について特別な仮定を立ててはいないということだ。多世界量子力学は真に機械論的な理論であって、観測者や経験に特別な役割を何も与えていない。意識のある観測者ももちろん残りの波動関数といっしょに分岐するが、それは岩も川も雲も同じだ。多世界理論で意識を理解しようとするのは難しいが、量子力学を入れなくても難しいのとまったく同様で、それ以上でもそれ以下でもない。

科学者が現在理解していない意識の重要な側面はたくさんある。それはそうだろう。人間の心は一般に、そして意識は格別に、きわめて複雑な現象だ。それらを完全に理解していないからといって、ただ自分が窮地から脱するために、基礎物理のまったく新しい法則を提案したくなったりするべきではない。脳の機能や脳と心の関係よりも、物理法則はずっとよく理解されており、その理解は実験によってずっとよく証明されてきた。ひょっとしたらいつかは意識を正しく説明するために物理法則の修正を考えなくてはならないかもしれないが、それは最後に頼る手であるべきだ。

○　○　○

この問題は逆さまに入れ替えることもできる。量子力学が意識を説明するのに役立たないとしても、意識が量子力学を説明するのに中心的な役割を果たしている可能性はあるのではないか？　可能性ならいろいろある。だが、これについては、その一言では片付けられないものがある。標準的な教科書量子論の規則において観測という行為に与えられている重要性の大きさを思うと、意識と量子系との相互作用には何か特別なものがあるのではないかと考えるのは自然なことだ。ひょっとすると波動関数の収縮は、意識が物理的な対象のある側面を知覚することによって引き起こされるのだろうか。

教科書的な見方にしたがえば、波動関数は観測されたときに収縮するが、その「観測」が厳密に何で構成されているのかは、今ひとつはっきりしていない。コペンハーゲン解釈では古典的な領域と量子的な領域が区別されるものと仮定して、観測を古典的な観測者と量子的な系との相互作用として扱っている。その線引きをどこですべきかというと、これを特定するのが難しい。たとえばガイガーカウンターで放射能源からの放射を観測するのであれば、カウンターを古典的世界の一部として扱うのが自然に思える。だが、そうでなくてもいい。コペンハーゲン解釈においてさえ、ガイガーカウンターをシュレーディンガー方程式にしたがう量子系として扱うことは可能なのだ。むしろ波動関数が（この考え方で）絶対に収縮しなければならないのは、観測の結果が人間によって知覚されたときである。なぜならこれまで報告されているかぎり、異なる観測結果の重ね合わせ状態になっている人間はいないからだ。したがって線引きのできるぎりぎりの場所は、「重ね合わせの状態にあるのかどうかを証言できる観測者」と「それ以外のすべて」のあいだ、ということになる。重ね合わせの状態にないという認知は私たちの意識の一部なのだから、収縮を引き起こしているのはやはり意識なのかと問うことは、とくにおかしなことではない。

このアイデアは、早くも一九三九年にフリッツ・ロンドンとエドモン・バウアーによって提出され、のちにユージン・ウィグナーの賛同を得た。ウィグナーは対称性の研究でノーベル賞を受賞した物理学者である。彼の言葉を引用しよう。

量子力学が与えるとされているものは、意識による事後の心象（「統覚」とも呼ばれる）の確率的なつながりだけで、たとえ観測者（その意識が影響を受けている）と観測される物理的対象との境界線がかなりの程度でどちらかに移行しうるとしても、それが取り除かれるわけではない。現在の量子力学の哲学がそのまま未来の物理理論の永久的な特徴になると信じるのは早計かもしれない。しかしこれからも変わらないであろう特筆すべき点は、未来の考え方がどのように発展しようとも、外側の世界の研究そのものが、意識の内容こそ究極の現実であるという結論を導くだろうということである。[3]

ウィグナー自身は後年に、このような量子論における意識の役割についての考えを改めたが、その主張はほかの人びとによって引き継がれた。一般的に言って、昨今の物理学会議で堂々と論じられるような見方ではないが、これを真剣に考慮しつづけている科学者も確実にいる。

量子観測の過程に本当に意識が関わっているとすれば、それは厳密にどういうことなのか。最も単純なアプローチは、意識の「二元論」を仮定することだろう。この二元論にしたがえば、「心」と「物質」は互いに相互作用する二つの異なるカテゴリーと見なされる。私たちの身体はシュレーディンガー方程式にしたがう波動関数を持った粒子でできているが、意識はそれとは別の非物質的な心の中にあり、その影響力が波動関数に及んで、知覚されたと同時に収縮を引き起こす──というのが一般的な考え方だ。二元論はルネ・デカルトの時代に最盛期を迎えたが、以後はしだいに支持を失ってきた。その基本的な謎は「相互作用問題」である。心と物質はどうやって相互作用をしているのか。現在の文脈に置き換えれば、空間的にも時間的にも広がりを持たない非物質的な心が、どうやって波動関数の収縮を引き起こすというのか。

しかし戦略はもう一つある。こちらは二元論ほどぎくしゃくしておらず、かつ、はるかに劇的であるように見える。それが「観念論」だ。実在する事物の根源的な本質は物理的なものでなく、心的なものであるとする考え方である。観念論と対比されるのが物理主義や唯物論で、こちらの立場では、実在する事物は根本的に物理的なものでできており、心と意識はその物理的なものから集合的な現象として現れるのだとされている。存在するのは物理的世界だけだと主張するのが物理主義だとすれば、物理的領域と心的領域の両方があると主張するのが二元論で、心的領域だけがあると主張するのが観念論である（これら以外の、物理的領域も心的領域も存在しないとする説については、その論理的根拠に対してほとんど支持がない）。

観念論者からすれば、何よりも先に来るのが「心」であって、一般に「物質」と考えられているものは、世界についての思考のあらわれということになる。この考え方に沿ったいくつかの思想では、実在の事物は個々の心すべての集合的な努力から出てくるものとされ、また別の思想では、「心的なもの」という単一の概念が個々の心とそれが具現化した実在の事物との両方の根底をなすとされる。歴史に残る偉大な哲学者の何人かも――東洋のさまざまな伝統思想に属する多くの哲人をはじめ、西洋においてもイマヌエル・カントなどが――観念論の何らかの説を支持してきた。

量子力学と観念論の相性がよさそうに見えるのはわからないでもない。観念論は、心が現実の究極の基礎だと言っており、量子力学は（その教科書的な定式化では）、位置や運動量のような特性は観測されるまで存在しないと言っている。そしてその観測をするのは、おそらく意識を持った誰かということになっている。

観念論のあらゆる説にとっての困った問題は、量子観測という微妙な例外を別にすると、現実世界は意識を持った心からの助けをとくに受けることもなく、いたって順調に回っているように見えることだ。私たちの心は観測と実験のプロセスを通じて世界に関するいろいろなことを発見するが、さまざまな心が最終的に発見する世界の各側面は、つねに最後には完全に互いに一致する。私たちは宇宙の歴史の最初の数分間について非常に詳細な、矛盾のない説明を組み立ててきたが、その最初の数分間とは、現在わかっているかぎり宇宙について考えるような心がどこにもなかったときである。一方、神経科学の理解が進んできた結果、私たちの脳を構成している物質の中で起こっている特定の生化学的事象をともなった、特定の思考プロセスはどんどん突きとめられるようになっている。もし量子力学と観測問題がなかったら、私たちの現実経験のすべてからして言えるのは、まず初めにあるのが物質で、そこから発生するのが心であり、その逆ではないということだろう。

そうなると、量子観測過程の奇妙さはどう扱ったらいいのだろう。これはもうどうしようもないから、いっそ物質主義そのものを捨てて、心こそを現実の主要な基盤とする観念論的な哲学を支持するべきなのだろうか。量子力学は必然的に、心的なものが中心にあることを示唆しているのだろうか。

そんなことはない。量子観測問題を解決するために、意識に特別な役割を負ってもらわなければならない必然などはない。私たちはすでにいくつかの反例を見てきている。多世界理論はその明らかな一例で、波動関数の見かけの収縮を、純粋に数学的なデコヒーレンスと分岐のプロセスを用いて説明している。意識が何かしらの関わりを持っている可能性を検討するのはかまわないが、そうしなければならない理由は現在わかっているかぎりでは一つもない。もちろん、私たちが見ている世界の姿に量子形式を写像するにあたって、意識経験を論じることはしばしばある。だがそれは、説明しようとしている対象が、そうした経験そのものである場合だけだ。それ以外では、心はまったく関係ない。

これらは難しい微妙な問題であり、観念論と物理主義の論争に対して完全に公正で包括的な裁定をくだすのにふさわしい場所はここではない。観念論はそう簡単に論駁できるようなものでなく、もし誰かがこれを正しいと確信しているのなら、その人の考えを（あるいは「心」を）はっきりと変えさせるようなものを指摘するのは難しい。とはいえ、その本人も、量子力学がどうしてもその立場をとらせているのだとは言えないだろう。私たちが持っている非常に単純で、非常に説得力のある世界のモデルでは、現実が私たちとは無関係に存在している。私たちが観測したり想定したりすることによって現実を出現させているのだと考える必要はどこにもないのだ。

第三部　時空

第十一章　なぜ空間があるのか　創発と局所性

さて、これでようやく、実際の世界について考える準備ができた。

おいおい、ちょっと待って――という声が聞こえてくるようだ。これまでもずっと実際の世界について論じてきたのではなかったのか？　量子力学は実際の世界のことを記述しているのではなかったのか？

いやいや、もちろんそのとおりだ。しかし量子力学は、私たちの実際の世界以外のたくさんの世界を記述することもできる。量子力学そのものは、ある特定の物理系のモデルという意味での単一理論ではない。古典力学がそうであるように、量子力学も一つの枠組みであり、その枠組みの中でさまざまな物理系を論じることができる。ある一個の粒子の量子論も論じられるし、電磁場の量子論も、スピンの量子論も、宇宙全体の量子論も論じられる。そして今度は、私たちの実際の世界の量子論がどういうものになるかを見ていこうというわけだ。

これは――実際の世界の正しい量子論を見つけることは――二十世紀初頭からの何世代もの物理学者が追い求めてきた目標である。彼らはどう考えても、とてつもなく大きな成功を収めてきた。彼らがなした重要な洞察の一つは、自然の基本的な構成要素は粒子ではなく、空間に広がっている場であると考えたことであり、そこから「場の量子論」が導かれた。

それ以前の十九世紀、物理学者は、粒子と場の両方が役割を果たしている世界という見方を固めつつあるようだった。つまり物質は粒子でできていて、その粒子を相互作用させる力を記述するのが場だという見方である。今日では、それよりもずっと多くのことがわかっている。みんなの知っている大好きな粒子でさえも、実際には、身のまわりの空間いっぱいに広がっている場に生じた振動なのである。物理の実験で粒子のような飛跡が見られることがあっても、それは私たちに見えたものが本当にそこにあるものではないという事実のあらわれだ。適切な状況下では粒子が見えるが、現時点で最良の理論にしたがえば、より基礎的なのは場のほうなのである。

重力は、場の量子論のパラダイムにうまく当てはまらない物理の一部である。「現時点では重力の量子論がない」という台詞はこれからたびたび聞くと思うが、この言い方は少しばかり強すぎる。現時点でも、きわめてよくできた古典的な重力理論ならある。時空の曲がりを記述した、アインシュタインの一般相対性理論がそれである。一般相対性理論はそれ自体が場の理論だ。これは空間のいたるところに広がっている場を記述したもので、この場合、それはすなわち重力場である。また、私たちは古典的な場の理論を取りあげて、それを量子化し、場の量子論を生み出す手順を、とてもよく理解している。この手順を既知の基礎的な物理の場に適用して、最終的にできあがるのが「コア理論」と呼ばれるものだ。重力場があまり強くなりすぎないかぎり、コア理論は素粒子物理に重力までも加えて正確に記述する。日常経験はもちろんのこと、その少し先で起こる現象もすべて十分に記述できる――机や椅子も、アメーバや子猫も、惑星や恒星もだ。

問題は、日常の先にある多くの状況についてはコア理論でも対応しきれないことである。たとえばブラックホールやビッグバンなど、重力が極端に強くなるところが扱えない。言い換えれば、重力がそこそこ弱いときに使える重力の量子論なら手元にあって、リンゴがなぜ木から落ちるかも、月がどのように地球のまわりを回っているかも、完璧にその理論で記述ができる。しかしこれには限界があって、ひとたび重力が強くなりすぎたり、私たちがさらに先まで計算を進めようとすると、その理論的機構は使えなくなる。現時点でわかっているかぎり、そんなことになるのは重力に関してだけだ。ほかのすべての粒子と力に関しては、想像できるかぎりのあらゆる状況を場の量子論でなんとかできると見られている。

ほかの場の理論のように一般相対性理論を量子化することの難しさを前にして、とれそうな戦略はいくつかある。一つは単純に、もっとがんばって考えることだ。もしかしたら一般相対性理論を直接的に量子化できるいい方法があるのに、それにはほかの場の理論では必要とされなかった新しい技術が要るのかもしれない。あるいは別のアプローチとして、一般相対性理論は量子化するのにふさわしい理論ではなかったと想像してみてもいいだろう。もしかしたら弦理論のような別の先行理論を出発点にして量子化すれば、ほかのすべてのものと合わせて重力までも含められる、希望どおりの量子論を構築できるのかもしれない。物理学者は数十年前からこれらのアプローチを両方とも試してきたが、多少の成果があったとはいえ、やはり多くの謎が残ったままになっている。

そこでこれから考えたいのが、また別の戦略で、現実の量子的な本質に最初から立ち向かおうというものである。世界が基本的に量子的であることを物理学者は誰しも理解しているが、実際に物理を研究するときに、人はどうしても自分の経験や直観に影響される。そしてその経験や直観は、長いこと古典的な原理にのっとって培われてきたものなのだ。粒子があって、場があって、それらが働いて、それを私たちが観測できる。明白に量子力学に移行するときでさえ、物理学者は総じて古典的理論を取りあげて量子化することから出発する。もちろん自然は最初から量子的だ。エヴェレットが主張するように、適切な状況においては有益であっても、古典物理学はあくまでも近似なのである。

ここでようやく、これまでの章でがんばって考えてきたことが報われるときが来た。ここからは慣れ親しんだ古典的な直観をすべて投げ捨てて、最初から量子的に考えながら、身のまわりに見えている近似としての古典的な世界がいかにして、宇宙と時空とあらゆるものの波動関数から最終的に現れてくるのかを見きわめていく。その役目を担うのに、多世界理論ほど向いたものはほかにない。

多世界理論の対抗説では、たいてい追加の変数が必要になったり（ボーム力学など）、波動関数が自発的に収縮する際の規則が必要になったりする（GRWなど）。それというのも、だいたいは考慮中の理論の古典的な限界にぶつかった経験からそうせざるを得なくなっているわけで、これまで量子重力をどうにも扱いかねてきたのも、まさにその経験のせいなのだ。それに比べて、多世界理論はどんな追加の上部構造にも頼らない。突きつめれば多世界理論は、何かしらの「もの」についての理論ではなく、シュレーディンガー方程式のもとで時間発展する量子状態そのものについての理論だ。したがって通常の状況下では、なぜ私たちの目に見えるのが粒子と場でできた世界なのかを説明しなくてはならないという余計な仕事が生じることになる。しかし、この量子重力という独特なものを前にしたときは、逆にそれが強みになる。いずれにしてもこの状況ではその仕事をしなくてはならないからだ。重力の量子論を構築しようとするときに、正しい出発点として使えそうな古典的な理論は何も知らないと感じられるなら、量子を第一に据える多世界理論の視点は、まさに適切なアプローチを提供するだろう。

○　○　○

量子重力を適切に掘り下げていくためには、その前に多少の地ならしが必要となる。一般相対性理論は時空の力学についての理論なので、この章では、そもそも「空間」の概念がなぜそんなに重要なのかを考えてみよう。その答えは、空間内で近くにあるものどうしが互いに相互作用する、「局所性」という概念にある。次の章では、空間を伝わる量子場がいかにしてこの局所性を具現化するか、そして空っぽの空間の本質について何を教えてくれるかを見ていこう。その次の章では、量子波動関数から空間そのものをどうやって抽出するかを探っていく。そして最後の章で、重力が強くなったときには中心原理としての局所性そのものを捨てなければならないことを見ていくことにする。どうやら量子重力の謎は、この局所性という考えの長所と短所に密接につながっているようだ。

まず「局所性」という言葉には注意が必要で、「観測の局所性」と言うときと「動力学的な局所性」と言うときとでは、局所性の意味が少々異なっている。EPR思考実験で明らかにされたのは、量子観測に関して非局所的に見えるものがあるということだ。アリスが自分のスピンを観測すると、遠くでボブが観測するスピンの結果には、ボブ自身が知らなくてもただちに影響が及んでいる。そしてベルの定理では、観測で一定の明確な結果が出る理論――基本的に、量子力学に対する多世界以外のあらゆるアプローチ――には、このような観測の非局所性が特徴としてあらわれることが示唆されている。多世界理論がこの意味で非局所的かどうかは、波動関数の枝にどういう定義を選ぶかによって変わる。局所的な選択をすることも非局所的な選択をすることも許されており、それは分岐が近くでしか起こらないか、それとも空間のいたるところで即座に起こるかによって決まる。

一方、動力学的な局所性というのは、観測もなされず分岐も起こっていないときの量子状態のなめらかな時間発展に対して使われる。あらゆるものが完璧に局所的になっていることを物理学者が期待するのがこの状況で、ある場所での乱れの影響はすぐ近くのものに即座に及ぼされるだけだ。この種の局所性は、何物も光より速くは進めないとする特殊相対性理論の規則によって強制的に与えられる。そして空間そのものの本質と出現について探っていくときに、さしあたり関係するのは、この動力学的な局所性のほうだ。

これを念頭に置いたうえで、いよいよ本題にとりかかろう。私たちが見ている現実の構造——空間に位置する物体の集まりのように見える世界に私たちは生きていて、ときおりの量子飛躍を別にすれば、いたって古典的に近いふるまいをしている——は、いかにして量子波動関数から現れるのか。エヴェレット量子力学はそうした世界を数多く含んだ節書きになっていると言われるが、この理論の前提条件(波動関数、なめらかな時間発展)に「世界」はまったく出てこない。それなら多数の世界はどこから来て、なぜ古典的な世界に似て見えるのだろう。

前にデコヒーレンスについて論じたときに、量子系はそのまわりのもっと大きな環境と量子もつれの状態になったとたん、多数の異なるコピーに分裂しているのだと考えられることを説明した。それぞれのコピーに何が起ころうと、それはほかのコピーに起こっていることにいっさい干渉できないからである。しかし、もしうるさいことを言うならば、それは私たちがデコヒーレンスを起こした波動関数のことを異なる世界の記述として考えるのを許されているということで、そのように考えるのが当然なのではなく、ましてやそのように考える必要があるのでもないということだ。最高ではないか。

じつを言えば、デコヒーレンスが起こったあとでさえ、波動関数を多数の世界の記述と考えなければならない理由は何もない。波動関数を全体として論じたところでいっこうにかまわない。ただ、波動関数を多数の世界に分裂すると本当に便利なのである。

多世界理論は、波動関数というたった一つの数学的対象を使って宇宙を記述する。いま起こっていることについての物理的洞察を与えてくれる波動関数について論じる方法はいくらもある。ある場合には、たとえば位置の観点から論じるのが有益かもしれないし、別の場合には、運動量の観点から論じるほうが有益かもしれない。同じように、デコヒーレンス後の波動関数を一連の別個の世界の記述として論じる方法はしばしば役に立つ。これは本当にそうで、なぜならそれぞれの枝で起こることは別の枝で起こることに影響を与えないからである。しかし結局のところ、その論じ方は論じる側にとって便利なだけで、理論そのものがそれを主張しているわけではない。基本的に、この理論としては全体の波動関数がわかっていればそれでいい。

たとえ話として、今あなたがいる室内のすべての物質を考えてみよう。室内に存在するすべての原子の位置と速度を羅列すれば、あなたはすべての物質を——さしあたりは古典的な近似に頼って——記述できたことになる。だが、それは馬鹿げた話だ。あなたはそれらすべての情報を得る手段を持たないし、持っていたとしても使えないだろうし、じつのところ必要でもない。そんなことをする代わりに、そこらのものをひとまとめにして一連の有用な概念に仕立てればよい。椅子、机、照明、床……。すべての原子を羅列するよりよほどコンパクトな記述だが、それでもそこで何が起こっているかについて膨大な洞察を与えてくれる。

同じように、多数の世界の観点で量子状態を特徴化するのは必要なことではない。だが、それは恐ろしく複雑な状況を扱えるようにしてくれる非常に有益な手段となる。第八章でアリスが主張していたように、これらの世界は基礎的なものではない。創発的なものだ。

この創発（emergence）とは、ひなが卵から出てくる（emerge）ときのような、時間とともに現れる事象を指すのではない[1]。これは世界をまるごとではなく、もっと扱いやすい塊ごとに現実を分割して記述する方法だ。部屋や床といった概念は、基本的な物理法則のどこにも見つからない。それらは創発的なものだからだ。私たちのまわりの一個一個の原子や分子すべてについての完璧な知識が欠如しているときに、起こっている事象を有効に記述できるのが、それらの概念なのだ。あるものが創発的であると言うとき、それはその何かが、ある程度まで（一般には巨視的なレベルで）妥当とされる近似的な現実の記述の一部であって、微視的なレベルでの正確な記述の一部としての「基礎的」なものとは異なるということである。

思考実験の「ラプラスの悪魔」では、すべての物理法則と世界の正確な状態を知っているだけでなく、無限の計算能力まで備えた、とてつもない知性が想定されている。この悪魔には、何もかもが――現在あるものも、過去にあったものも、未来にあるものも――完全にわかっている。しかし私たち人間は、誰一人としてラプラスの悪魔ではない。どうがんばっても世界の状態についての情報は部分的にしか得られないし、計算能力もきわめて限られている。一杯のコーヒーを見て、すべての原子の中のすべての粒子を見きわめられる人間は一人もいない。私たちに見えているのは液体とカップの粗い巨視的な特徴だけだ。しかし、コーヒーについての有益な議論をするのに必要な情報はそれだけでもかまわない。それだけの情報で、さまざまな状況でのコーヒーのふるまいを予言することもできるだろう。つまり一杯のコーヒーは、創発的な現象だ。

同じことが、エヴェレット量子力学での世界にも当てはまる。宇宙の量子状態を正確に知っている量子版のラプラスの悪魔からすると、波動関数を一連の枝に分割して、それぞれの枝に世界を記述させる必要はまったくない。しかし、そのやり方はとてつもなく便利で有益だ。そして私たちは、その便利さを利用することを許されている。なぜなら個々の世界が互いに相互作用をしないからだ。

だからといって、それらの世界が「実在」しないわけではない。基礎的なものと創発的なものとの対立が一つの区別であるように、実在と非実在との対立も、また一つの区別にすぎない。椅子と机や、一杯のコーヒーは、まぎれもなく実在している。それらの事物は、宇宙に存在する真のパターン、根底にある現実が反映されるように世界を構成しているパターンを、記述しているからだ。エヴェレット的な世界についても同じである。そうすることが便利だと判断したならば、私たちは波動関数を切り分ける。しかしランダムに切り分けるわけではない。波動関数の分岐のさせ方には正しい方法と誤った方法があり、正しい方法をとれば、古典的な物理法則の近似にしたがう個々の世界が現れる。実際にどちらの方法がうまくいくかを最終的に決めるのは、あくまでも自然の基本法則であり、人間の小手先ではない。

○
○
○

創発は、物理系の一般的な特徴ではない。これが生じるのは、系の完全な記述と比べると含まれる情報はずっと少ないながら、それでも何が起こっているかを知るのに有益な手がかりを与えてくれる、系の特別な記述方法がある場合だ。その意味で、机と椅子の記述にしろ、波動関数の枝の記述にしろ、私たちがやっているような現実の切り分けは理にかなっている。

太陽のまわりを回る惑星の例で考えてみよう。地球のような惑星一個には、およそ一〇の五〇乗個の粒子が含まれている。その地球の状態を正確に記述するには、古典的なレベルでの記述でも、それらの粒子一個一個の位置と運動量をすべて羅列する必要がある。どれだけすごいスーパーコンピューターの能力を想像しても追いつかないぐらいの仕事量だ。幸いにして、地球の軌道だけがわかればいいのなら、その膨大な情報の大半は要らないものである。地球をその質量中心に位置する一点として理想化し、その一点が地球と同等の全運動量を持っていると仮定すればいい。この理想化された一点の状態は、位置と運動量で特定されるから、全体のごく一部の情報（全粒子それぞれの位置と運動量につき三個ずつの六×一〇の五〇乗個の数字ではなく、たった六個の数字）さえわかっていれば、地球の軌道を計算できるというわけだ。これが創発である。これによって、網羅的な記述に含まれるよりもはるかに少ない情報で、系の重要な特徴を捉えることができるのである。*

創発的な記述については、しばしば「便利さ」の観点から論じられることがある。しかし思い違いはしないでほしい——そこに人間中心的なものが働いているということはいっさいない。机と椅子も、惑星も、それについて論じる人間がいようがいまいが、変わらず存在するではないか。「便利」というのは、ある客観的な物理的特性を端的に示した表現だ。要は、記述しようとする系を特徴づける全情報のごく一部だけを必要とする、その系の正確なモデルが存在するということである。

創発は自動的に生じるものではない。これは特別な、貴重なものであり、これが生じるときにはとてつもない単純化が可能になる。たとえば地球に含まれる一〇の五〇乗個の粒子それぞれの位置はわかっているが、運動量はわかっていないと想定しよう。それでも私たちの手元には莫大な量の情報――得られる全情報のまるまる半分――があるのに、地球が次にどこへ動くかを予言できるかとなると、その能力はまったくのゼロだ。厳密に言えば、地球にあるほぼすべての粒子の運動量はわかっているが、たった一個だけ運動量のわからない粒子がある場合でも、やはり地球の次の動きは予言できない。この一個の粒子の運動量が、ほかのすべての粒子の運動量を合わせた値に匹敵する可能性もあるからだ。

これが物理の一般的な状況である。多数の部分で構成された系が次に何をするかを正確に予言するためには、すべての部分の情報を追跡しなくてはならない。わずかでも情報を失えば、それでもう何もわからなくなる。しかし創発が生じるときは、これと逆のことが可能になる。ほぼすべての情報を投げ捨てて、ごく一部の情報を追跡するだけで（どの部分を追跡するかを正しく見きわめているかぎり）、これから起こることに関してじつに多くのことを予言できるのである。

多数の粒子で構成されている物体の質量中心の場合で言うと、創発的な記述で得られる情報は、種類においては元の情報とまったく同じで（位置と運動量）、量だけが格段に少なくなっている。しかし、創

＊面倒なことに、「創発」という言葉にはいくつかの対立する定義があり、場合によってはここで使われているのとほぼ正反対の意味になる。ここでの定義は、文献によっては「弱い創発」とも呼ばれるものだが、「強い創発」と言うときは、全体が各部分の総和に還元されるという意味になる。

発は必ずしもそのように単純ではない。場合によっては創発的な記述がもともとの姿とまったく別物になっていることもある。

たとえば室内の空気で考えてみよう。空間を一立方ミリメートルの微小な枠に区切ったとしても、それぞれの枠にはまだまだ膨大な数の分子が含まれている。しかし、それらの分子それぞれの状態を追いかける代わりに、それぞれの枠の中の密度、圧力、温度などの量の平均値を追いかけたとする。じつはこのやり方で、空気のふるまいについての正確な予言をするのに必要な情報はすべて得られることがわかっている。この創発的な理論が記述しているのは分子の集まりではなく流体という別種のものだが、その流体の記述によって十分に、かなりの精度で空気が記述されていることになる。空気を流体として扱えば、分子の集まりとして扱うときよりも必要なデータがずっと少なくて済む。つまり流体の記述は創発的なのだ。

エヴェレット的な世界も同じである。有益な予言をするのに波動関数全体を追いかける必要はなく、個々の世界で起こることだけを追いかければよい。それぞれの世界で起こることは、かなり近くまで、古典力学を使って論じられる。たまに重ね合わせの状態にある微視的な系と量子もつれの状態になったとき、量子的な介入が及んでくるだけだ。したがってニュートンの万有引力の法則と運動の法則さえわかっていれば、宇宙の量子状態を完全にわかっていなくても、十分に月にロケットを飛ばすことができる。私たちのいる波動関数の枝の一本は、古典的世界とほぼ同じ創発的な世界を記述するからだ。

別々の世界を記述する波動関数のさまざまな枝は、多世界理論の公理には出てこない。素粒子と力を説明するコア理論に、机や椅子や空気が出てこないのと同じである。かつて哲学者のダニエル・デネットが提唱して、さらにデイヴィッド・ウォレスが量子的な文脈に移植した言葉を借りるなら、それぞれの世界は、根本的な動力学に内在する「リアル・パターン」（実在のパターン）をとらえた創発的な特徴である。このリアル・パターンがあることで、包括的な微視的記述を頼らずとも、世界について正確に論じることが可能になる。これこそが創発的なパターン全般を、とくにここではエヴェレット的な世界を、まぎれもない実在にするものなのである。

○　○　○

波動関数の枝は創発的な世界として考えるとうまくいく——これにひとたび納得すると、今度は次の疑問が出てくるかもしれない。この一連の世界がどうしてとくに選ばれているのかと。なぜ私たちは最終的に、巨視的な物体が空間内の明確に定義される位置にあるのを見るようになっているのだろう。なぜそれらの物体はさまざまな位置の重ね合わせの状態に置かれていないのか。「空間」がずいぶんと中心的な概念になっているようなのはどうしてなのか。初歩的な量子力学の教科書では、物体があまりにも大きくなると古典的なふるまいが不可避になるという印象をまま受けるが、それはナンセンスだ。巨視的な物体があらゆる種類の奇妙な重ね合わせの状態になっているのを記述する波動関数だって、私たちは難なく想像できる。本当の答えはもっと興味深い。

私たちが一般に位置のことをどう考えているかと、運動量のことをどう考えているかを比較すると、空間の特殊な本質が少しずつわかってくる。アイザック・ニュートンが初めて古典力学の方程式を記述したとき、位置は明らかに特権的な役割を担っていたが、速度と運動量は導出された量にすぎなかった。

位置は「空間内であなたがいる場所」だが、速度は「空間内をあなたが運動している速さ」であり、運動量は質量に速度を掛けた値である。やはりメインは空間であるようだ。

しかし、もっと注意深く見てみると、位置と運動量の概念は一見するよりもずっと対等な立場にあることがわかってくる。考えてみれば当然だ。なにしろ位置と運動量は、古典的な系の状態をその二つで定義する量なのである。実際、古典力学のハミルトニアン形式による定式化では、位置と運動量が明らかに対等になっている。これは表面的には見えにくい、何らかの基本的な対称性のあらわれなのだろうか。

私たちの日常生活では、位置と運動量はまるっきり別物のように見える。数学者が言うところの「あらゆる可能な位置からなる空間」は、普通の人に言わせれば、ただの「空間」だ。すなわち、私たちが生きている三次元の世界である。一方、「あらゆる可能な運動量からなる空間」や「運動量空間」も、やはり三次元ではあるが、こちらは抽象的な概念のように感じられる。自分たちはそこに生きているなどと、どこの誰が思うだろう。

空間を特別なものにしているのは、局所性だ。異なる物体のあいだで相互作用が起こるのは、それらの物体が空間内で近くにあるときである。二個のビリヤードの球がぶつかって跳ね返るのも、それらが同じ空間位置に集まってきたからだ。粒子が同じ（あるいは逆の）運動量を持っていても、こういうことは起こらない。同じ場所にいないのであれば、粒子はただ揚々とそれぞれの道を行くだけだ。このような局所性は物理法則の必要な特徴ではない――そうなっていない別の世界も可能性としては考えられる――のだが、私たちの世界にはとてもすんなり収まっているように見える特徴だ。

ビリヤードの球が跳ね返るのは古典的な力学だが、量子力学でも同じ議論ができなくもない。基本的な量子力学の形式でも、位置と運動量は等しく扱われる。粒子がいる可能性のあるすべての場所に複素振幅を付与することによって波動関数を表現できると同時に、粒子が持ちうるすべての運動量に複素数を付与することによっても、やはり波動関数を表現できるのだ。同一の基本的な量子状態についての二通りの記述はまったく等価で、同じ情報を異なる方法で表現しているだけだ。これは不確定性原理について論じたところで見たとおりである。

これはけっこう奥の深い話だ。前にも言ったように、一定の運動量を持った波動関数は正弦波のように見える。しかしそれは、位置の観点ではそう見えているということで、私たちはたいてい自然とその観点でものを言う。同じ量子状態を運動量の観点で表現すれば、それは特定の運動量のところに位置するスパイク（突起）のように見える。そして一定の位置を持った状態は、とりうる運動量すべてにわたって広がった正弦波のように見えるだろう。だとすると、本当に大事なのは「量子状態」という抽象的な概念であって、それを位置の観点だろうが運動量の観点だろうが、波動関数として具現化することではないのではないか、とわかってくる。

ここでふたたび、対称性が破られる。この私たちの世界では、異なる系と系が空間内で近くにあるときに相互作用が起こるからである。これは動力学的な局所性が働いているということだ。多世界理論の視点では、量子状態だけを基礎的なものとして扱い、それ以外はすべて創発的なものと見なすから、これをまるっきり引っくり返すことが必要となる。「空間内の位置」は、相互作用が局所的に見えるような変数なのである。空間は基礎的なものではない。それは根本の量子波動関数において何が起こっているかを系統立てる、一つの手段にすぎないのである。

○　○　○

この見方は、エヴェレット的な波動関数がどうして一連の近似の古典的世界に自然と分割されるのかを理解するのに役に立つ。この問題は、「選好基底問題」と呼ばれる。多世界理論の基盤には、宇宙の波動関数が基本的にあらゆる種類の重ね合わせを記述するという前提がある。したがって、巨視的な物体がまったく異なる場所に位置している状態が重ね合わせになっていることもあるはずだ。しかし、実際に私たちがそのような重ね合わせになっている椅子やボウリングの球や惑星を見ることはない。私たちの経験上で見るかぎり、それらはつねに一定の場所にあって、その運動は古典力学の規則にかなり近くまでしたがっている。なぜ私たちは巨視的な重ね合わせが絡んだ状態を見ることがないのだろう。私たちは波動関数を多くの異なる世界の組み合わせとして記述できる。だが、どうして波動関数が特別にそれらの世界に分割されるのだろう。

その答えは、細かい部分についてはいまだ研究者が格闘中だが、本質的には一九八〇年代にデコヒーレンスを用いて解き明かされた。これを理解するために、何かと頼りになるおなじみの思考実験を振り返ってみよう。かの有名なシュレーディンガーの猫である。蓋をした箱に一匹の猫と、催眠ガスの容器が入っている。もともとのシュレーディンガーのシナリオでは毒ガスだったが、わざわざ猫を殺すところを想像しなければならない理由もない（シュレーディンガーの娘のルートがつぶやいたところによると、「たぶん父は猫が嫌いだったのだと思う」[2]）。

ここでの実験では、ガスの容器にスプリングが取り付けられていて、これが蓋を引っ張り上げるとガスが放出されて猫を眠らせるという仕組みだが、蓋が開くのはガイガーカウンターのような検出器が放射線の粒子を検出して反応したときだけだ。検出器の隣には放射線源がある。放射線源から粒子が発せられる頻度はわかっているので、ある一定時間の経過後にカウンターが反応して蓋が開く確率を計算できる。

放射線の放出は、基本的に量子的なプロセスだ。普通に言えば、粒子がときどきランダムに放出されるというだけだが、それは実際には、放射線源の内部にある原子核の波動関数がなめらかに時間発展しているということである。それぞれの原子核が時間発展して、純粋に未崩壊の状態から、(未崩壊)+(崩壊)の重ね合わせの状態になり、時間とともに後者の部分がしだいに大きくなる。粒子放出がランダムに見えるのは、検出器が波動関数を直接観測しないからだ。垂直なシュテルン＝ゲルラッハ磁石が上向きスピンと下向きスピンのどちらかを見るだけなのと同じように、ここでの検出器も(未崩壊)と(崩壊)のどちらかだけを見ることになる。

この思考実験の要点は、微視的な量子重ね合わせの状態を、目に見える巨視的な状況に拡張していることである。それは検出器が反応すると瞬時に起こる。要するに、催眠ガスと猫を取り巻くすべてのものは、量子的な重ね合わせが巨視的な世界に拡張されるところを鮮明に見せるための仕掛けなのである(ドイツ語の *Verschränkung*、すなわち「エンタングルメント」という言葉が最初に量子力学に適用されたのは、シュレーディンガーがこの猫について論じたときで、アインシュタインとの書簡のやりとりの中で使われた)。

シュレーディンガーの実験は、観測問題に対する教科書的アプローチの文脈で論じられた。それにし

たがえば、波動関数は文字どおり観測されたときに収縮する。では、箱をずっと閉めっぱなしにして――箱の中を観測しないで――おいて、波動関数が「少なくとも一個の原子核が崩壊している」状態と「一個も原子核が崩壊していない」状態の重ね合わせになるところまで放置したらどうなるか。その場合、検出器と、ガスと、猫の波動関数もそれぞれ時間発展して、やがて「検出器が反応して、ガスが放出され、猫が眠らされる」のと「検出器が反応せず、ガスが容器内にとどまって、猫が起きている」のとの等しい重ね合わせになるだろう。もちろんこんなことは誰もまじめに信じない、とシュレーディンガーは言っている。私たちが箱を開けるまでは、箱の中に起きている猫と眠っている猫の重ね合わせが入っているなんて。

それに関しては、シュレーディンガーは正しかった。量子動力学に対してエヴェレット的な見方ができるなら、波動関数がなめらかに時間発展して二つの可能性の等しい重ね合わせになるのはすぐに納得できる。その可能性の一方では猫が眠っていて、もう一方では起きている。しかしデコヒーレンスを考えに入れると、猫はそのまわりの環境、箱の中いっぱいの空気分子と光子からなる環境と、量子もつれの状態にもなっている。そして検出器が反応するとほぼ同時に、異なる世界

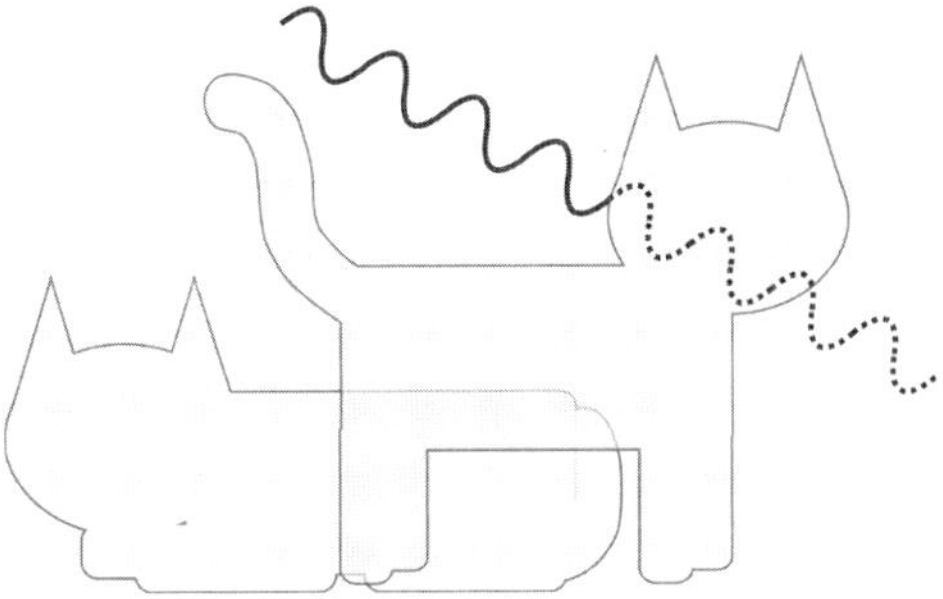

光子が吸収されるのは起きている猫で、眠っている猫には吸収されない

への実効的な分岐が起こる。実験者がようやく箱を開けたときには、波動関数の二つの枝ができており、それぞれに一匹の猫と一人の実験者がいて、重ね合わせはどこにもない。

これでシュレーディンガーの悩みは解決されるが、また別の悩みが持ち上がる。なぜ箱を開けたとき、私たちの見るデコヒーレンスを済ませた量子状態は、起きている猫と眠っている猫のどちらかなのか。なぜ私たちは両方の重ね合わせを見ないのだろう。電子にとっての基底が「上向きスピン」と「下向きスピン」になっているように、「起きている」のと「眠っている」のと、その二つで猫という系にとっての唯一の可能な基底が表されている。なぜほかのどの基底でもなく、その基底が選好されているのだろう。

ここで重要となる物理過程は、この環境の中にあるもの――ガス分子と光子――と問題にされている物理系とのあいだの相互作用である。ある特定の粒子が実際に猫と相互作用するかどうかは、猫がどこにいるかに依存する。猫が起きていて箱の中をうろうろしていれば、ある任意の光子はその猫にすっぽり吸収されてしまうかもしれないが、猫が床に伏せって眠っていれば、その光子は猫を素通りしてしまうだろう。

言い換えれば、「起きている」か「眠っている」かという基底の特別さは、それぞれの状態が空間内の明確に定義された配置を記述していることにある。そして物理的な相互作用が局所的であるのが空間という量である。粒子が猫にぶつかれるのは、粒子と猫が物理的な接触にいたったときだ。猫の波動関数の二つの部分――「起きている」と「眠っている」――は、環境にあるさまざまな粒子と接触し、それによってさまざまな世界へと分岐する。

これが、なぜ私たちは私たちが見ているこの特別な世界を見るのかという疑問への、基本的な答えである。この選好基底の状態は、空間内のコヒーレントな物体を記述する状態で、それはそうした物体が絶えずまわりの環境と相互作用しているからである。このような状態は、重ね合わせになっている状態と違って、巨視的な観測装置の針（ポインター）が一定の明確な値を指す状態であるため「ポインター状態」とも呼ばれる。ポインター基底はふるまいの正しい古典的な近似が成り立つところであり、したがって、創発的な世界を定義するのはこのような種類の基底である。デコヒーレンスはエヴェレット量子力学の緊縮的な単純さを最終的に、私たちが見ているこの世界の乱雑な特殊性に結びつける現象なのである。

第十二章　振動の世界　場の量子論

「遠隔作用」というフレーズは、通常アインシュタインが使った「不気味な」という形容詞に修飾されながら、とかく量子もつれとEPR問題についての議論に出てくるものである。しかし、この概念の歴史はもっと古い。もとをたどれば、少なくともアイザック・ニュートンと彼の重力理論までは行き着くのである。

もしもニュートンが古典力学の基本的な構造をまとめあげる以外に何もしなかったとしても、やはり、史上最も偉大な物理学者の最有力候補ではあるだろう。しかし実際、彼はそれ以上のことをたくさんしているから王様なのであって、その功績は、微積法を発明したなどという些細なことにはとどまらない。立派なかつらをかぶったニュートンの肖像画を見て大半の人が連想するのは、彼の重力理論であるだろう。

ニュートンの重力理論は、かの有名な逆二乗法則に要約される。二つの物体のあいだに働く引力の強さは、二つの物体それぞれの質量に比例し、二つの物体のあいだの距離の二乗に逆比例する。したがって、地球から見て月を現在の位置より二倍遠くに動かせば、地球と月のあいだに働く引力は四分の一にまで減ってしまう。この単純な規則を使って、ニュートンは太陽のまわりを回る各惑星が自然に楕円軌道をとることを説明できた。つまりヨハネス・ケプラーが何年も前に経験的に仮定していた関係が、あらためて正しかったと確認されたのである。

しかしニュートンは、自分の理論に決して満足してはいなかった。理由はまさに、そこに働いている遠隔作用にあった。二つの物体のあいだに作用する力は、それぞれの物体がどこに位置しているかに依存しており、一方の物体が運動していると、その引力の方向は、宇宙のどこにおいても瞬時に変化する。ところが二つの物体のあいだには、そのような変化を仲介するものが何もなかった。なのに変化が起こる。これがニュートンを悩ませた。それが非論理的だからでも、観測結果と一致しないからでもない――とにかく誤っているようにしか思えなかったのだ。それこそ不気味だったから、と言えるのかもしれない。

何か物質でない別のものの仲介なくして、生きていないただの物質がほかの物質に相互接触することなく作用して、影響を及ぼすとは考えられない。……重力は、絶えず何らかの法則にしたがって作用している仲介物によって生じているに違いないのだが、その仲介物が物質なのか物質でないのかは、読者の考えるところに任せよう。(1)

重力をそのように遠隔的に作用させている「仲介物」はたしかにあって、その仲介物は完璧に物質である。その正体は、重力場だ。この概念を最初に導入したのはピエール＝シモン・ラプラスで、ラプラスはこれを用いてニュートンの重力理論を書き直し、重力がただどういうわけか無限の距離を飛び越えるのではなく、重力ポテンシャル場によって運ばれるのだということを説明できるようにした。だが、それでもまだ、重力の変化が空間のいたるところで瞬時に起こるのはそのままだった。重力場の変化が電磁場の変化とまったく同じように空間内を光速で伝わることが証明されるには、アインシュタインと一般相対性理論の登場を待たなくてはならなかった。一般相対性理論はラプラスのポテンシャル場を「計量」場に置き換えて、時空の曲がりという特性が数学的に緻密に表されるようにしたが、空間のいたるところに広がっている重力場の概念そのものが変えられることはなかった。

力を伝える場という概念の魅力的なところは、これが局所性の概念を具体的に示していることにある。地球が動いていても、地球の引力の方向が宇宙のいたるところで瞬時に変わるわけではない。それが変化するのは地球が位置しているところであって、その地点の場が近くにある場を引っぱり、その近くの場がもう少し先にある場を引っぱり、というふうにつながっていくのだが、その波が光速で外側に広がっていくのである。

現代物理学はこのアイデアを、文字どおり宇宙のすべてに拡張している。コア理論も最初に一連の場を想定し、それを量子化することから組み立てられている。電子やクォークのような粒子でさえも、その実態は量子場の振動だとされているのだ。それはそれでじつに壮大な話だが、この章での目的はもう少し控えめで、場の量子論における「真空」というものを理解してもらいたい。それは言ってみれば、空っぽの空間に対応する量子状態である（そこに実際の粒子を含めた状態についての簡単な議論は、本書の補遺にまわしておく）。そのあとで空間そのものの量子的な出現という難問にも取り組むが、当面はおとなしく従来の見方にしたがって、古典的な場の理論を既存の空間で量子化したときに出てくるものとして場の量子論を考えていこう。

そこで得られる教訓の一つは、場の量子論においては量子もつれが、粒子の量子論においてよりもさらに中心的な役割を果たすということだ。粒子を第一に考えていたときの量子もつれは、物理状況によって重要な場合もあれば重要でない場合もあった。二個の電子を量子もつれの状態にすることもできようが、量子もつれになっていなくても、二個の電子の興味深い状態はいくらもある。それに対して場の理論では、本質的に、物理的に興味深い状態のすべてが膨大な量子もつれをともなっている。空っぽの空間と聞くといたって単純なものに感じられるかもしれないが、場の量子論においてはそれでさえ、量子もつれになった振動の複雑な集まりとして記述されるのだ。

○　○　○

もともと量子力学は、プランクとアインシュタインが電磁波に粒子のような性質があると論じ、次いでボーアとド・ブロイとシュレーディンガーが、粒子に波のような側面が見えることを示したところから始まった。しかし、そこで働いているのは二種類の異なる「波」であり、その二つは慎重に区別したほうがいい。一方の波は、古典的な粒子論から量子的な粒子論への移行と同時に出てきて、一連の粒子に量子波動関数を持たせる。それに対してもう一方は、古典的な場の理論を前提としたとき、つまり量子力学が絡むようになる前から出てきている。こちらに相当するのが古典的な電磁気学であり、アインシュタインの重力理論である。古典的な電磁気学と一般相対性理論はともに場の理論である（したがって波の理論である）が、それ自体は完璧に古典的な理論だ。

場の量子論では、古典的な場の理論を出発点として、そこから量子的な場の理論が組み立てられる。

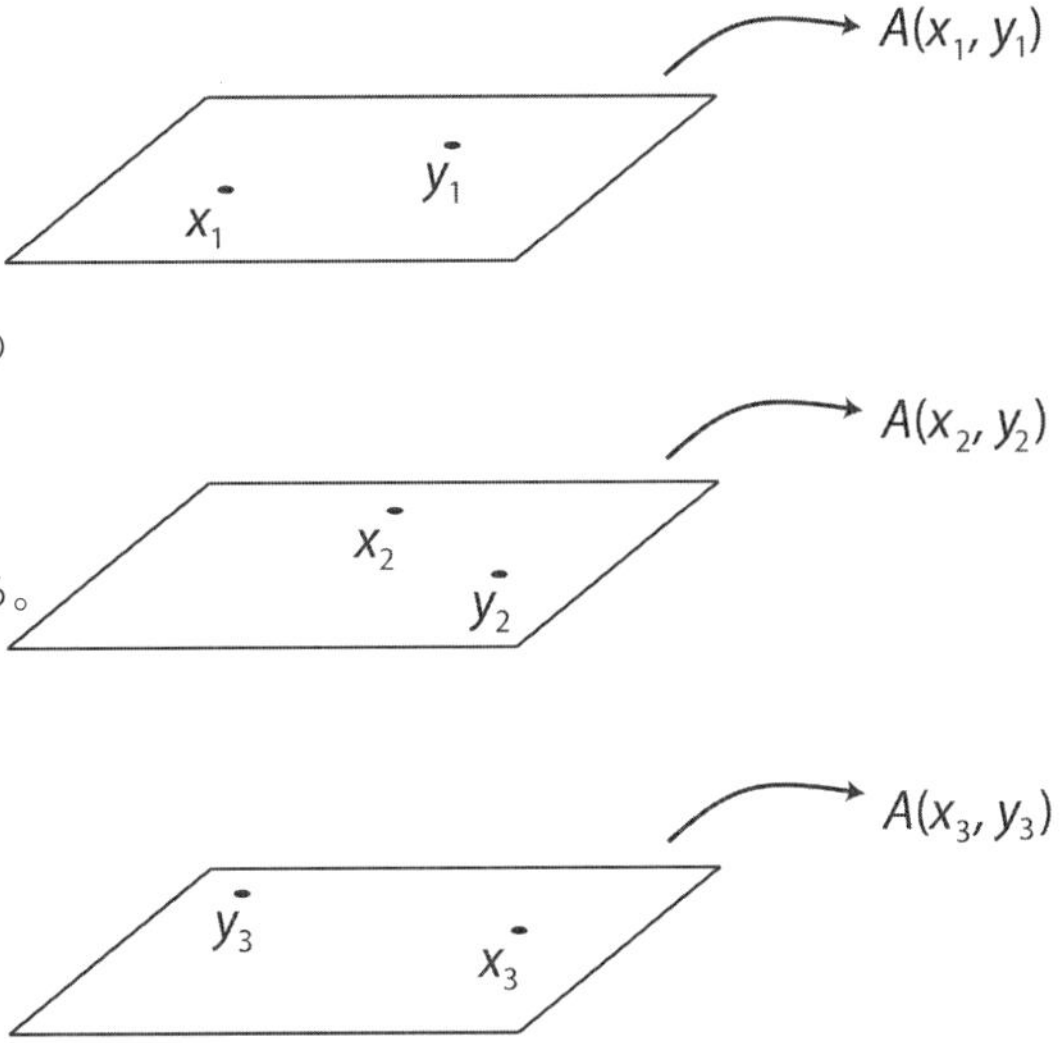

二個の粒子 *x* と *y* の
波動関数が、
それらの粒子の
とりうる
すべての配置に
振幅 *A* を割り当てる。

そこにあるのは、ある場所に粒子が見つかる確率を示す波動関数ではなく、空間に広がっている場の特定の配置が見つかる確率を示す波動関数だ。波の波動関数、と言ってもいい。

　古典的な理論を量子化する方法はいろいろあるが、最も直接的な方法は、すでに見てきたとおりの道筋をとることだ。ある粒子の集まりに対して、「これらの粒子はどこにいる可能性がある？」と考えれば、個々の粒子については単純に、「空間のどの点にも」という答えが出る。したがって粒子が一個しかない場合には、波動関数が空間のあらゆる点に振幅を割り当てる。しかし、粒子が複数ある場合、それぞれの粒子が別々の波動関数を持つわけではない。あるのは一つの大きな波動関数で、その波動関数が、すべての粒子が一度にとりうる場所のあらゆる集合に対して異なる振幅を割り当てる。こうして量子もつれが発生する。粒子の配置のすべてに対して一つの振幅があり、その振幅を二乗すれば、すべての粒子

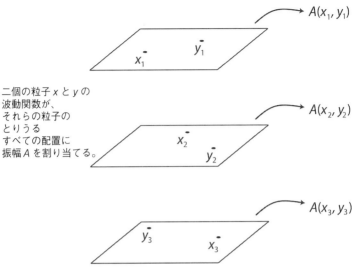

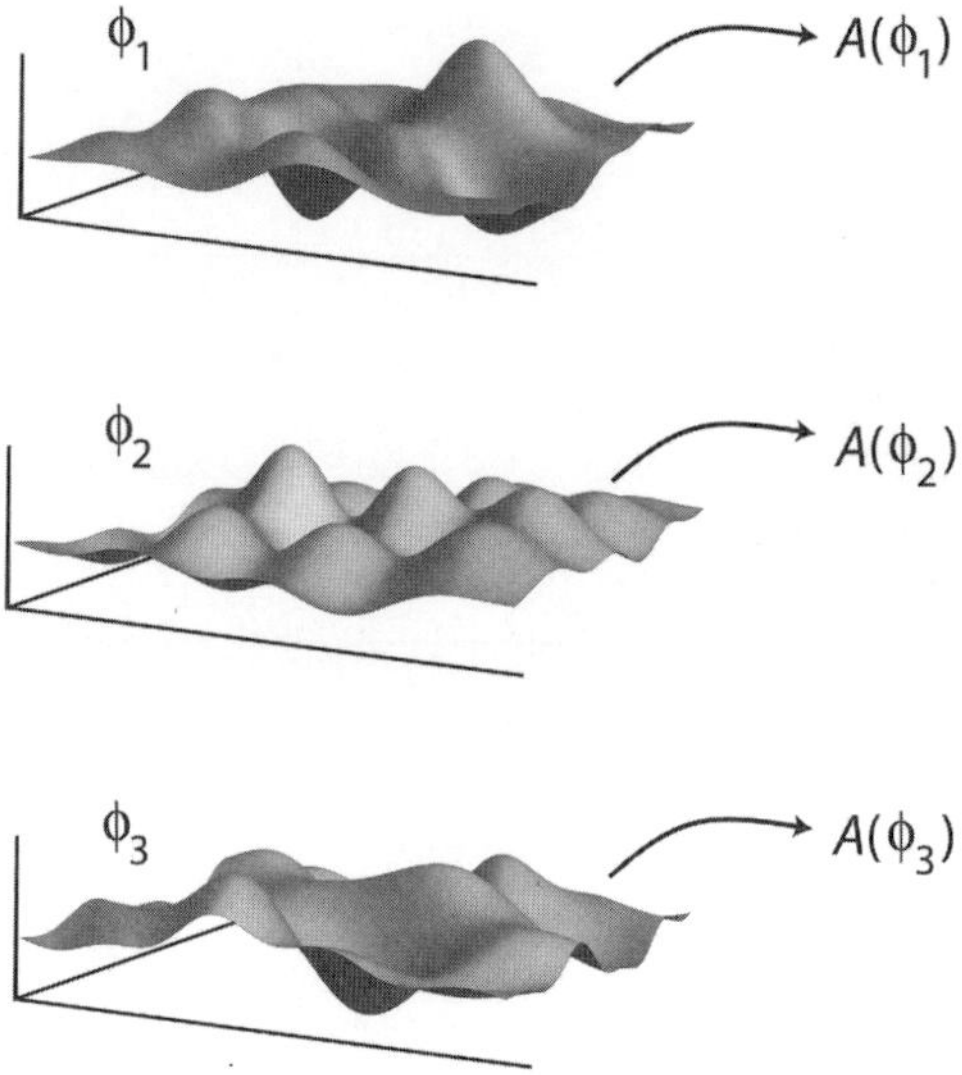

場の波動関数が、その場のとりうるすべての配置に振幅 A を割り当てる。

が同時にその場所にいるのが観測される確率が得られる。

これを場に当てはめても同じことで、「ありうる粒子の配置」が「ありうる場の配置」に置き換えられる。ここでの「配置」とは、空間中の各点での場の値のことである。この波動関数があらゆる可能な場の配置を考慮して、それぞれに振幅を割り当てる。あらゆるところで同時に場が観測されるとすれば、場の形状がどんなものであれ、その特定の形状の場が得られる確率は、その配置に割り当てられた振幅の二乗に等しくなる。

これが古典的な場と、量子的な波動関数との違いである。古典的な場は空間の関数で、多数の場を含んだ古典的な理論は、重なり合う複数の空間の関数を記述することになる。一方、場の量子論での波動関数は空間の関数ではなく、あらゆる古典的な場のあらゆる配置の集合の関数である（コア理論では、重力場も、電磁場も、さまざまな原子以下の粒子の場も、すべてそこに含まれる)。なんとも恐ろしげな、手に負えない野獣のような代物だが、物理学者はこれを理解することに慣れさせられて、もはや可愛がるようにさえなっている。

これらすべてが暗に仮定しているのは、多世界版の量子力学だ。デコヒーレンスや分岐の話はいっさい出ていないが、ここで本当に必要なのが量子波動関数と適切な種類のシュレーディンガー方程式で、それさえあれば、あとはおのずとついてくるという考えが暗黙の前提になっている。それはまさにエヴェレット的な状況だ(「シュレーディンガー方程式」と言うときに、それが必ずしもシュレーディンガーのオリジナルの方程式を指しているとは限らない。もともとシュレーディンガーが書き下ろした方程式は、非相対論的な点状粒子に対してだけ適切となるのだ。しかし相対論的な量子場など、ハミルトニアンを含んだ系に対しての適切なシュレーディンガー方程式も、見つけようと思えば難なく見つかる)。多世界以外の理論では、たいてい追加の変数や、波動関数が自発的に収縮するための規則などが必要になる。しかし場の理論に話を進めると、そうした追加の要素はどう考えるべきかがわからなくなってしまう。

○ ○ ○

場の量子論が古典的な場の配置の波動関数として世界を記述するのだとすれば、それは波の上に波を重ねるようなものだろう。いったい波はどこまで強くなれるものかと尋ねたなら、答えは(架空のバンド「スパイナル・タップ」のナイジェル・タフネルの台詞をもじって)「これ以上の波はない」というところかもしれない。ところが、たとえばジュネーブの大型ハドロン衝突型加速器の検出器などで量子場を観測すると、私たちに見えるのは広がった波のような雲ではなく、点状の物体の進路を表す個々の飛跡なのである。どういうわけか、話はぐるりと一巡して粒子に戻ってきてしまった――あんなに波のようであったのにもかかわらず。

その理由を突きつめると、原子内の電子に異なるエネルギー準位が見られるのと同じ理由に行き着く。空間内を単独で動き回っている電子はどんなエネルギーでも持てるのだが、原子核が及ぼす引力の近くにあると、電子はまるで箱に閉じ込められたようになってしまう。原子から遠いところでの波動関数がゼロにまで低下するとなれば、これは電子が束縛されていると考えていいだろう。両端を留められた弦が、その中間でだけ自由に動けるようなものだ。そのような状況では、弦はとびとびの振動を奏でることしかできない。同じように、束縛された電子の波動関数もとびとびのエネルギー準位しか持てない。系の波動関数が大きい／遠い／極端な配置のためにゼロになるぐらいまで「束縛」されているとき、そのエネルギー準位はつねにとびとびになる。

場の理論に話を戻して、きわめて単純な場の配置を考えてみよう。空間いっぱいに広がった正弦波だ。こうした配置のことを場の「モード」という。この考え方が便利なのは、どのような場の配置でも、さまざまな波長を持った多数のモードの組み合わせとして考えることができるからだ。正弦波にはエネルギーが含まれており、波がどんどん高くなると想像すると、それにともなってエネルギーは急速に増大する。この場の量子波動関数を組み立てるとすれば、場のエネルギーは波高とともに高まるから、波の高さが増大するとともに波動関数は急速に減少する必要がある。さもないと非常にエネルギーの高い波に与えられる確率が過剰になってしまうからだ。するとどう見ても、波動関数は大きなエネルギーのところで束縛されている（ゼロになる）。

結果として、振動する弦や原子内の電子と同じように、量子場の振動もとびとびのエネルギー準位になっている。実際、場のあらゆるモードは最低エネルギー状態にあるか、さもなければもう一段上の状態、さらにもう一段上の状態、と続くことになっている。全体としての最小エネルギーの波動関数は、すべてのモードがとりうるかぎりの最低エネルギーをとっている波動関数だ。これは独特な状態で、それを私たちは「真空」と呼ぶ。場の量子論の専門家が真空《バキューム》について話すとき、それは部屋の床から埃を吸い上げる機械のことではなく、物質の存在しない惑星間空間の領域のことでもない。その言葉が意味するのは、「論じられている場の量子論の最低エネルギー状態」のことなのだ。

量子真空というと空っぽの退屈なものだと思われるかもしれないが、それは実際には荒々しい場所だ。原子内の電子はとりうるかぎりの最低のエネルギー状態をとるが、それを電子の位置の波動関数として考えると、その関数はやはり興味深い形状をとれる。同じように、場の理論における真空状態も、場の個々の部分をとって考えれば、やはり興味深い構造をとれる。

次のエネルギー準位は、さらにもう少しあわただしい。そこは各モードの次に高いエネルギーからなっているからだ。そのため少しばかりの自由が得られて、短い波長のモードがほとんどの状態もとれるし、長い波長のモードがほとんどの状態も、両方がどのように混ざり合った状態もとれる。しかし共通するのは、各モードが最小エネルギーよりも少しだけ高いエネルギーを持った「第一励起状態」にあることだ。

全体として見ると、場の量子論の第一励起状態の波動関数は、位置の関数ではなく運動量の関数として表される、一個の粒子の波動関数にとてもよく似ている。一般に波動関数にはさまざまな波長からの寄与分があり、それが粒子の波動関数ではさまざまな運動量として解釈される。何より重要なのは、この種の状態が観測されるときには粒子のようなふるまいを示すことだ。ある場所に少々のエネルギーが観測されたなら（そして「そこに一個の粒子が見つかった」と解釈されたなら）、たとえ最初は波動関数が全体に広がっていたとしても、次の瞬間にそこを見たときには、近くに同じ量のエネルギーが観測される可能性が圧倒的に高くなっている。そして最終的に見つかるのは、場を伝わっていく局在化した振動で、それがまるで粒子のような飛跡を検出器に残す。あるものが粒子のように見え、粒子のようにふるまうならば、たぶんそれは粒子と呼んでさしつかえない。

では、最低エネルギー状態にあるモードと第一励起状態にある別のモードを合体させている場の量子論の波動関数もありうるのだろうか。もちろんだ。それは粒子がゼロ個の状態と、粒子が一個の状態の重ね合わせになっていて、粒子の明確な個数がない状態をつくっている。

もう想像がついていることと思うが、場の量子論のもう一段上のエネルギーの波動関数は、二個の粒子の波動関数に似て見える。その先も同様で、三個の粒子に相当する量子場の状態、四個の粒子に相当する量子場の状態と、どこまでも続いていく。シュレーディンガーの猫が必ず起きているか眠っているかのどちらかで、その重ね合わせを観測することがありえなかったように、穏やかに振動する量子場が観測されるときには、それが粒子の集まりとして観測される。前章に出てきた用語を使うなら、場があまりにも荒々しく変動していないかぎり、場の量子論の「ポインター状態」は、一定個数の粒子の集まりのように見える。

さらに素晴らしいことに、私たちが実際に世界を見るときには、まさにこのような状態を見ている。場の量子論は、原子内の電子が異なるエネルギー準位に飛び上がったり飛び降りたりするように、ある個数の粒子を含んだ状態が別の個数の粒子を含んだ状態へと遷移するのを記述することもできる。通常の粒子ベースの量子力学では粒子の数はつねに一定だが、場の量子論では、崩壊する粒子も、対消滅する粒子も、衝突で生成される粒子も難なく記述できる。これがありがたいのは、そのようなことが常時起こっているからだ。

場の量子論は、一見すると相反する粒子という概念と波という概念をしっかり結びつけている、物理学の歴史に残るみごとな統一の一例と言っていい。電磁場を量子化すると粒子状の光子が導かれることがわかっている以上、とくに驚くことでもないかもしれないが、電子やクォークといったほかの素粒子も、やはり量子化された場から生じている。電子は電磁場の振動であり、さまざまな種類のクォークは、さまざまな種類のクォーク場の振動である。

量子力学の入門書では、波と粒子が一枚のコインの裏表であるかのように対比的に説明されていることがときどきあるが、究極的に、波と粒子の戦いはフェアな勝負ではない。それは場のほうが粒子よりも基礎的だからで、私たちが現時点で手にしている最良の宇宙の構成図は、場がもたらしたものである。粒子に関しては、適切な状況下で場を観測したときに見えるものが粒子だというだけだ。状況が適切かどうかは場合によりけりで、たとえば陽子や中性子の内部を見たときに、私たちはしばしばクォークやグルーオンが個々の粒子であるかのように論じるが、それらは広がりを持った場と考えたほうが正確である。物理学者のポール・デイヴィスなどはある論文に、少しばかり修辞的な誇張を入れて、「粒子は存在しない」というタイトルをつけているほどだ。(2)

本書で探ろうとしていることは量子的な現実の基本的なパラダイムであり、具体的な粒子のパターンや、質量や相互作用に関心があるわけではない。量子もつれや創発について、古典的な世界がいかにして波動関数の分岐から生じるのかについて知りたいのである。幸い、その目的を達するには、場の量子論の真空に注意を傾ければよい。そこらを粒子が飛び回っていない、空っぽの空間の物理を見つめてみよう。

○
○
○

場の理論の真空がいかに興味深いかを実感するために、その最も明らかな特徴の一つである、真空エネルギーに着目しよう。このエネルギーはゼロだろう、とつい思い込みがちだが、これまでそんなことは一言も言っていないのを思い返してほしい。真空はあくまでも「最低エネルギー状態」であって、必ずしも「ゼロエネルギーの状態」ではない。実際、真空エネルギーはどんな値でもとれる。それは自然の定数であり、ほかのどの観測可能なパラメーターによっても決定されない宇宙のパラメーターだ。場の量子論に関するかぎり、真空のエネルギーが実際にどんな値なのかは、行って観測してみるしかない。

そして実際、真空エネルギーは観測されている。少なくとも、私たちは観測したと思っている。これは簡単なことではない。カップ一杯分の空っぽの空間を天秤に載せて、どれだけの重さになっているかを見るわけにはいかないのである。そこで方法としては、真空エネルギーが及ぼす重力の影響を探すことになる。一般相対性理論にしたがえば、エネルギーは時空の曲がりの原因だから、ひいては重力の原因でもある。空っぽの空間のエネルギーは、ある特定のかたちをとる。一立方センチメートルの空間ごとに含まれている量がきっかり一定で、宇宙のどこにおいても変わらない。時空が伸びたり歪んだりしても不変なのだ。アインシュタインはこの真空エネルギーのことを「宇宙定数」と呼んだ。そして宇宙論研究者はその値がぴったりゼロなのか、それとも別の数字なのかを長いこと議論していた。

この論争は、一九九八年に決着したものと見られている。宇宙はただ膨張しているだけでなく、加速膨張しているのを天文学者が発見したときである。遠くの銀河を見て、それが後退している速度を観測してみると、その速度は時間とともに増大している。これは考えてみると驚愕すべきことだ。もし宇宙の中身が通常の物質と放射だけなら、それらはどちらも互いに対する重力効果で互いを引っ張りあっているから、膨張速度は遅くなるはずなのだ。しかし真空エネルギーが正の値を持っているなら、逆の効果が生じる。このエネルギーが宇宙を押し広げるから、膨張は加速することになるだろう。天文学者の二つのチームが銀河系外超新星の距離と速度を観測したときに、彼らは宇宙の減速膨張が見られることを期待していた。ところが実際に見られたものは、加速膨張だったのである。そのような予想外の結果が得られたことに対する驚きと困惑は、二〇一一年のノーベル賞受賞でいくぶん和らげられた（論争が決着したと「見られて」いるというのは、宇宙の加速が真空エネルギー以外の何かによって引き起こされている可能性も依然として残っているからだ。しかし理論上の根拠からも観測上の根拠からも、これが断然有力な説であることには変わりない）。

それなら、話はこれで終わりだと思うかもしれない。空っぽの空間はエネルギーを持っていて、それはすでに観測されている。あとは楽しくお茶にしよう。

だが、もう一つ聞いていいことがあるのでは――その真空エネルギーとはどういう値であると期待されるのか？　これはおもしろい質問だ。真空エネルギーは自然の定数なのだから、それが何か特定の値であると期待する権利だってそもそも私たちにはないかもしれない。それでもまあ、真空エネルギーがどれだけの大きさと思われるかをやっつけ仕事的に見積もってみようか。そして出てくる結果は、浮かれ気分も覚めるようなものである。

真空エネルギーを見積もる伝統的な方法は、古典的な宇宙定数の期待値と、その値が量子効果でどれだけ変わるかを識別することである。このやり方は、本当は正しくない。いくら人間が古典的な手法を土台にして、その上に量子力学を重ねるのが好きだとしても、自然はちっともそれを考慮してくれないからだ。自然は最初から量子的なのである。とはいえ、あくまでも大まかな推定値を出そうとしているだけだから、これはこれでいいのかもしれない。

しかし実際、これではよくなかったことがわかっている。真空エネルギーに対する量子的な寄与が、無限に大きくなってしまうのだ。この種の問題は場の量子論に特有のもので、量子効果を少しずつ含めていきながら計算しようとすると、多くの場合、ありえないような無限に大きい答えが出てしまうのである。

だが、このような無限大をあまり深刻に受け止めるべきではない。これはもとをたどれば、量子場がさまざまな波長を持った振動モードの組み合わせと考えられることに原因がある。そうした波長の中には、とてつもなく長いものからゼロのものまでが含まれている。それぞれのモードの古典的な最小エネルギーがゼロだと（とくに根拠もなく）仮定すると、現実世界の真空エネルギーは、各モードに追加される量子エネルギーすべての和に等しい。それらすべてのモードに対する量子エネルギーを合計すると、出てくる答えは、無限大の真空エネルギーだ。これはおそらく物理的に現実に即してはいない。結局のところ、非常に短い距離では、時空そのものが有益な概念としての機能を果たさなくなると考えるべきだ。それは量子重力が無視できなくなるからである。たとえばプランク長さより長い波長についての寄与分だけを含めるとしたほうが、よほど理にかなっているかもしれない。これを一般に、「カットオフ」をかけるという。場の量子論を見る際に、ある一定の距離よりも長い波長を持ったモードだけを対象にするということだ。

しかしあいにく、これでもまだ問題は解決しない。プランクスケールでカットオフをかけて許容範囲のモードを定めることで真空エネルギーへの量子寄与を見積もろうとすると、たしかに無限大ではない、有限の答えが出てくるが、その答えは実際に観測される値より一〇の一二二乗倍も大きくなってしまうのだ。この食い違いは「宇宙定数問題」と呼ばれ、物理学全体の中でも最大の理論と観測の不一致だと言われることもある。

じつのところ、宇宙定数問題は、厳密な意味での理論と観測の不一致ではない。そもそも真空エネルギーの値について、信頼に足る理論的予言などというものは何もないのだ。まったく誤った推定がなされてしまう原因は、二つの不確かな仮定をしていることにある。真空エネルギーへの古典的な寄与をゼロとしていることと、プランクスケールでカットオフをかけていることだ。ひょっとすると、前提とすべき古典的な寄与は量子的な寄与とほぼ同じぐらいの大きさでありながら、符号が逆であるのかもしれない。それならば両方を足し合わせると、相対的に非常に小さい値を持った、観測される「物理的」な真空エネルギーが得られるだろう。その可能性はつねにある。現在の答えが真とされるべき理由はまったくわかっていないのである。

この問題は、理論が観測と対立しているということではない。現在の大まかな予想がまったく外れているということであり、これをほとんどの人は、何か謎めいた未知のものが働いていることの暗示だと受け止めている。理論で推定されているエネルギーは純粋に量子力学的な効果であって、これが及ぼす重力効果を利用してその存在を観測しているわけだから、本当に穴のない重力の量子論が得られるまで、この問題は解決されないと思ってもいいのかもしれない。

○○○

場の量子論についての一般向けの解説では、しばしば真空が「量子ゆらぎ」に満ちたところ、「空っぽの空間にいきなり粒子が出現しては消滅する」ところなどと表現される。これはイメージを喚起するには有効だが、真であるよりは偽に近い。

場の量子論において真空と呼ばれるところの空っぽの空間では、何もゆらいだりしていない。その量子状態は完全に静止している。粒子がいきなり出現しては消滅するというイメージは、現実とはまったく違う。現実の状態は、ある瞬間と別の瞬間とで正確に同じだ。空っぽの空間のエネルギーに本質的に量子寄与があるのはまぎれもない事実だが、そのエネルギーが「ゆらぎ」から生じているように言うのは誤解を招く。このとき実際には何もゆらいでいない。系は最低エネルギー量子状態に落ち着いているだけだ。

それではなぜ、物理学者はしょっちゅう量子ゆらぎについて語るのだろう。これは別のところで言及したのと同じ現象である。私たち人間は、「自分に見えるもの」が現実であるとどうしても思いたくなってしまうのだ――それではだめだと量子力学がずっと教えつづけているのだが。隠れた変数理論はこの衝動に屈して、なめらかに時間発展する波動関数以外のものを実在させている。

その点、エヴェレット量子力学は明快だ。空っぽの空間とは静止した不変の量子状態であり、そこでは一瞬一瞬に何も起こらないとされている。だが、十分に注意を凝らして、どこか小さな領域の量子場の値を観測してみれば、ランダムな乱雑さのようなものが見られるだろう。そこを直後にふたたび観測すると、また別のランダムな乱雑さが見える。空っぽの空間に何か動き回っているものがある、と見てもいないのに結論したくなる誘惑は絶大だ。だが、それは真相ではない。そのように見えたものは、不確定性原理の話をしたときに論じたもののあらわれだ。ある量子状態を観測するときに見られるものは、見る前の系の状態とは概して別物なのである。

これが腑に落ちなければ、もっと現実的な実験で観測をした場合を想像してみよう。量子場の値をあらゆる点で観測するのではなく、場の量子論の真空状態にある粒子の総数を観測してみる。理想的な思考実験上の世界では、この観測を空間のいたるところで同時にしているものと想像できる。仮定上、そこは最低エネルギー状態にあるわけだから、当然ながら、粒子はどこにも検出されないと完璧な確信をもって断言できる。そこはまさしく空っぽの空間だ。しかし現実の世界では、たとえば実験室の内部など、空間のある特定の領域で実験をするという制約がつく。そのうえで、そこに粒子はいくつあるかという問題を出したとき、どんな答えが出ると予想されるだろう。

一見すると、これはべつに難しい問題でもない。どこにも粒子がないのなら、実験室の中でだって粒子は見られないに違いない。ところが、そうではないのである。場の量子論はそのようには働かない。真空状態においてさえ、実験で探られるのが一定の有限の領域に限定されるなら、一個以上の粒子が観測される確率はわずかながらもつねにある。一般に、その確率は本当に小さい——現実的な実験設定において配慮が必要になるようなものではない——が、あることには違いない。これについては、逆もまた真である。局所的な実験で粒子が絶対に見つからないような量子状態もないわけではない。だが、そのような状態は、真空状態よりも全体のエネルギーが高くなっているだろう。

こうなると、粒子は本当にそこにあるのかと聞きたくなる。どうして宇宙全体では粒子がゼロなのに、ある特定の場所を見たときには粒子が見つかるかもしれないなんてことになるのか。

そう思うのはもっともだが、ここで扱っているのは粒子の理論ではない。場の理論だ。粒子は、ある特定の見方で場の理論を見たときに見られるものなので、本来、「粒子は本当のところ、いくつあるのか」と問うべきではなく、「この見方で量子状態を観測したときに、どういう観測結果が得られる可能性があるのか」と問うべきなのである。「全宇宙にいくつの粒子があるのか」というかたちでの観測は、「この部屋にいくつの粒子があるのか」というかたちでの観測とは、基本的に違っている。まったく違っているからこそ、位置と運動量についてと同様に、どちらの質問にも同時に一定の答えを出せるような量子状態は存在しないのである。私たちが見る粒子の数は、絶対的な現実ではなく、私たちがその状態をどのように見るかによって変わるのだ。

○　○　○

ここから見えてくるのが、場の理論の重要な特性だ。空間の異なる領域にある、場の部分どうしの量子もつれである。

空間のどこかに仮想の平面を差し挟んで、宇宙を二つの領域に分けたと想像してみよう。便宜上、その二つを「左」と「右」と呼ぶことにする。古典的に考えると、場はどこまでも続いているので、ある特定の場の配置を組み立てるには、左の領域と右の領域それぞれでの場の活動をともに特定しなくてはならない。境界を挟んでの場の値に不一致があれば、それは全体としての場の輪郭に明確な不連続点としてあらわれるだろう。これはありうることだが、場が一点ごとに変化するにはエネルギーが必要なので、不連続な飛びがあるということは、その不連続点に大量のエネルギーがあることを意味する。通常の場の配置が概して非常になめらかに変化するのはそのためで、急激に変化するようなことはめったにない。

量子レベルでは、この古典的な「場の値はたいてい境界を挟んで一致する」という見識が、「左の領域の場と右の領域の場はたいてい強い量子もつれの状態にある」に置き換わる。二つの領域が量子もつれになっていない量子状態もありうるだろうが、その場合、境界面には無限のエネルギーがあることになる。

この理屈をさらに拡張してみる。空間全体を等しい大きさの箱形に分割したとしよう。古典的には、場はそれぞれの箱の内部で何かをしているが、無限大のエネルギー密度を避けるためには、箱と箱のあいだの境界での値が一致していなくてはならない。これを場の量子論で言うと、ある箱の中で起こっていることが、隣接する箱の中で起こっていることと、強い量子もつれの状態になっていなくてはならな

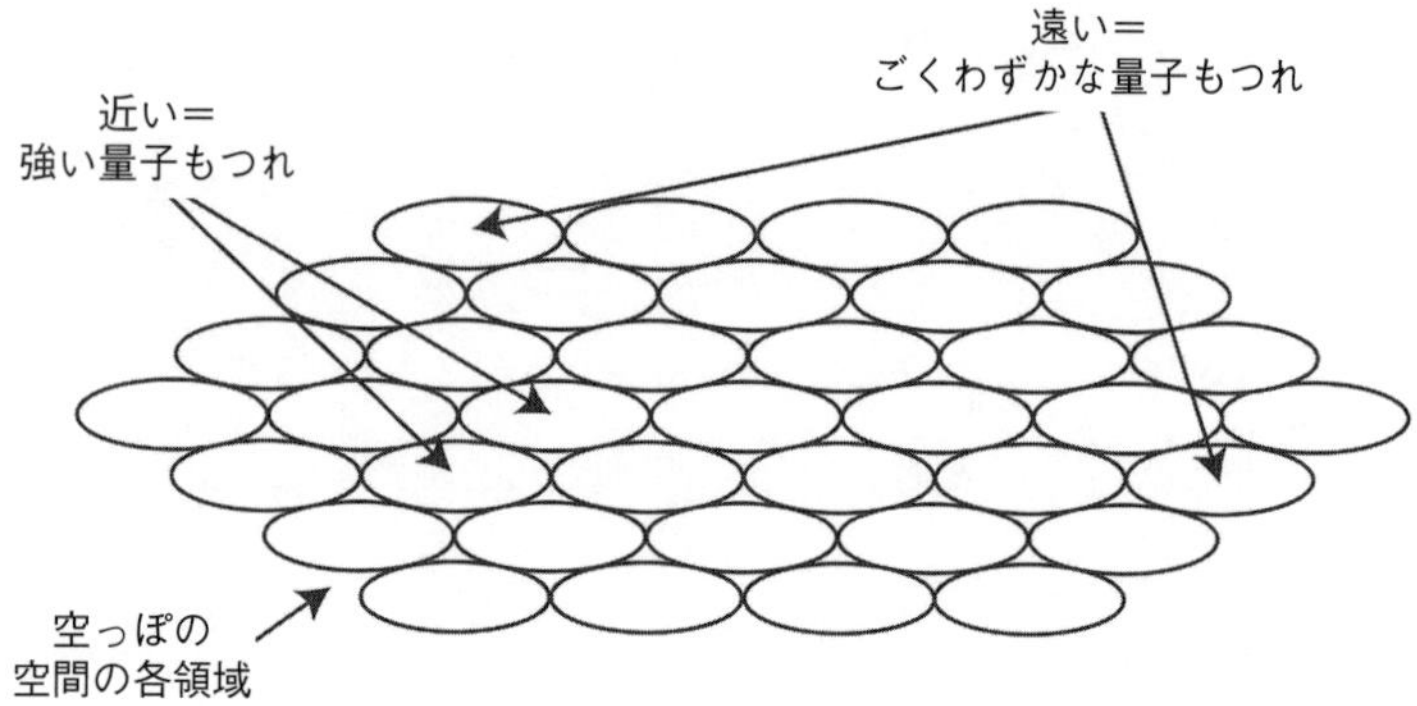

い。

だが、それだけではない。ある箱が隣接する箱と量子もつれの状態になっていて、それらの隣接する箱がまた別の隣接する箱と量子もつれの状態になっているのなら、最初の箱の中の場は、隣接する場だけではなく、箱一個分離れた場とも量子もつれになっていると考えるのが道理である（これは論理的には必然ではないが、この場合なら妥当に思われるし、綿密な計算をすればそのとおりであることが確認される）。箱一個分離れた場との量子もつれは、直接隣り合っている場との量子もつれよりもかなり程度が弱いだろうが、それでも多少はもつれがある。そして実際、このパターンは空間全体に続いていく。どの箱の場も、宇宙のすべての箱の場と量子もつれになっている。ただ、箱と箱との距離が大きくなるにつれて量子もつれの程度が弱まっていくだけだ。

これはこじつけのように見えるかもしれない。突きつめれば無限に大きい宇宙には、無限の数の箱がある。たとえば一立方センチメートルのような小さな領域の場が、宇宙の中の、ほかのあらゆる一立方センチメートルの場と、本当に量子もつれの状態になれるものだろうか。

それが、なれるのである。場の理論では、一立方センチメートルごとに（というより、どの大きさの箱でもいいのだが）、無限の数の自由度が含まれている。第四章で「自由度」の定義を、「位置」や「スピン」など、系の状態を特定するのに必要な変数の数としたのを思い出してほしい。場の理論では、ある有限の領域にはつねに無限の数の自由度がある。空間のどの点でも、その点での場の値は、それぞれの自由度だ。そしてどんなに小さな領域でも、空間には無限の数の点がある。

量子力学的に言うと、ある系にとっての可能な波動関数がすべて含まれた空間は、その系のヒルベルト空間である。したがって場の量子論でのあらゆる領域を記述するヒルベルト空間は、無限次元ということになる。そこには無限の数の自由度があるからだ。このあと見るように、これが現実についての正しい理論でもそのまま当てはまるとは限らない。というのも、ある領域での自由度の数が有限となることが量子重力理論の特徴であると考える理由がいくつかあるのだ。しかし重力を含まない場の理論では、どんなに小さい箱の中でも無限の可能性が許される。

これらの自由度は、空間内のあらゆるところの自由度と、多大な量子もつれを共有する。それがどれほどのものかを実感するには、まず真空状態を想定してから、一立方センチメートルの箱のどれか一つを選び出し、内部の量子場をつついてみる。この「つつく」とは、想像しうるどんな方法でもいいから、その局所的な領域に限った場に影響を及ぼすということだ。これを観測するのでもいいし、これと相互作用するのでもいい。ある量子状態を観測すれば、それは別の状態に変わることがわかっている（つまり、新しい波動関数の別々の枝にある別々の状態に変わるということだが）。さてあなたは、ある任意の箱の内部の状態をつつくことによって、その箱の外側の状態を瞬時に変えるなんてことが可能だと思うだろうか？

あなたが多少でも相対性理論を知っていれば、つい「ノー」と答えたくなるかもしれない。どんな効果だろうが遠くの領域まで伝わるには時間がかかるに決まっているではないかと。だが、そこで思い出されるのがEPR思考実験だ。アリスとボブがどれだけ離れていようとも、アリスがスピンを観測すれば、それがボブのスピンの量子状態に影響を及ぼせる。そこにひそかに関わっているのが量子もつれだ。そしてさきほども言ったように、場の量子論での真空状態は、強い量子もつれの状態にある。空間内のすべての箱が、ほかのすべての箱と量子もつれになっているほどである。そう考えると、しだいに悩ましくなってくるのではないか――ある箱の中の場をつくることで、とても遠くのところまで含め、ほかのすべてのところの状態に劇的な変化を引き起こせるのではないかと。

そのとおりだ。空間の小さな一領域の量子場をつくることで、全宇宙の量子状態を、文字どおりどんな状態にも変えることができる。専門的には、この結果を「リー・シュリーダー定理」と呼んでいるが、これは「タージ・マハル定理」という呼び方もされてきた。この定理にしたがえば、自分の部屋から出てもいないのに、実験をすれば、いきなり月面にタージ・マハルのコピーが出現していることを示唆する結果が得られるからである（ほかのどんな建造物でもいいし、宇宙のどの場所でもいいのだが）。

といっても、そう興奮する必要はない。意図的にタージ・マハルを生じさせることはできないし、どんな特定のものも確実に出現させるのは不可能だ。EPRの例で言えば、アリスは自分のスピンを観測できるが、その観測がどんな結果を出すことになるかを請け合うことはできないのである。リー・シュリーダー定理が意味しているのは、量子場を局所的に観測すれば、いきなり月面に現れるタージ・マハルと関連づけられる観測結果を得られる可能性があるということだ。しかし、私たちがどんなにがんばっても、実際にその結果が得られる確率は、本当に、本当に、本当に小さい。ほぼ毎回、局所的な観測をしても世界の遠くの部分は何も変わらないままだ。量子力学における多くの驚異的な結果と同様に、これも実際的な心配の種になるものではない。

ある界隈で人気のある夕食後の雑談テーマの一つに、「リー・シュリーダー定理に驚くべきか否か」というのがある。地下室にいながらにして宇宙の状態を文字どおりどうにでも変えられる観測ができるのは、たしかに驚くべきことに思われる。しかし反面、ひとたび量子もつれを理解して、理論的には可能なことでも起こる確率は恐ろしく低いから、実際にはどうでもいいことなのだと判断すれば、まったく驚くにはあたらないことになる。正しい見方をすれば、月面にタージ・マハルが存在する潜在的な可能性は、量子状態のごくわずかな部分につねにある。さきほどの実験は、波動関数を適切な方法で分岐させることによって、そのわずかな部分を真空からすくいあげただけだ。

私としては、驚いてもかまわないと思っている。しかし重要なのは、真空の豊かさと複雑さを正しく認識しておくべきだということだ。場の量子論では、空っぽの空間でさえ、なんとも刺激的に過ごせる場所なのである。

第十三章　空っぽの空間で息をする　量子力学の枠内に重力を見つける

場の量子論は、これまで人間がしてきたすべての実験をみごとに説明することができる。現実を記述することにかけて、これほどよくできたアプローチはほかにない。したがって、未来の物理理論も場の量子論、もしくはそのちょっとした変種の広範なパラダイムに収まるものと、きわめて当然のように思いたくなる。

しかし、問題は重力だ。少なくとも重力が強くなっている場合、場の量子論ではうまく重力を記述しきれないように見える。そこで本章では、この問題に違った角度から取り組むことで、何らかの進展が得られるかどうかを探ってみたい。

物理学者はとかくファインマンに倣って、量子力学を本当に理解している人は誰もいないということを互いに思い出させたがる。それでいて、量子重力を理解している人が誰もいないことについては長いこと嘆いてきた。おそらく、この二つの理解の欠如は関連しているのだろう。時空の中で運動している粒子や場ではなく、時空そのものの状態を説明する重力理論は、これを量子的な観点で記述しようとすると格別の難題となる。考えてみれば当然だ。私たちは量子力学そのものを完全には理解していないのである。量子論の基礎について考えること――とくに、世界はひとえに波動関数であり、ほかのすべてはそこから現れるという多世界理論の見方について考えること――により、曲がった時空がいかにして量子的な基盤から現れるのかという問題に新たな光が投げられる可能性は十分にある。

ここで私たちが自らに課す任務は、一種のリバース・エンジニアリング（逆行分析）である。古典的な一般相対性理論を取りあげて、これを量子化する代わりに、量子力学の枠内に重力を見つける試みをしてみよう。つまり、量子力学の基本的な構成要素――波動関数、シュレーディンガー方程式、量子もつれ――を取りあげて、どんな状況下であれば、曲がった時空に量子場が広がっているように見える波動関数の創発的な枝が得られるのかを考えるのである。

本書がここまでの時点で語ってきたことは、基本的にすべて、しっかり理解されている確立された原則（量子力学の本質など）か、もしくは少なくとも信憑性のある、注目に値する仮説（多世界アプローチ）のどちらかだ。そうして今や、理解がなされた安全圏の先端まで達したわけだから、ここからは思いきって未踏の領域に飛び込んでみよう。量子的な時空論と宇宙論を理解するのに重要となるかもしれない、推論的なアイデアを見ていくことにする。ただし、それらが重要でない可能性もある。研究のすえに、ある程度まで確実な答えが明らかになるのはまだ何年も先、ひょっとすると何十年も先だ。これから見るアイデアはあくまでも今後の思索を刺激するための一案と受け取って、議論がこれからどのように進むかを注視してほしい。しかし同時に、理解の最前線で難問に取り組むときにはどうしても、本質的に不確かさがつきまとうことも覚えておいてもらいたい。

○　○　○

かつてアルベルト・アインシュタインは、ある同僚にこうつぶやいた。「量子力学というやつには相対性理論より脳みそを使う」[1]。だが、アインシュタインを知的スーパースターに押し上げたのは、彼の相対性理論に対する貢献だった。

「量子力学というやつ」と同様に、「相対性理論」もある特定の物理理論を指すのではない。これはむしろ一つの枠組みであり、その枠内でさまざまな理論を組み立てることができる。「相対論的」な理論はいずれも空間と時間の本質に関して共通した見方を持っている。その見方では、空間と時間が統合された単一の「時空」で起こる事象によって物理世界が記述されるのだ。相対論の登場以前でも、ニュートン物理学で時空を論じることは可能だった。三次元の空間と一次元の時間があり、宇宙での事象を突きとめるには、その事象が空間のどの場所で起こり、時間のどの時点で起こるかの両方を特定しなければならない。だが、このようにアインシュタイン以前には、空間と時間を単一の四次元時空に統合しようとする理由はとくになかった。相対性理論が現れてから、初めてそれが自然なステップになった。

「相対性理論」の名前で通っている大きなアイデアは二つある。特殊相対性理論と一般相対性理論だ。特殊相対性理論がまとめられたのは一九〇五年で、この理論の基盤にあるのは、光は誰が観測しても同じ速さで空っぽの空間を進むというアイデアだ。この洞察を、絶対的な運動の枠組みはないという主張と組み合わせると、当然ながら時間と空間は「相対的」であるという考えにたどりつく。時空は誰もが認める普遍的なものだが、これをどう「空間」と「時間」に分けるかとなると、それは観測者によって違ってくる。

特殊相対性理論はそれ自体が多くの物理理論を含む枠組みで、それらの理論はすべて「相対論的」と称される。ジェームズ・クラーク・マクスウェルが一八六〇年代にまとめた古典的電磁気学も、相対性理論以前に考案されたものではあるが、やはり相対論的な理論である。なにしろ電磁気学の対称性をもっとよく理解する必要があったことが、そもそも相対性理論を考案させる陰の原動力だったのである（「古典的」という形容詞はときどき誤用されて「非相対論的」という意味を含むことがあるが、この形容詞は「非量子的」を意味するためにとっておいたほうがいい）。量子力学と特殊相対性理論は一〇〇パーセント両立しうる。現代素粒子物理学で使われている場の量子論は、骨の髄まで相対論的な理論である。

相対性理論のもう一方の大きなアイデアは、一〇年後に登場した。アインシュタインはこの一般相対性理論を、重力と曲がった時空についての理論として提唱した。その中心となる洞察は、四次元時空がただの静的な、物理の興味深い部分が起こるための背景ではなく、それ自体が生命を持っているというものだった。時空は曲がったり歪んだりできて、しかもそれを物質やエネルギーの存在に対する反応としてやっている。私たちは普通、エウクレイデス（ユークリッド）によって記述された平坦な幾何学を学んで育つ。この幾何学の世界では、最初に平行に引かれた線はどこまでも平行で、三角形の内角の和はつねに一八〇度である。しかしアインシュタインは、時空が非ユークリッド的な幾何学を持っていると気がついた。そこではユークリッド幾何学の神聖な事実が、もはや当てはまらなくなってしまうのである。たとえば最初は平行だった光線も、空っぽの空間を進んでいるあいだに収束してしまうことがある。この幾何学を歪めてしまう効果こそ、私たちが「重力」として認識しているものだ。一般相対性理論には、宇宙の膨張やブラックホールの存在など、多くの常識外れの帰結がともなったが、それらの意味を本当に物理学者が理解するまでには長い時間がかかった。

特殊相対性理論は枠組みだが、一般相対性理論は一つの特定の理論である。古典的な系の時間発展をつかさどるニュートンの法則や、量子的な波動関数の時間発展をつかさどるシュレーディンガー方程式と同様に、アインシュタインは時空の曲がりをつかさどる方程式を導出した。シュレーディンガー方程式もそうなのだが、このアインシュタイン方程式も、実際に書いてみるのがおもしろい。すべての詳細まで書かなくてもいいので、簡単に表せばこのようになる。

$$R\mu\nu - (1/2)Rg\mu\nu = 8\pi\, GT\mu\nu$$

アインシュタイン方程式の背後にある数学はおそろしく難しいが、基本的なアイデアは単純で、これをジョン・ホイーラーがうまく要約している。いわく、物質が時空にどう曲がればいいかを教え、時空が物質にどう運動すればいいかを教えている。方程式の左辺は時空の曲率を表しており、右辺には運動量や圧力や質量など、エネルギーに類した量が入れられる。

一般相対性理論は古典的理論だ。時空の幾何学は独特で、決定論的に時間発展し、原理的には任意の精度で妨げなく測定することができる。量子力学が登場してからは、一般相対性理論を「量子化」して、重力の量子論を確立しようとするのが完璧に自然なことになった。だが、言うは行うより易しである。相対性理論が特別なのは、これが時空の中にあるものでなく、時空そのものについての理論であるからだ。ほかの量子論は、明確に定義された空間内の一定の場所、時間内の一定の瞬間に対象が観測される確率を割り当てる波動関数を記述する。それに対して重力の量子論は、時空そのものの量子論でなくてはならない。これがいくつかの難題を生む。

当然ながらアインシュタインは、その問題を初めから正しく認識していた一人だった。早くも一九三六年の時点で、量子力学の原理をどうしたら時空の性質に適用できるのか、想像することさえ難しいとこぼしている。

おそらくハイゼンベルクの手法の成功は、純粋に代数的な手法で自然を記述すべきであることを示しているのだろう。それはすなわち、物理学から連続関数を排除するということだ。だがそうなると、原理的に、時空連続体も放棄せねばならないだろう。人間の創意工夫の才が、いつかその道に沿って進めるような手法を発見するということも考えられないではない。しかし現時点では、そのような計画は、空っぽの空間で息をしようとするような試みに見える。(2)

ここでアインシュタインが考えているハイゼンベルクの量子論へのアプローチとは、前にも述べたように、途中で起こっている微視的な過程の詳細をすべて解決しようとしなくても、明白な量子飛躍の観点から記述ができるようにするものである。波動関数に対する見方をもっとシュレーディンガーに近いものに切り替えると、同様の悩みが残ってしまう。おそらく私たちに必要なのは、ありうるさまざまな時空の幾何学に振幅を割り当てる波動関数なのだろう。しかし、そのような異なる時空の幾何学を記述する波動関数の、たとえば二つの枝を想像しても、時空の「同じ」一点に対応する二つの枝での二つの事象を特定できる特有の方法がないのである。言い換えれば、二つの異なる幾何学のどちらにも使える一枚の地図が存在しない。

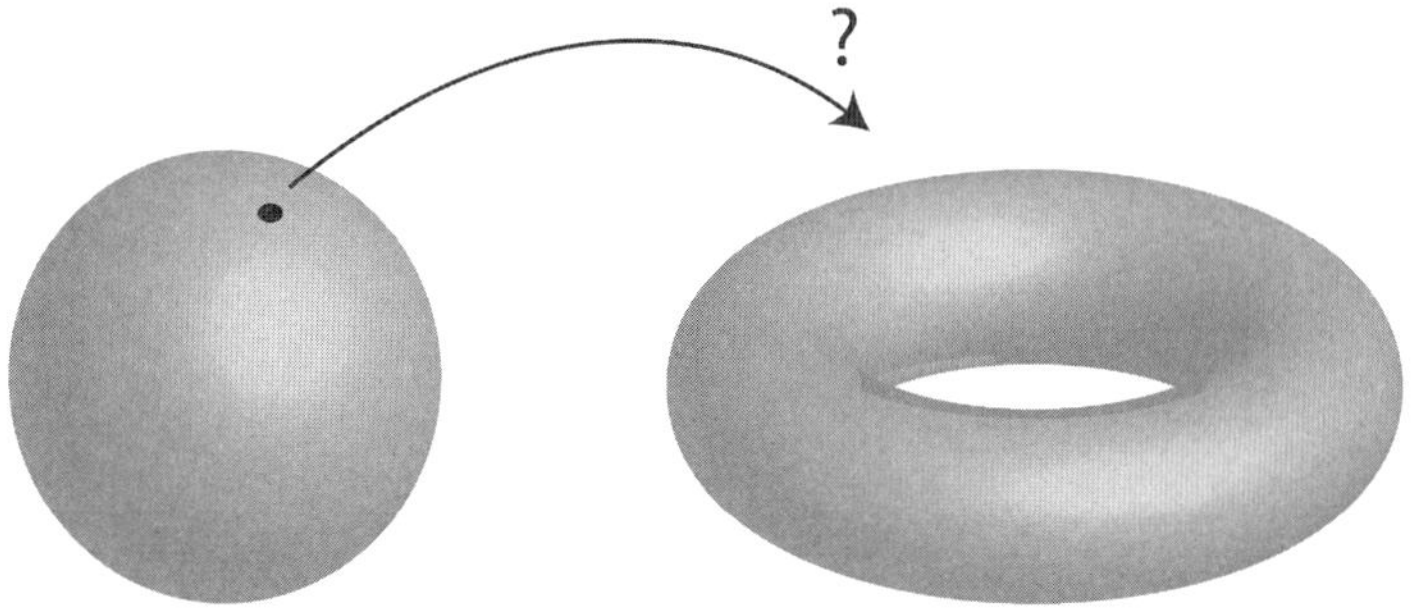

これを二次元の球とトーラスで考えてみよう。あなたの友人が球面上のある一点を選び、それと「同じ」点をトーラス上で選び出すようにあなたに求めたとする。あなたはそこで立ち往生するだろう。それもそのはず、そんなことができる方法はないからである。

どうやら時空は量子重力の文脈に置かれると、ほかの物理で果たしているのと同じような中心的な役割が果たせなくなるらしい。重力の量子論においては単一の時空が存在せず、あるのは多数の異なる時空の幾何学の重ね合わせなのである。ここではもう、空間内のある一点に電子が見つかる確率はどれだけなのかと問うことはできない。論じているのがどの点なのかを特定する客観的な方法がないからだ。

そのため量子重力理論には、これをほかの量子力学理論と明らかに区別する一連の概念的な問題がともなうことになる。それらの問題は、私たちの宇宙の本質を見直させるような重要な疑問を突きつけるかもしれない。たとえば宇宙の始まりに何が起こったか。あるいはそもそも始まりがあったのか。そして果ては、空間と時間はそれ自体が基礎的なものなのか、それとも何かもっと深いものから現れるのか。

○　○　○

量子力学の基礎と同様に、重力の量子場も、ほかのことに集中していた物理学者から何十年ものあいだ無視されてきた。しかし、完全に無視されていたわけではない。ヒュー・エヴェレットが多世界アプローチを提案する気になったのも、一部には、宇宙全体の量子論について考えていたからで、そこでは重力が重要な役割を果たすことになる。そしてエヴェレットの師だったジョン・ホイーラーも、やはりこの問題を長いこと気にかけていた。しかし概念的な問題を別にしても、重力の量子化を本格的に進歩させるにはいろいろと障害が立ちはだかっていた。

主要な障害は、直接的な実験データを得ることの難しさだ。重力はきわめて弱い力で、二個の電子のあいだに働く電気の斥力のほうが重力の引力より約一〇の四三乗倍も強い。粒子が何個か絡む程度の現実的な実験では、目に見える量子効果が現れることは期待できても、重力は完全にほかの影響力に埋もれてしまう。量子重力が重要になってくるはずのプランクエネルギーで粒子をぶつけあわせられるほどの強力な加速器を建設できればいいのだが、残念ながら、現在の機器に使われているテクノロジーの規模をただ拡大しても、できあがった加速器は直径数光年を要することになるだろう。そんな建設計画はさしあたり実現できそうにない。

さらに、この理論そのものにも、前述の概念的な問題に加えて、原理的な問題がある。一般相対性理論は古典的な場の理論だ。この種の場は「計量場」と呼ばれる（アインシュタイン方程式の真ん中にある記号 $g_{\mu\nu}$ は計量を表し、ほかの量はこれに依存する）。「計量（metric）」という言葉はおおもとをたどると、「測量に使われるもの」を意味するギリシャ語の metron に由来し、計量場によってまさにその測量が可能になる。時空を走る一本の道があるとすると、計量はその道に沿った距離を教えてくれる。計量は本質的にピタゴラスの定理を改訂したもので、ピタゴラスの定理は平坦なユークリッド幾何学では正しくなるが、曲がった時空においては一般化をしなければならないのである。すべての曲線の長さがわかりさえすれば、時空の幾何学をすべての点で固定できる。

時空は特殊相対性理論においても計量を持っており、その意味では、ニュートン物理学においても持っている。だが、その計量は、固定していて、不変で、平坦なものだ。つまり、すべての点で時空の曲がりがゼロなのである。一般相対性理論のものすごい洞察は、この計量場を動的な、物質とエネルギーに影響されるものにしたことだった。ほかのあらゆる場に対してと同様に、計量場に対しても量子化を試みることができる。量子化された重力場に起こる小さなさざ波は、ちょうど粒子のように見え、それがグラビトン（重力子）と呼ばれる。電磁場に起こるさざ波が光子のように見えるのと同じことだ。グラビトンはいまだ検出されたことがなく、今後もずっと検出されない可能性がある。それというのも重力がとんでもなく弱い力だからだ。しかし、一般相対性理論と量子力学の基本的な原理を受け入れれば、グラビトンの存在は不可避である。

では、そのグラビトンが互いを散乱させたり、ほかの粒子を散乱させたときには何が起こるだろう。残念ながら、量子重力理論が予言することは意味をなさないとわかるだけで、そもそも量子重力理論は何かを予言するのかさえ怪しい。とにかく意味のある何らかの量を計算するためには無限の数の入力パラメーターが必要になってしまうので、結局のところ、この理論に予言力はない。しかたがないので、「有効」な重力場の理論だけに関心を向けることはできる。つまり、長い波長と低いエネルギーに注意を限定するということだ。太陽系の重力場なら、それによって量子重力理論でも計算できる。しかし万物の理論を求めているのなら、あるいは少なくとも、あらゆる可能なエネルギーで成立する重力理論を求めているのなら、万事休すだ。何か劇的なものを持ってこなくてはならない。

量子重力へのアプローチとして現代随一の有望株は、弦理論（ひも理論）だ。これは粒子を、一次元の「弦」の微小な輪や断片に置き換えたものである（この弦が何でできているのかは聞かないでほしい——弦は弦以外のすべてでできているものなのだ）。弦はそれ自体がとてつもなく小さいので、私たちがこれを遠くから観測すると粒子のように見える。

もともと弦理論は、強い核力についての理解を進めるために提案されたものだったが、それはうまくいかなかった。問題の一つは、弦理論が必然的に、見かけもふるまいもグラビトンにそっくりな粒子の存在を予言してしまうことにあった。最初はそれが悩みの種にされていたのだが、まもなく物理学者はひそかにこう考えるようになった。「ふむ、重力は実際に存在するのか。ならば弦理論はひょっとして、重力の量子論なのでは？」。そして実際、そのとおりだった。しかも、おまけがあった。弦理論は無限の数の入力パラメーターを必要とせずに、あらゆる物理量に関して有限の予言をするのである。一九八四年、マイケル・グリーンとジョン・シュワルツがこの理論の数学的な無矛盾性を証明すると、弦理論の人気はいっきに高まった。

現在、量子重力を探るためのアプローチとして、弦理論はほかを大きく引き離して最もよく研究されているが、ほかの仮説にも依然としてそれなりの支持者がいる。二番目に人気の高いアプローチはループ量子重力理論で、これはもともと一般相対性理論を直接的に量子化する方法として考案された。そのために巧妙に選び出された変数を使っていることが特徴で、時空の曲率を各点ごとに見るのではなく、ベクトルが空間内の閉じた輪を進むときにどう回転するかを考えるのである（空間が平坦であればベクトルは回転などしないが、空間が曲がっていれば、ベクトルは大きく回転できる）。弦理論はすべての力と物質を同時に説明する理論を目指しているが、ループ量子重力理論は重力そのものだけを目的とする。残念ながら、量子重力に関連する実験データを集めることの難しさという障害は、どの候補にとっても等しく手強い。今のところ、どのアプローチが（仮にあったとして）正しい道を進んでいるのかを判定することさえかなわない状態だ。

弦理論は量子重力の原理的な問題に対処することにはある程度まで成功しているが、概念的な問題に対してはさほど役目を果たしていない。実際、量子重力理論のコミュニティ内で別のアプローチを考えるときの指針の一つは、その概念的な面についてどう考えられるかということなのである。概して弦理論の研究者は、原理的な問題をどうにかすれば、概念的な問題はそのうちおのずと解決されると信じているそうだ。もしそうはならないと思えば、ループ量子重力理論など、ほかの有望なアプローチに心が傾くこともあるかもしれない。しかしデータの示す方向があちらともこちらともつかない場合、意見はたいてい凝り固まってしまうものだ。

弦理論にせよ、ループ量子重力理論にせよ、その他さまざまな仮説にせよ、それらには共通のパターンがある。いずれも一連の古典的な変数を出発点として、それから量子化を行っている。本書が一貫してとってきた視点からすると、それは一種の逆行だ。自然は最初から量子的なのであり、適切な種類のシュレーディンガー方程式にしたがって時間発展する波動関数によって記述される。「空間」や「場」や「粒子」といったものは、適切な古典的限度の範囲内で波動関数を論じるには有益だ。しかし私たちは空間や場から出発して、それらを量子化したいのではない。本来が量子的である波動関数から、それらを抽出したいのである。

○○○

では、どうしたら波動関数の枠内に「空間」が見つかるのだろう。私たちが知るような空間にそっくりに見える波動関数の特徴とは何なのか。そして何より、距離を定める計量に対応するようなものが見つかるのだろうか。そこでまずは、通常の場の量子論において距離がどのように現れるかを考えてみよう。話を単純にするために、最初は空間内の距離についてだけ考え、それからそこに時間がどう加わるかを考えていこう。

場の量子論において明らかに距離が出現する空間は一つある。それは前章で見た、空っぽの空間だ。そこではさまざまな領域の場が互いに量子もつれの状態にあり、領域と領域との距離が開いているほど、場の量子もつれの程度は弱い。「空間」と違って、「量子もつれ」の概念なら、どんな抽象的な量子波動関数においてもつねに得られる。ここではその強みを生かして、状態の量子もつれの構造を確認し、それを利用して距離を定められる。必要なのは、ある下位の量子系が実際にどれだけ量子もつれの状態にあるかを測れる定量的尺度だけだ。幸い、そのような尺度は存在する。エントロピーである。

かつてジョン・フォン・ノイマンは、古典的な定義とほぼ同様のエントロピーの概念を量子力学に導入する方法を明らかにした。まずはルートヴィヒ・ボルツマンによって説明されたように、液体中の原子や分子など、さまざまな並びで混じり合える一連の成分について考えてみる。そうすると、これらの成分が系の巨視的な外観を変えることなく配置されうる並びが何通りあるかを数える方法として、エントロピーが出てくる。エントロピーは無知に関連している。エントロピーが高い状態とは、系の観測可能な特徴についての知識からだけでは、その系の微視的な詳細がよくわからないような状態のことだ。

一方、フォン・ノイマンのエントロピーは、純粋に量子力学的であることを本質として、量子もつれから出現する。ある量子系が二つの部分に分けられているところを想像してみよう。二個の電子でもいいし、二つの異なる空間領域にある量子場でもいい。この系全体は、普通どおりに波動関数によって記述される。私たちには測定結果を確率的に予言することしかできないとしても、本来そこには明確な量子状態がある。しかし、その二つの部分が量子もつれの状態にあるかぎり、全体に対する一つの波動関数はあっても、それぞれの部分に対応する別々の波動関数はない。言い換えれば、その二つの部分はそれ自体の明確な量子状態にないということだ。

これに関してフォン・ノイマンは、量子もつれの状態にある下位の系が独自の明確な波動関数を持たないというのは多くの場合、波動関数がないということに類似するが、これは私たちが知らないだけであるということを明らかにした。言い換えれば下位の量子系は、巨視的には同じに見える状態が多数ありうる古典的な状況にとてもよく似ているのだ。この不確かさを定量化したものが、現在で言うところの「量子もつれ（エンタングルメント）エントロピー」だ。下位の量子系はエントロピーが高いほど、外の世界と強く量子もつれになっている。

二個の量子ビットで考えてみよう。一個はアリスのもとにあり、一個はボブのもとにある。これらが量子もつれになっていないとすれば、それぞれの量子ビットには独自の波動関数があり、たとえば上向きスピンと下向きスピンの等しい重ね合わせになっていたりする。この場合、それぞれの量子ビットの量子もつれエントロピーはゼロである。私たちには観測結果を確率的に予言することしかできないとしても、それぞれの下位系は依然として明確な一定の量子状態にある。

だが、この二個の量子ビットが量子もつれの状態になっていて、「どちらの量子ビットも上向きスピン」と「どちらの量子ビットも下向きスピン」の等しい重ね合わせの状態にあるとしたらどうだろう。アリスの量子ビットはボブの量子ビットと量子もつれになっているわけだから、アリスの量子ビットに独自の波動関数はない。実際、ボブが自分のスピンを観測すれば、波動関数の分岐が起こって、今や二人のアリスのコピーがそれぞれ一定の状態のスピンを持っていることになる。しかし、アリスのコピーはどちらもそれがどういう状態であるかをわからない。二人とも無知の状態にいて、自分の量子ビットが五分五分の可能性で上向きスピンか下向きスピンになっていると言うことしかできない。ただし、この微妙な違いに注意したい。アリスの量子ビットは、観測結果がどうなるかわからないという量子重ね合わせの状態にあるのではない。量子ビットはそれぞれの枝で一定の観測結果が出る状態にあるのだが、アリスはそれがどちらの状態なのかを知らないのである。したがって、このときのアリスの量子ビットのエントロピーはゼロではない値として記述される。フォン・ノイマンの考えは、ボブが自分のスピンを観測する以前から、すでにアリスの量子ビットは非ゼロのエントロピーを持っていると見なすべきだというものだった。なぜなら結局のところ、アリスはボブが観測をしたかどうかさえも知らないからだ。これが量子もつれエントロピーである。

では、この量子もつれエントロピーがどのように場の量子論に出てくるかを見ていこう。重力についてはいったん忘れて、真空状態にある空っぽの空間の一領域に注目しよう。この領域は境界によって内と外とが明確に隔てられている。空っぽの空間というのは興味深い場所で、量子的な自由度で満ちており、それを私たちは振動する量子場のモードとして考えることができる。この領域の内側のモードが外側のモードと量子もつれの状態にあるとすると、空間全体の状態がまったくの真空だとしても、この領域には独自のエントロピーがあることになる。

そのエントロピーは計算することもできる。答えは、無限大だ。これは場の量子論に共通の厄介な問題で、物理的に関連していそうな多くの問いに、たいてい無限大という答えが出てしまうのは、場がとりうる振動のしかたに無限の数があるからだ。しかし、ちょうど前章で真空エネルギーに関してやったように、こういうときにはカットオフをかけて、ある一定の波長より長いモードだけを許容した場合はどうなるかを考えてみればいい。そうするとエントロピーは有限になり、その領域の境界の面積に自然に比例することがわかる。なぜそうなるかを理解するのは難しくない。空間のある部分での場の振動は、あらゆる領域と量子もつれの状態にあるが、その量子もつれの大部分は近くの領域に集中している。空っぽの空間のある領域の総エントロピーは、境界の外の量子もつれの合計に依存するが、その値は境界がどれだけ大きいか、つまり境界の面積に比例するからである。

これが場の量子論の興味深い特徴だ。空っぽの空間内の一領域を取り出すと、その領域のエントロピ

○
○
○

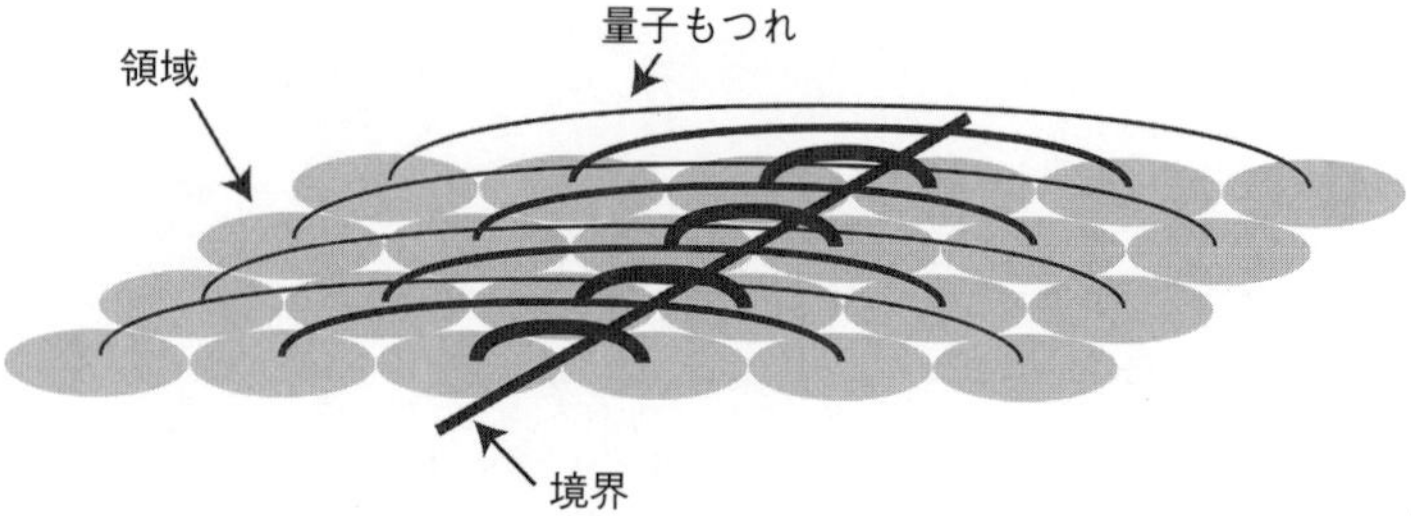

ーは境界の面積に比例する。これによって一領域の面積という幾何学的な量が、領域内のエントロピーという「物質」的な量に結びつく。そこでなんとなく思い出すのがアインシュタイン方程式だ。この方程式も、やはり幾何学(時空の曲がり)を物質量(エネルギー)に結びつけている。この二つには何か関係があるのだろうか。

あるかもしれない——というのが、メリーランド大学の天才的な物理学者テッド・ジェイコブソンによる一九九五年の刺激的な論文で指摘されたことである[3]。重力を含まない通常の場の量子論では、エントロピーは真空状態での面積に比例するが、高エネルギー状態では必ずしもそうはならない。ジェイコブソンは、重力に何らかの特別な意味があると仮定した。重力を含めると、ある領域のエントロピーはつねにその境界の面積に比例するのだ。これは場の量子論ではまったく予想されないことだが、ひとたび重力が関わると、これが実現されるのかもしれない。本当にそうだという可能性もあるので、だとしたらどうなるのかを見てみよう。

その場合、とてもすばらしいことになる。まずジェイコブソンは、面の面積が、その面が包む領域のエントロピーに比例すると仮定した。面積は幾何学量で、ある面の面積は、その面が含まれる空間の幾何学について何も知らなくても計算できる。そしてジェイコブソンによれば、非常に小さな面の面積は、アインシュタイン方程式の左辺に出てくるのと同じ幾何学量に結びつけられる。一方、エントロピーは、広い意味での「物質」に関すること、言うなれば、時空の中にあるものに関することを教えてくれる。もともとエントロピーの概念は熱力学で出てきたもので、そこではエントロピーが系を出ていく熱に結びつけられていた。そして熱はエネルギーの一形態である。ジェイコブソンは、このエントロピーがアインシュタイン方程式の右辺に出てくるエネルギーの項に結びつけられるとも主張した。これらの操作を通じて、ジェイコブソンは一般相対性理論のアインシュタイン方程式を、アインシュタイン自身がやったように直接仮定するのではなく、導出することができたのである。

同じことをもっと端的に言うと、まず、平坦な時空にある小さな領域を想定する。この領域には多少のエントロピーがある。なぜならこの領域の内部のモードは、外部のモードと量子もつれの状態にあるからだ。次に、量子状態を少しだけ変化させ、この領域の量子もつれの程度が弱まって、それにともない領域のエントロピーが減少するように操作する。ジェイコブソンの図式では、この領域を定めている面積もそれに反応して変化し、少しだけ縮小する。ジェイコブソンは、この量子状態の変化に対する時空の幾何学の反応が、曲率をエネルギーに結びつけた一般相対性理論のアインシュタイン方程式に等しいと証明しているのである。

これをきっかけとして、現在「エントロピック重力」や「熱力学的重力」と呼ばれている理論への関心がにわかに高まった。そしてジェイコブソン以後、重要な貢献を果たしたのがタヌー・パドマナブハン（二〇〇九年）とエリック・ヴァーリンデ（二〇一〇年）だ。[4・5] 一般相対性理論での時空のふるまいは、系がおのずとエントロピーの高い配置に向かっていく自然な傾向と考えることができる。

これはかなり抜本的な視点の変化だ。アインシュタインはエネルギーの観点から、宇宙に存在するものの特定の配置に関連した一定の明確な量を考えた。一方、ジェイコブソンらは、系を構成する多数の小さな要素の相互作用から生じる集合的な現象である、エントロピーを考えることによって同じ結論に達せると主張した。このシンプルな焦点の移動は、重力の基礎的な量子論を見つけようとする探求に決定的な前進をもたらすかもしれない。

○　○　○

ジェイコブソン自身は、重力の量子論を提唱したわけではない。エネルギーの源として作用する量子場を用いて、古典的な一般相対性理論のアインシュタイン方程式を導出する新しい方法を示したのである。そこで「面積」や「空間の領域」といった用語が出てきたということは、前述の議論が時空を有形の古典的なものとして扱っていたことのしるしだろう。だが、ジェイコブソンの導出に量子もつれエントロピーが中心的な役割を果たしていることを思うと、その基本的なアイデアを、もっと最初から本質的に量子的なアプローチに適用できないものかと自然と考えたくなる――つまり、それを使って空間そのものが波動関数から出てくることを説明できないものだろうか。

多世界理論における波動関数は、ヒルベルト空間という超高次元の数学的構成概念の中に存在する、抽象的なベクトルにすぎない。通常なら、まず初めに古典的なものを取りあげ、それを量子化することによって波動関数が定められる。こうすることで、波動関数が表すとされるもの、つまり波動関数を構成している基本的な部分を直接扱うことが容易になる。だが、ここではそのような余裕はない。私たちの手元にあるのは状態そのものと、シュレーディンガー方程式、それだけである。私たちは「自由度」のことを抽象的に語っているが、それはすぐにそれとわかるような何らかの古典的なものの量子版ではない。時空やら何やらのすべてがそこから出てくる、量子力学の神髄のようなものなのだ。かつてジョン・ホイーラーは「すべてはビットから（It from Bit）」というアイデアをよく語っていたが、これは物理世界が（どういうわけか）情報から生まれ出てくるということだ。自由度の量子もつれが主たる着目点になっている昨今なら、「すべては量子ビットから」と言ったほうがいいかもしれない。

あらためてシュレーディンガー方程式を見てみると、これは、波動関数が時間とともに変化する速さはハミルトニアンに支配されているということを言っている。前にも述べたように、ハミルトニアンは、系にどれだけのエネルギーが含まれているかを記述するもので、系全体の動力学を端的にとらえたものだと言ってもいい。現実世界でのハミルトニアンの標準的な特徴は、動力学的な局所性だ。下位の系がほかの下位の系と相互作用するのは隣り合っているときだけで、互いが遠く離れているときは相互作用をしないのである。影響が空間を伝わって届くことは可能だが、その速さは光速以下と決まっている。したがって、ある特定の瞬間の事象が即座に影響を及ぼせる対象は、その事象の現在地で起こっていることだけということになる。[6]

ここで私たちが考えようとしている問題――空間がいかにして抽象的な量子波動関数から現れるか――に関しては、個々の部分から出発して、それらがどう相互作用するかを見ていくという便利な方法は使えない。この状況において「時間」が何を意味するかはわかっている――シュレーディンガー方程式の t の文字に鎮座している――が、私たちの手元には粒子もなければ場もなく、三次元世界での位置さえもない。まさに私たちは空っぽの空間で息をさせられているようなものであり、なんとか酸素の見つかりそうなところを探さなくてはならない。

幸い、そんなときにこそリバース・エンジニアリングがものをいう。系の個々の部分から出発して、それらがどう相互作用するかを考えるのではなく、その逆を行けばいい。系全体（抽象的な量子波動関数）とそのハミルトニアンを前提として、それを下位の系に分解する合理的な方法があるかどうかを考えるのだ。これは言うなれば、生まれてからずっとスライスされたパンを買ってきたのに、ここにきてパン一斤をそのまま手渡されたようなものだ。これをどうスライスするか、切り方はいろいろと考えられる。さて、明らかに最善な一手はあるのだろうか？

もちろん、ある――局所性こそが現実世界の重要な特徴だと確信しているならば。あとはとにかく着実に――少しずつ《ビット・バイ・ビット》でも量子ビットずつでも――この問題に取り組んでいけばいい。

一般的な量子状態は、明確な一定のエネルギーを持った基礎状態の一群が重ね合わせになっている状態と見ることができる（回転している電子の一般的な状態を、明確な上向きスピンの電子と明確な下向きスピンの電子の重ね合わせとして考えられるのと同じことだ）。存在しうる一定のエネルギー状態それぞれに、実際にどれだけのエネルギーがあるかはハミルトニアンが教えてくれる。そのありうるエネルギーの一覧があれば、波動関数を分割してできた下位の系が「局所的」に相互作用するようになる特定の分割のしかたがあるのかどうかを考えられる。実際、エネルギーのランダムな一覧があっただけでは、下位の系が局所的になるように波動関数を分割する方法はないのだが、ふさわしいハミルトニアンさえ手にしていれば、そうした方法がちょうど一つ出てくる。物理が局所的に見えるよう要求することで、ここでの波動関数を一連の自由度の集まりに分解する方法がわかるのだ。

言い換えれば、現実の基礎的な構成要素の一群をまず揃え、それをくっつけて世界を作ろうとする必要はないということだ。まず世界があって、それから世界を基礎的な構成要素の集まりとして考えるにはどうしたらいいかと探るのでもまったくかまわない。ふさわしいハミルトニアンなら必ずどこかにあるし、実際、世界についてのこれまでのデータと経験のすべてから、私たちがふさわしいハミルトニアンを手にしていることも明らかだ。物理法則がまったく局所的でない世界がありうると想像することは簡単だ。しかし、そのような世界での生命がどのような姿をしているかは想像しがたく、そもそも生命が存在しうるかどうかも怪しい。物理的相互作用の局所性は、宇宙に秩序をもたらす一助となっている。

○　○　○

ではいよいよ、波動関数からいかにして空間そのものが現れるのかを考えていこう。近隣と局所的に作用する自由度に系を分割するただ一つの方法がある、と言うとき、それが本当に意味するところは、それぞれの自由度が相互作用するほかの自由度はごく少数しかない、ということだ。「局所」や「最も近い」といった概念は、最初から課されているものではなく、それらの相互作用がきわめて特殊であるという事実から出てきたものにすぎない。これについては、「自由度は互いが近くにあるときだけ相互作用する」と考えるのではなく、「私たちは、二つの自由度が直接の相互作用をするときに、それらを『近い』と定義し、直接の相互作用をしないときに『遠い』と定義する」と考えるのがふさわしいのだ。多種多様な抽象的自由度が編み込まれたネットワークの中で、それぞれの自由度がごく少数の別の自由度と結びついている。このネットワークが、空間そのものを構成する骨組みをなしているのだ。

これが出発点だが、私たちが目指しているのはその先だ。誰かがあなたに、この二都市はどれだけ離れているかと聞いたとしよう。このときに、その人が知りたいのは「近い」か「遠い」かというよりも、もう少し具体的なことだろう。その人が求めているのは実際の距離であり、通常なら、時空においては計量がその計算を可能にしてくれる。しかし、自由度に分割される抽象的な波動関数においては、まだ私たちが完全な幾何学を構築していない。ただ近いか遠いかの概念があるだけだ。

だから先へ進もう。ジェイコブソンがアインシュタイン方程式を導出するのに用いた、場の量子論での真空状態から直観的に得られる洞察を思い出してほしい。空間の一領域の量子もつれエントロピーは、その境界の面積に比例する、というものだ。現在の状況では、抽象的な自由度の観点から量子状態が記述されていて、その「面積」が何を意味するとされるのかわからない。しかし、自由度と自由度のあいだの量子もつれなら現にあり、どんな自由度の集まりに対しても、そのエントロピーを計算できる。

そこでふたたびリバース・エンジニアリングの哲学にのっとれば、自由度の集まりの「面積」が、その量子もつれエントロピーに比例するものと定義できる。実際、このネットワークの中に存在しうるすべての面に面積を割り当てれば、ありうるすべての自由度の部分集合で、その定義が可能になる。幸い、数学者はずっと前に、ある領域のあらゆる可能な面の面積がわかっていれば、それだけでその領域の幾何学を完全に決定できることを突きとめている。それはつまり、すべての場所で計量がわかっていることに完全に等しい。言い換えれば、(1)自由度の量子もつれの程度がわかっていて、(2)あらゆる自由度の集まりのエントロピーから、その集まりを取り囲む境界の面積が定まると仮定すれば、それだけ

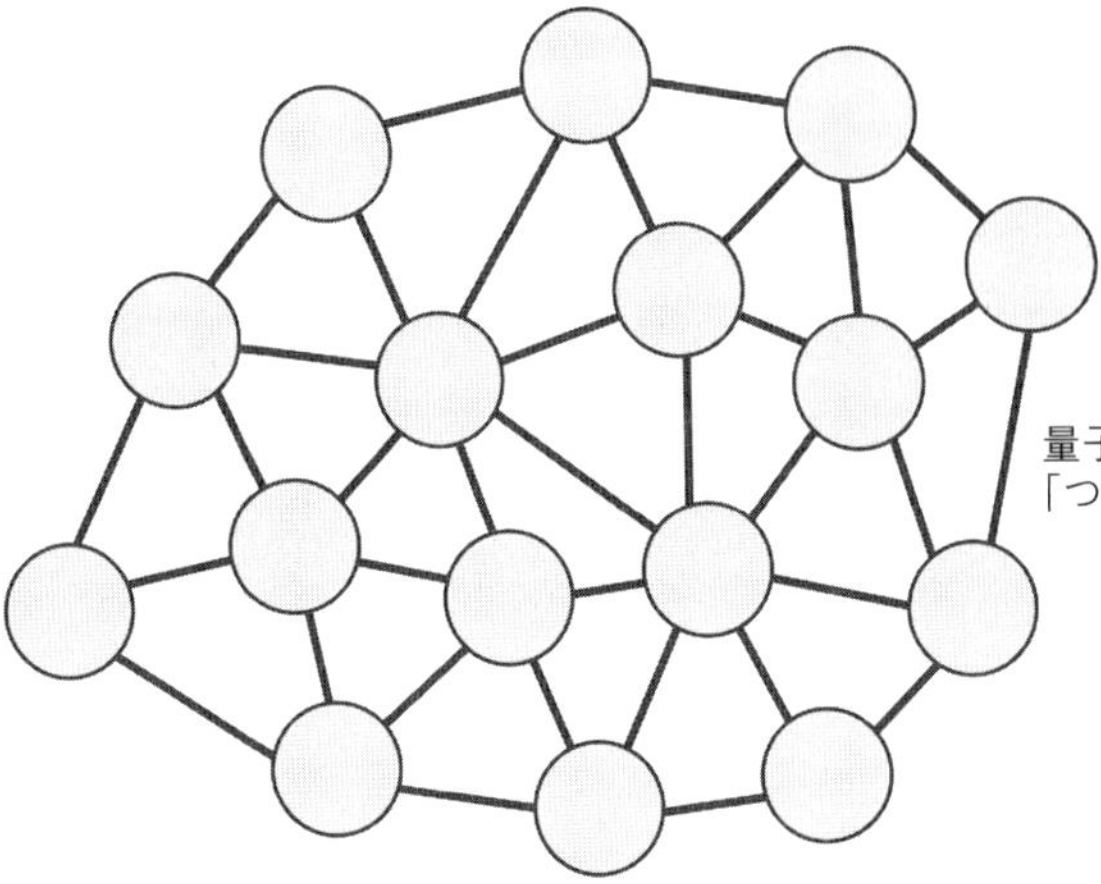

量子もつれによって
「つながる」自由度

で、私たちの求める創発的な空間の幾何学が完全に定まるのである。

　この構成は、同義ではあるが、少しだけくだけた言い方でも表現できる。ここでの時空の自由度のどれか二つを選び出してみよう。総じてそれらは互いに量子もつれの状態にある。もしそれらが真空状態で振動している量子場のモードだったら、その量子もつれの程度は正確にわかる。互いが近くにあれば強く、遠くにあれば弱い。では、次にこれを逆さまに考えてみる。もし自由度と自由度との量子もつれの程度が強ければ、それらは近くにあると定義され、この距離が遠ければ遠いほど、量子もつれの程度は弱くなっている。こうして空間における計量が、量子状態の量子もつれの構造から出てきたわけだ。

　このような考え方は、物理学者でもあまりしない。空間を運動する粒子について考えることには慣れているが、空間そのものについては、すでに当然のようにあるものと受け止めているからだ。EPR思考実験からわかるように、二個の粒子はどれだけ遠くに離れていても、完全に量子もつれの状態

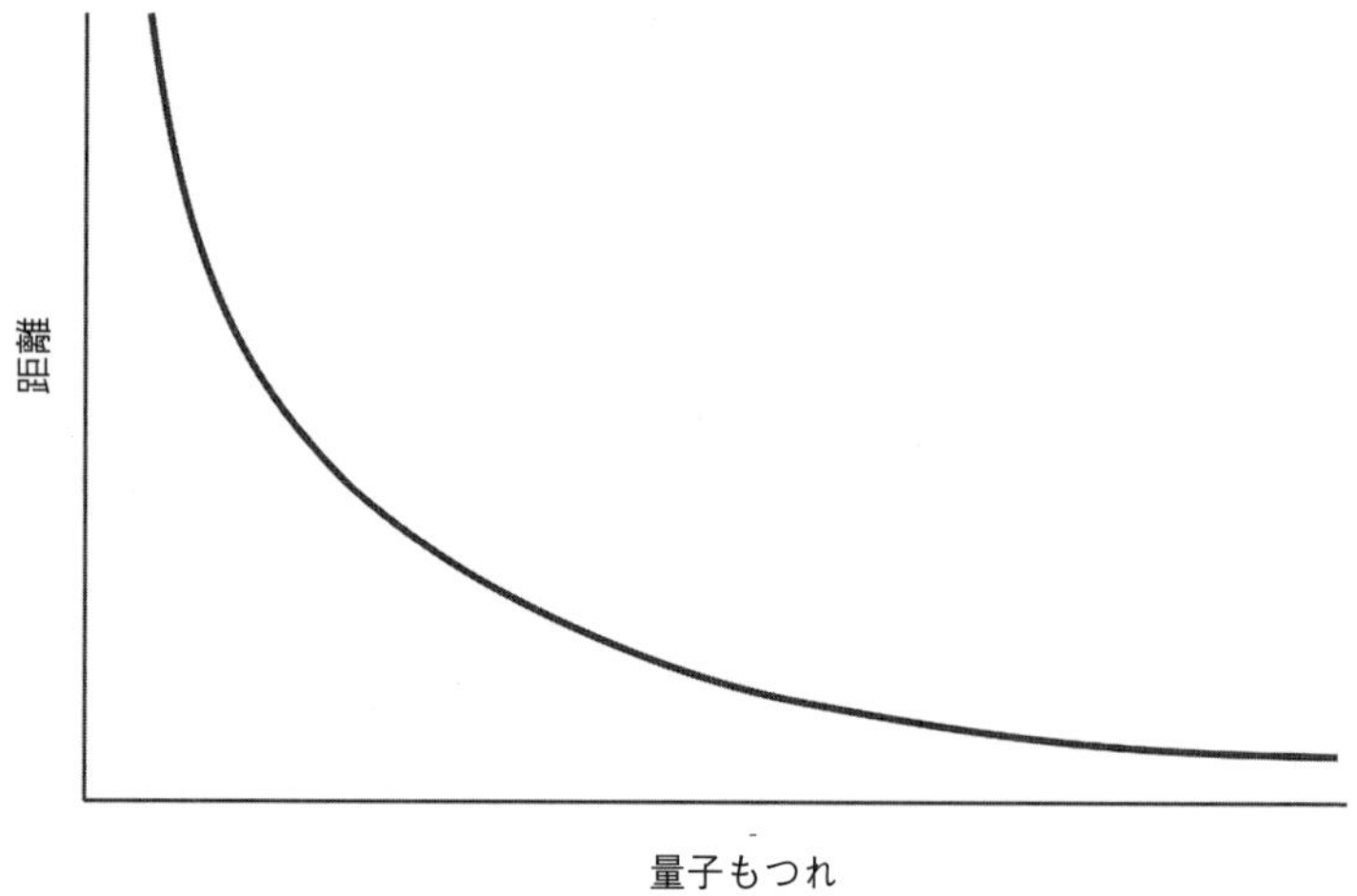

になれる。量子もつれと距離が相関している必要はない。しかしここでは粒子について論じているのではなく、空間そのものの基礎的な構成要素である自由度について論じている。自由度は旧来のような意味で量子もつれになるのではなく、非常に特異な構造につなぎあわさるのである。*

ここでジェイコブソンが使ったエントロピーと距離のトリックを借りてこよう。自由度のネットワークに存在しうるすべての面の面積を知っていれば、幾何学がわかり、各領域のエントロピーを知っていれば、その領域のエネルギーに関することがわかる。このアプローチには私自身も関わったことがあり、共同研究者のチュンジュン（チャールズ）・カオとスピリドン・ミカラキスとともに、二〇一六年と二〇一八年の論文でこれを扱った。[8,9] これと密接に関連したアイデアも、トム・バンクス、ウィリー・フィッシュラー、スティーヴ・ギディングズといった物理学者たちによって研究されてきた。[10,11] 彼らもまた、時空が基礎的なものでなく、波動関数から現れるというアイデアを追究しているのだ。

今のところ、「これで創発的な空間の幾何学が正しく時間発展して、一般相対性理論のアインシュタイン方程式にきっちりしたがう時空を記述できるようになるぞ」と単純に言えるような段階にはない。それは究極のゴールだが、まだそこには達せていないのが現状だ。とりあえず今の私たちにできるのは、まさしくそれが実現されるための必要条件を一つひとつ、すべて特定することだ。個々の必要条件は妥当に見えても——たとえば「長距離では、有効な場の理論と同様の物理になっているように見える」とか——いまだ証明されていない必要条件は数多くあり、これまでのところ最も厳密な結果は、重力場が比較的弱い状況でしか得られていない。現状ではブラックホールやビッグバンを記述する方法もなく、いくつか有望なアイデアがあるだけだ。

理論物理学者とはそんなもので、私たちもすべての答えを持っているわけではない。だが、大志だけは失わないようにしたい。抽象的な量子波動関数を出発点として、ロードマップにしたがいながら、空間がどのようにして現れるかを記述する方法を探っていくだけだ。すでに量子もつれによって幾何学が定まることはわかっている。そしてその幾何学は、一般相対性理論の動力学の規則にしたがっているようにも見える。この提案にはあまりにも多くの注意事項と仮定が入ってくるから、それをどれから挙げ

＊二〇一三年、フアン・マルダセナとレオナルド・サスキンドから、量子もつれの状態にある粒子は、時空の微視的な（そして貫通不可能な）ワームホールによってつながれていると考えるべきだという提案が出された[7]。この説は「ER＝EPR予想」と呼ばれているが、この名は一九三五年の二つの有名な論文にちなんでいる。一方はアインシュタインとネイサン・ローゼンによるもので、ワームホールの概念はこの論文で導入された。もう一方は、もちろん例のアインシュタインとローゼンとボリス・ポドルスキーによる、量子もつれを扱った論文である。このような提案をどこまで受け入れられるかは、まだ今のところ明らかでない。

ていけばいいのかもよくわからない。だが、宇宙の理解にいたるまでのルートは量子化された重力にあるのではなく、量子力学の中に重力を見つけることにある――この見込みはとても真に迫っているように思われる。

○　○　○

ところでお気づきかもしれないが、これまでの議論は少々バランスを欠いている。量子重力理論においての時空がいかにして量子もつれから出現できるのかを考えてきたはずだが、正直に言えば、ここまでは空間がいかにして出現するかしか見てきていないのだ。時間については、当然いっしょについてくるものとして扱ってきたわけである。実際、このアプローチは完全にフェアだった可能性もある。相対性理論は空間と時間を対等なもののように扱うが、量子力学は一般的にそうでない。とりわけシュレーディンガー方程式は、空間と時間をまったく別に扱っている。この方程式は文字どおり、量子状態がどのように時間とともに発展するかを記述する。「空間」がこの方程式の一部となるかならないかは、どういう系を対象としているかによって異なるが、時間はつねに基礎的なものだ。相対性理論でおなじみの空間と時間の対称性が、量子重力理論には内蔵されておらず、古典的な近似で現れるというのは十分にありうることだ。

とはいうものの、時間も空間と同じように基礎的というよりは創発的なものなのではないか、そこにも量子もつれが関わっているのではないか、と思いたくなってしまうのはどうしようもない。どちらの件に関しても答えはイエスだが、詳細についてはいまだ不明な部分がある。

シュレーディンガー方程式を額面通りに受け取れば、時間は基礎的なものとして最初からあるように見える。そうであれば、どの量子状態に関してもほぼ例外なく、宇宙は過去に向かっても未来に向かっても果てしなく続いていることになる。そうなると、ビッグバンがこの宇宙の始まりであるという、しばしば聞かれる既成事実と矛盾するのではないかと思われるかもしれない。だが、そのしばしば聞かれる既成事実が真であるかは、本当のところわかっていないのだ。それは古典的な一般相対性理論の予言であって、量子重力理論の予言ではない。もし量子重力がシュレーディンガー方程式の何らかの変種にしたがって働いているのなら、ほぼすべての量子状態に関して、時間は過去に向かっては負の無限大、未来に向かっては正の無限大で伸びているのかもしれない。ビッグバンは単なる過渡期で、それ以前に古い宇宙が無限に続いてきていたのかもしれない。

ここで「ほぼすべて」の状態と言わなければならなかったのは、一つだけ抜け穴があるからだ。シュレーディンガー方程式によれば、波動関数が変化する速さは、その量子系がどれだけのエネルギーを持っているかによって決まることになっている。では、エネルギーがきっかりゼロの系があったらどうなるだろう。シュレーディンガー方程式にしたがうならば、その系はまったく時間発展しない。時間はこの話から退場してしまう。

宇宙のエネルギーがきっかりゼロだなんて話はありえないにもほどがあると思うかもしれないが、一般相対性理論の示すところでは、必ずしもそうとは言いきれない。もちろん、私たちのまわりにあるものはみな、恒星だろうが惑星だろうが、星間放射だろうかダークマターだろうがダークエネルギーだろうが、どれもエネルギーを持っているように見える。しかし計算をしてみると、宇宙のエネルギーには重力場そのものからの寄与分も含まれていて、そのエネルギーは総じて負なのである。閉じた宇宙——つまり三次元の球やトーラスのように、自らを包み込んでコンパクトな幾何学をなしている宇宙——では、重力エネルギーが、ほかのすべてのものからの正のエネルギーを正確に相殺する。宇宙の中に何があろうと関わりなく、閉じた宇宙のエネルギーはきっかりゼロだ。

これは古典的な理論からの予言だが、量子力学からも同じような考えがジョン・ホイーラーとブライス・ドウィットによって出されている。ホイーラー＝ドウィット方程式が言っていることは単純で、宇宙の量子状態が時間の関数としてはまったく発展しないということである。

これは一見すると不合理で、少なくとも、私たちの観測経験とは明らかに矛盾している。宇宙は確実に時間発展しているように見えているではないか。この謎は、その名も量子重力の「時間の問題」と呼ばれており、もし本当に時間が創発的なものならば、それがここに救済策として入ってくるかもしれない。宇宙の量子状態がホイーラー＝ドウィット方程式にしたがうならば（確実には程遠いが、可能性としてはありうる）、時間は基礎的なものでなく、創発的なものでなければならないのだ。

たとえば一九八三年にドン・ペイジとウィリアム・ウータースズが提出した案が使えるかもしれない。[12]一個の時計と、それ以外の宇宙のすべてという二つの部分からなる量子系を想像してみよう。この時計とそれ以外の部分がともに普通どおりに時間発展しているとする。その量子状態のスナップ写真を、一秒ごとでも一プランク時間ごとでも、定期的な間隔で撮ってみたらどうなるか。どのスナップ写真でも、量子状態はある特定の時刻を示している時計と、その時刻に何らかの特定の配置をとっている系の残りを記述しているだろう。これによって私たちが得られるのは、この系の瞬間的な量子状態の集まりだ。

$$\begin{aligned}\Psi = &(\text{system @ t=0, clock = 0})\\ &+ (\text{system @ t=1, clock = 1})\\ &+ (\text{system @ t=2, clock = 2})\\ &+ \ldots\end{aligned}$$

量子状態のすばらしい点は、それらを単純に足し合わせると（すなわち重ね合わせの状態にすると）新しい状態ができることだ。そこで例のスナップショットをすべて足し合わせ、新しい量子状態を作ってみよう。この新しい量子状態は、時間発展をしない。ただそこに存在するだけだ――今、私たちの手で構成されたそのままに。そして時計に示されている特定の時刻もない。時計という下位系は、スナップ写真を撮られた時刻すべての重ね合わせの状態にあるからだ。私たちの世界とはずいぶん違うありさまである。

だが、要はこういうことだ。すべてのスナップ写真の重ね合わせのうちでは、時計の状態と系の残りの状態とが量子もつれになっている。もし私たちがこの時計を測定して、どの時刻を示しているかを見たならば、時計を除いた残りの宇宙は、まさにその時刻にもともとの時間発展していた系がとっていた状態をとっている。

言い換えれば、重ね合わせの状態においては時間が「本当に」なく、この状態は完全に静止している。しかし量子もつれによって、時計が示すものと残りの宇宙がしていることとのあいだに関係が生じる。そして残りの宇宙の状態は、もともとの状態がしていたとおりに時間発展した場合の状態そのままになる。つまり私たちは基礎的な概念としての「時間」を「全体的な量子重ね合わせのうちのこの部分で時計が示すもの」に置き換えたのだ。こうして静止状態から時間が現れた。量子もつれの魔法のおかげである。

宇宙のエネルギーが実際にゼロなのかどうかについては、いまだ結論が出ていない。したがって、時間が創発的なのかどうかもまだわからない。もしエネルギーの値がほかの数字なら、時間は基礎的なものということになるだろう。さしあたり現段階では答えを決めつけず、どちらの可能性も探っていくのが道理というものだ。

第十四章　空間と時間の先で　ホログラフィック原理、ブラックホール、局所性の限界(1)

スティーヴン・ホーキングは二〇一八年に亡くなったが、それまでの彼は、世界で最も有名な存命中の科学者だった。およそ他の追随を許さないその知名度はまったくもって当然で、ホーキングはカリスマ性と影響力に富んだ有名人であっただけでなく、私的な境遇が感動的だっただけでもなく、彼自身の力でとてつもなく重要な貢献を科学に果たしたのである。

ホーキングの最大の業績は、彼がよく言っていたとおり、量子力学の効果を考慮に入れるとブラックホールは「それほど黒くない」のを明らかにしたことだった。ブラックホールは実際に、一定の頻度で絶えず粒子を空間に放出している。それらの粒子がブラックホールからエネルギーを持ち去るから、結果としてブラックホールの大きさは縮んでいく。これがわかったことで、深い洞察が得られた（ブラックホールにはエントロピーがある）が、一方で、予想外の謎も生まれた（ブラックホールが形成されて、のちに蒸発するとき、情報はどこへ行ってしまうのか）。

ブラックホールが放射を発しているという事実、およびそこから導かれる驚くべきアイデアは、量子重力の本質に関しての現在最大の手がかりである。ホーキングは量子重力の全面的な理論を立ててから、それを使ってブラックホールの放射を証明したのではない。妥当な近似を用い、時空そのものを古典的なものとして扱いながら、その上に動的な量子場を重ねたのである。いずれにしても、それは妥当な近似だと思いたい。しかしホーキングの洞察にはいくつか不可解な側面があり、それを考えると本当に妥当だとも言いきれない。この問題についてのホーキングの論文が出てから四五年、ブラックホールの放射を理解しようとすることは今もなお、現代理論物理学の最もホットなテーマの一つである。

まだ任務完了には程遠いが、一つ、明らかだと思われることがある。前章で描いた、最も近いところの自由度どうしが量子もつれの状態になっているところから空間が現れるというシンプルな図式は、おそらく全体像ではないということだ。たしかに非常によくできた図式であり、重力の量子論を組み立てるのにふさわしい出発点ではあるかもしれない。だが、これは局所性、すなわち空間内のある一点で起こることが直接の影響を及ぼせるのはすぐ隣の点だけであるという考えに、深く依存している。ブラックホールは、現時点で理解されているかぎり、自然がそれよりも微妙なものであることを示唆しているように思われる。状況によっては、世界は最も近い相手と相互作用する自由度の集まりのようにも見えるが、重力が強くなると、そのシンプルな図式は破綻する。自由度は空間いっぱいに分布してはおらず、表面上に凝集していて、「空間」はそこに詰め込まれた情報を投影したホログラムにすぎない。

局所性は疑いなく、私たちの日常生活に中心的な役割を果たしている。しかし現実の基本的な性質は、空間内の明確な場所で起こる一連のものごとによっては捕獲できないのではないかと思われる。そこでふたたび、量子力学への多世界アプローチに働いてもらうことになる。ほかの定式化は空間を前提として持っており、あくまでも空間の内部で機能する。それに対して波動関数を第一とするエヴェレット流の哲学は、空間をどう見るかによって空間の見え方は基本的に違ってくるということを受け入れさせてくれる——もしその考え方が本当に有益ならば。物理学者はいまだこのアイデアの意味するところを考えあぐねているが、それはもうすでに、私たちを非常に興味深いところに連れていっている。

○　○　○

一般相対性理論では、時空の一領域があまりにも激しく曲がりすぎていて、もはやそこからは何物も、光でさえも抜け出せなくなっているところがブラックホールだとされている。ブラックホールの内部と外部を区切る境界は、「事象の地平面」と呼ばれる。古典的な相対性理論にしたがえば、事象の地平面の面積は増えることはあっても、減ることはありえない。ブラックホールの内側に物質やエネルギーが落ち込めば、ブラックホールの大きさは増大するが、外の世界に質量が失われることはないからである。

誰もがこれをずっと真実だと思っていたのだが、それは一九七四年、量子力学がすべてを変えるとホーキングが宣言するまでのことだった。量子場の存在により、ブラックホールは自然と粒子を周囲に放射している。それらの粒子は黒体スペクトルを持つ。したがって、すべてのブラックホールは温度を持っていることになる。巨大なブラックホールほど温度は低いが、非常に小さいブラックホールなら、とてつもない高温になる。ブラックホールの放射の温度の公式は、ウェストミンスター寺院のホーキングの墓石に刻まれている。

ブラックホールから放射される粒子はエネルギーを持ち去るため、ブラックホールは質量を失って、最終的には完全に蒸発する。このホーキング放射が望遠鏡で観測できたらいいのだが、私たちの知るどのブラックホールでも、それはかないそうにない。太陽と同程度の質量のブラックホールの場合、そのホーキング温度はおよそ〇・〇〇〇〇〇〇〇六ケルビンだ。そのような信号は、ほかのところからの放射にあっさり飲み込まれてしまうだろう。ビッグバンの名残りの宇宙マイクロ波背景放射でも、その温度はおよそ二・七ケルビンあるのだ。たとえ降着する物質や放射によって成長しないとしても、そうしたブラックホールが完全に蒸発して消え去るまでには、一〇の六七乗年以上を要するだろう。

なぜブラックホールが粒子を放出するのかに関しては、よく使われる標準的な説明がある。私も使ったし、ホーキングも使ったし、誰もが使っている。それはこんなしだいだ。場の量子論にしたがえば、真空は泡立つシチューのようなもので、粒子がぽんぽん現れては消えていく。しかも一般的には、一個の粒子と一個の反粒子のペアになって生成と消滅を繰り返している。通常、私たちがそれに気づくことはない。しかしブラックホールの事象の地平面のすぐそばでは、粒子の一個がブラックホールの内部に落ち込むことがある。そしてそれは二度と出てこない。一方、その粒子の片割れは、外の世界に脱出する。これを遠くから見ている誰かの視点からすると、脱出する粒子は正のエネルギーを持っているので、帳尻を合わせるためには落ち込んだ粒子が負のエネルギーを持っていなくてはならず、結果として、ブラックホールはその負のエネルギーを持った粒子を吸収するたびに質量を縮小させていく。

われらが波動関数第一のエヴェレット流の視点からすると、ここで起こっていることをもっと正確に記述する方法がある。全般に、粒子の生成と消滅の物語は物理的な直観をもたらす鮮やかなメタファーで、これなどはまさしくその一例だ。しかし本当にそこにあるのは何かというと、ブラックホール近辺の場の量子波動関数である。そしてその波動関数は、静止してはいない。時間発展して何か別のものになる。この場合なら、以前より小さいブラックホールと、そのブラックホールから全方向に散っていく一群の粒子とになる。これは原子のまわりの少し余分なエネルギーを持った電子が、光子を放出して低

い エネルギー状態に落下するのとたいして違わない構図である。違うのは、原子が最終的に可能なかぎりの最低エネルギー状態に到達して、その状態にとどまるのに対し、ブラックホールは（現在わかっているかぎり）完全に崩壊して、最後の瞬間に高エネルギー粒子を吹き飛ばしながら爆発することだ。

ブラックホールがいかにして放射を発し、蒸発するかの物語は、ホーキングが従来の場の理論の技法を使って導出したもので、素粒子物理学者が通常用いる重力を含まない状況ではなく、一般相対性理論の曲がった時空の状況が用いられている。これは正真正銘の量子重力理論の結果ではない。時空そのものが古典的に扱われ、量子波動関数の一部とはされていないからだ。しかし実際、このシナリオには量子重力についての深い知識を必要とするように見えるものは何もない。物理学者が言えるかぎり、ホーキング放射は確固たる現象だ。言い換えれば、量子重力を突きとめようとするときには必ずホーキングの結果が再現できなくてはならない。

そこで生じる問題が、今や理論物理学者のあいだではすっかり悪名高い、「ブラックホールの情報問題」というやつだ。量子力学は、多世界版だと、決定論的な理論であるのを思い出してほしい。ランダムさが明白にあらわれるのは、波動関数が分岐しても自分がどの枝にいるのかわからないという、自己位置づけの不確定性から生じるときだけだ。しかしホーキングの計算において、ブラックホールの放射は決定論的ではなさそうなのである。分岐をいっさい含まなくても、それでも真にランダムなのだ。崩壊してブラックホールになる物質を記述する明確な量子状態から出発しても、このブラックホールが蒸発して発せられる放射の正確な量子状態を計算する方法がない。もともとの量子状態を特定する情報は、すでに失われてしまっているように見える。

たとえば一冊の本を手に取って——ちょうど今あなたが読んでいる本が手っ取り早いだろうか——火に投げ込み、完全に燃え尽きるまで焼いたとする（大丈夫、本はいつでも二冊目を買える）。本に含まれていた情報は炎となって消えたように見えるかもしれない。だが、物理学者の思考実験の才を信じてもらえれば、この情報喪失は見かけだけであることが判明する。原理的に、私たちが火の中から光と熱と塵と灰の断片をすべて捕獲して、なおかつ物理法則の知識を完璧に備えていれば、私たちは火の中に投じられたものを正確に再構成することができる。それこそ本のすべてのページのすべての単語を含めてだ。現実世界では起こりえないだろうが、思考上では可能だと物理学は言う。

大半の物理学者は、ブラックホールもまさにそのようなものだと考えている。ブラックホールに本を投げ込んでも、本のページに詰め込まれている情報は、ブラックホールから発する放射にひそかにコード化されているはずだと。しかしホーキングのブラックホール放射の導出にしたがえば、そういうことは起こらないことになっている。そこでは本に含まれた情報が本当に破壊されてしまっているように見えるのである。

もちろん、その見方が正しくて、情報はまぎれもなく破壊され、ブラックホールの蒸発はやはり通常の火とはまったく違うのだという可能性もある。これはいずれかの方法で実験結果が得られるようなものではないからだ。それでも大半の物理学者は、情報はやはり保存され、仔細はどうあれ本当にブラックホールから出てくるものと信じている。そしてその脱出の秘密は、量子重力をもっとよく理解することで明かされるのではないかと思っている。

とはいえ、これもまた言うは易しだ。そもそもブラックホールがなぜ黒いと思われているかと言えば、

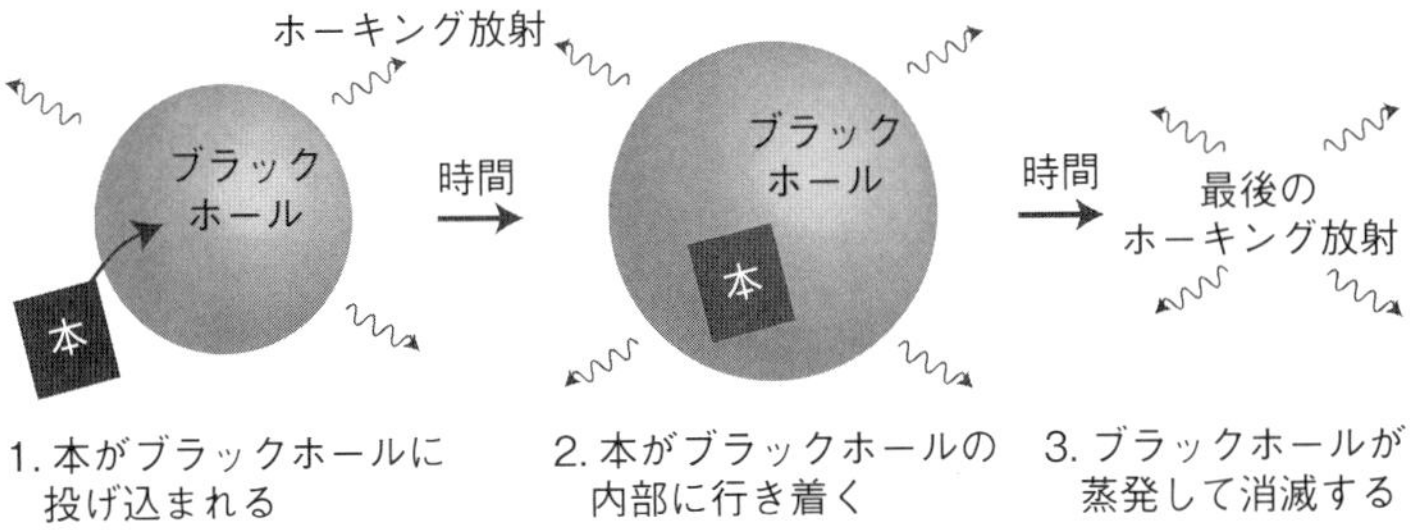
ホーキング放射
ブラックホール
本
時間
ブラックホール
本
時間
最後のホーキング放射
1. 本がブラックホールに投げ込まれる
2. 本がブラックホールの内部に行き着く
3. ブラックホールが蒸発して消滅する

一つの考え方として、そこから脱出するためには光よりも速く進むことができなくてはならないからだ。ホーキング放射がその難題をうまく回避しているのは、もともと事象の地平面のすぐ外で発していて、ブラックホールの奥深くから発しているわけではないからである。それに対してブラックホールに投げ込まれる本は、情報をそっくりそのまま抱えて内部の奥深くに突っ込んでいく。それなら情報は事象の地平面を落下していくときに、何らかの方法で外に出ていく放射にコピーされ、そのまま持ち去られるのではないかと思うかもしれない。残念ながら、それでは量子力学の基本原理に矛盾してしまう。量子力学から得られる結果に「量子複製不可能定理」というのがあって、これによると、元の情報を破壊せずして量子情報を複製することはできないのである。

別の可能性として、本はブラックホールの奥深くまで落下するが、やがてブラックホール内部の特異点に突き当たったとき、何らかの方法で、情報が外に出ていく放射に事象の地平面で移行されるということも考えられる。しかし残念ながら、これには光よりも速い速度でのコミュニケーションが必要になると思われる。あるいはそれと同じことだが、動力学的な非局所性、すなわち時空のある一点で起こったことが、どこか遠くで起こることに即座に影響を与えるということが必要になるだろう。この種の非局所性は、場の量子論の通常の規則にしたがえば、まさしく起こりえないとされている。それゆえに、ひとたび量子重力が重要になると、こうした規則は劇的に改変される必要に迫られるのかもしれないという考えもある。*

○　○　○

ブラックホールが放射を発しているというホーキングの提案は、いきなり出てきたわけではない。これは、当時プリンストン大学でジョン・ホイーラーの教えを受けていたもう一人の大学院生、ヤコブ・ベッケンシュタインが提出した見解に対する返答であり、ベッケンシュタインはブラックホールにエントロピーがあるはずだと提唱していた。

ベッケンシュタインのアイデアを支えていた動機の一つは、古典的な一般相対性理論にしたがえば、ブラックホールの事象の地平線の面積は減少しえないという事実だった。それは怪しいほど熱力学の第二法則に似ていて、この法則にしたがえば、閉じた系のエントロピーは減少しえないのである。この共通性にヒントを得て、物理学者たちは熱力学の法則とブラックホールのふるまいとの類似を精巧に理論化した。それにしたがえば、ブラックホールの質量は熱力学系のエネルギーに類似し、事象の地平面の面積はエントロピーに類似する。

ベッケンシュタインが示したのは、これがただの類似にはとどまらないという見解だった。事象の地平面の面積はただエントロピーに類似しているのではなく、ブラックホールのエントロピーそのものであるか、少なくともそれに比例しているというのである。ホーキングもほかの研究者も、最初はこの提案を鼻で笑った。もしブラックホールが一般的な熱力学系のようにエントロピーを持っているなら、ブラックホールには温度があることになり、そうであれば放射を発することになる！　こんな馬鹿げた考えは誤りであることを証明してやろうと仕事にかかったホーキングだったが、最終的に、これがまったく真実であることを証明する結果になった。今日では、ブラックホールのエントロピーは「ベッケンシュタイン＝ホーキング・エントロピー」と呼ばれている。

これがどうしてそんなに刺激的な結果なのかといえば、その理由の一つは、ブラックホールは古典的に見ると、エントロピーを持つはずがないものに見えるからである。これは空っぽの空間の一領域にすぎない。系が原子その他の微小な構成要素でできていて、それらの構成要素が微視的な外観を同じまま維持しながら多様な配置をとれるのなら、その系はエントロピーを持てるだろう。しかしブラックホールの場合、何がその構成要素にあたると考えられるのか。答えは量子力学から得られるに違いない。

普通に考えれば、ブラックホールのベッケンシュタイン＝ホーキング・エントロピーは、量子もつれエントロピーなのだろうと推測される。ブラックホールの内側に何らかの自由度があり、それが外の世界と量子もつれの状態になっている。その自由度とは何なのだろう。

まず想像されるのは、この自由度がブラックホール内部の量子場の振動モードにすぎないのではない

＊ブラックホールに落ち込んだ物体が実際にその内部の奥深くまで進むのかについては、まだ完全な合意がなされていない。二〇一二年には、ある物理学者グループが、もし量子力学の基本原理を破らずに、蒸発するブラックホールから情報が脱出することがありうるとすれば、何か劇的なことが事象の地平面で起こらなければならない、と主張した。この場合の地平面は、通常考えられているような静かで空っぽの時空ではなく、ファイアウォールと呼ばれる高エネルギー粒子の嵐が起こっているという考えである。ファイアウォール説については見解が分かれているが、理論家は今もこの問題をあれこれと論議している。(2)

かということだ。しかし、これには二つほど問題がある。第一に、場の量子論において、ある領域のエントロピーについての答えは「無限大」だった。非常に小さい波長のモードをあえて無視すれば、それを有限の数に押し下げられるが、そうするには任意のカットオフを導入して問題の場の振動に適用することが必要になる。一方、ベッケンシュタイン＝ホーキング・エントロピーは、そもそも有限の数だ。以上。そして第二に、場の理論での量子もつれエントロピーは、電場、クォーク場、ニュートリノ場など、関わっている場の数に厳密に依存することになっている。しかしホーキングが導出したブラックホール・エントロピーの公式は、そのようなことに何も触れていない。

単純にブラックホール・エントロピーの出所を内部の量子場に帰せられないのなら、ほかに考えられるのは、時空そのものが何らかの量子的な自由度でできているということだ。そしてベッケンシュタイン＝ホーキング公式が、ブラックホールの内側の自由度と外側の自由度との量子もつれを判定する。ずいぶんあいまいな表現に聞こえたとしたら、それは実際そのとおりだからだ。この時空の自由度とは何なのか、それがどうやって互いと相互作用するのか、まだ正確なところは何もわかっていない。しかし量子力学の一般原理は、ここでもやはり尊重されるはずだ。もしエントロピーがあって、そのエントロピーが量子もつれに由来しているのなら、残りの世界とさまざまなかたちで量子もつれの状態になれる自由度がなくてはならない。たとえ古典的にはブラックホールが何の特徴も持たないとしてもだ。

もしこの想定が正しければ、ブラックホール内の自由度の数は無限大ではないが、非常に大きいのはたしかである。私たちのいる銀河系（天の川銀河）の中心部には超大質量ブラックホールがあり、いて座A*（エー・スター）と呼ばれる電波源と関連づけられている。この穴のまわりをどれだけの星が回っているかを観測した結果から、その質量は太陽質量の四〇〇万倍程度と見積もられる。この質量は一〇の九〇乗のエントロピーに相当し、観測可能な宇宙全体に含まれる既知の粒子すべてのエントロピーよりも大きい。量子系の自由度の数は、少なくともその系のエントロピーと同じだけの大きさでなくてはならない。なぜならそのエントロピーは、外の世界と量子もつれの状態になっている自由度からもたらされるからだ。したがってブラックホールには、少なくとも一〇の九〇乗の自由度がなくてはならない。

私たちはつい宇宙の中の目に見えるもの――物質や放射など――に注意を向けがちだが、宇宙の量子的な自由度のほぼすべては目に見えず、時空を織りなす以外のことは何もしていない。大人の人間ぐらいの大きさの空間容量には、少なくとも一〇の七〇乗の自由度があるはずだ。なぜわかるかというと、それがその容量のブラックホールのエントロピーだからである。しかし一人の人間の中には一〇の二八乗個程度の粒子しか含まれていない。これに関しては、粒子は「オン」になっている自由度で、ほかのすべての自由度は真空状態でおとなしく「オフ」になっているのだと考えられる。場の量子論に関するかぎり、人間だろうが星の中心部だろうが、空っぽの空間とそうたいした違いはないのである。

○　○　○

ブラックホールのエントロピーが面積に比例するというのは、予想されてしかるべきことだったようにも思える。場の量子論では、空間の領域が境界面積に比例したエントロピーを持つのは自然なことであり、ブラックホールはまさに空間の領域にほかならない。だが、問題は表面下に潜んでいる。真空状態にある空間の一領域が、境界面積に比例したエントロピーを持つのは自然なことだ。しかし、ブラックホールは真空状態の一部ではない。そこにあるのはブラックホールで、時空は明らかに曲がっている。ブラックホールには非常に特殊な性質がある。ブラックホールとは、任意の大きさの空間内でとりうるかぎりの最高エントロピー状態のあらわれなのである。この衝撃的な事実に初めて気づいたのがベッケンシュタインで、のちにそれを緻密に整理したのがラファエル・ブーソだった。ためしに真空状態にある一領域を取りあげて、そのエントロピーを増大させようとすれば、そのエネルギーも必然的に増大することになる（この手順は真空状態で始めているので、エネルギーは上がる以外にどこにも行きようがない）。エントロピーを増やしつづけていけば、エネルギーも同時に増大する。そして最終的に一定領域のエネルギーがあまりにも高まると、もはや全体が崩壊するしかなくなって、ブラックホールに変わる。これが限界だ。そこにブラックホールができてしまったら、もうそれ以上はエントロピーを一領域に収められない。

この結論は、重力を含まない通常の場の量子論で予想されるものとは深刻に違っている。通常の場の量子論では、一領域に収められるエントロピーの量に限界はない。そこでとりうるエネルギー量にも限界がないからだ。これは、場の量子論での自由度の数が無限大であることを反映している。それは有限の大きさの領域においても変わらない。

しかし重力は違うらしい。ある一定の領域に収められるエネルギーとエントロピーには最大限の量があって、これはどうやら、そこでは自由度の数が有限にとどまることを示唆している。どういうわけか、それらの自由度がふさわしい量子もつれの状態になって時空の幾何学を織りなしている。これはブラックホールに限らない。時空のあらゆる領域に、そこに収まれそうなだけの最大限のエントロピー量（その大きさのブラックホールが持てるだけのエントロピー）があり、したがって自由度の数も有限になっている。しかも、これは宇宙全体にまで当てはまることだ。宇宙には真空エネルギーがあり、空間の加速は増しており、したがってあたり一帯に、この宇宙の観測可能な部分の範囲を区切る地平面があると考えられるからだ。その観測可能な部分の空間には有限の最大エントロピーがあり、したがって、私たちに見えるあらゆるものを記述するのに必要な自由度の数も有限なのである。

もしこの考え方が正しければ、量子力学の多世界理論の図式に深遠な影響が直結する。量子的な自由度の数が有限であるということは、系全体にとって有限次元のヒルベルト空間があるということだ（この場合なら、どの任意の空間領域にとっても）。それはひいては、無限数でなく、有限数の波動関数の枝があるということでもある。だからアリスは第八章で、波動関数に無限の数の「世界」があるかどうかについて明言しなかったのだ。量子力学の多くの単純なモデルでは――一定の種類の粒子が空間をなめらかに移動するモデルでも、あらゆる種類の通常の場の量子論でも――ヒルベルト空間は無限次元で、ゆえに潜在的には無限の数の世界が存在できる。しかし重力は、何か重要な意味でその構図を変えてしまうようである。重力が介在すると、それらの世界のほとんどは存在できなくなる。それらの世界は、あまりにも多くのエネルギーが局所的な一領域に詰め込まれている様子を記述することになるからだ。

そうなると、重力が確実に存在している現実の宇宙では、おそらくエヴェレット量子力学だけが有限の数の世界を記述する。ヒルベルト空間の次元についてアリスが言及した数は、二の一〇乗の一二二乗だった。

ここでようやく、その数がどこから出てきたのかを明かすことができる。これは私たちの観測可能な宇宙が最大エントロピーに達したときに持つことになるエントロピーを計算し、そこから逆算して、それだけのエントロピーを収容できるヒルベルト空間とはどれほどの大きさを持つ必要があるかを割り出して得られた数字だ（観測可能な宇宙の大きさは真空エネルギーによって定まるから、第十二章での議論で見たとおり、一〇の一二二乗という指数は宇宙定数に対するプランクスケールの比率である）。まだ量子重力の基本原理について十分にわかっているとは言えないから、エヴェレット的世界の数が有限にとどまることに絶対の確信を持つこともできない。しかし、その答えは妥当なように思えるし、もしそうなら話は確実に今よりもずっと単純になるだろう。

〇〇〇

ブラックホールの最大エントロピーという性質は、量子重力理論にも重要な影響を及ぼす。古典的な一般相対性理論では、ブラックホールの内側の領域、すなわち事象の地平面から特異点までのあいだに特別なものは何もない。重力場はあるが、落下する観測者からすれば、ただの空っぽの空間のように見えるだろう。前章での話にしたがえば、量子版の「空っぽの空間」は、「ちょうど創発的な三次元幾何学を形成するように量子もつれになった時空の自由度の集まり」のようなものだ。この表現に明示されているように、自由度は、私たちが見ている空間の体積いっぱいに多かれ少なかれ均一に散在している。そして、もしこれが事実なら、その形状の最大エントロピー状態では、それらすべての自由度が外の世界と量子もつれの状態になっている。したがってエントロピーは境界面積に対してではなく、その領域の体積に対して比例することになる。なんとしたことか。

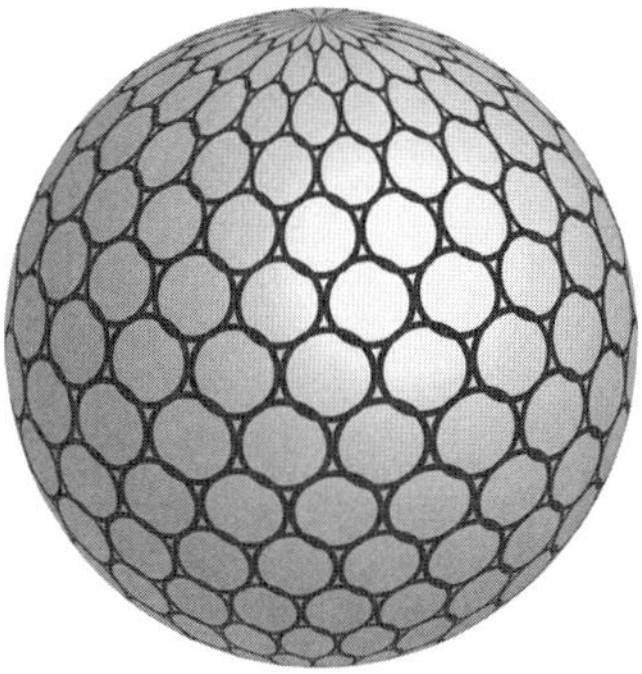

ブラックホールの
情報は事象の
地平面に
ホログラフィーの
要領でコード化
されている

これにはブラックホール情報問題からのヒントがある。この問題は、少なくとも光より速く進む信号がないかぎり、事象の地平面から発せられるホーキング放射に、ブラックホールに落ち込んだ本からの情報が伝わる明白な手段は皆無だというものだった。では、こんなとんでもないアイデアはどうだろう。もしかしてブラックホールの状態についての全情報は――地平面についても「内部」についても――ブラックホールの内部に埋もれているのではなく、地平面そのものにあると考えられるとしたら。つまりブラックホールの状態は、三次元の体積いっぱいに広がって存在しているのではなく、二次元の表面上に「住んで」いるのだとしたら。

このアイデアは「ホログラフィック原理」といって、一九七八年のチャールズ・ソーンの論文を部分的に下敷きにして、一九九〇年代にヘーラルト・トホーフトとレオナルド・サスキンドが考案したものである。通常のホログラムでは、二次元の面に光を当てることで三次元に見える像を表出させる。そしてホログラフィック原理にしたがえば、三次元に見えるブラックホールの内部は、事象の地平面の二次元の面にコード化された情報を反映しているのだという。もしこれが事実なら、外に出ていく放射にブラックホールからの情報を伝えるのはそう難しいことではないかもしれない。なにしろ情報は最初から地平面上に存在しているのだ。

現実世界のブラックホールに関してホログラフィック原理がどういうことを厳密に意味するのかを、物理学者はいまだ決めかねている。これは自由度の数を数える一方法にすぎないのか、それとも事象の地平面には実際に、ブラックホールの物理を記述した二次元の理論が住んでいると考えるべきなのか。答えはわからない。だが、ホログラフィック原理が非常に正確に実現されている別の状況がある。それは一九九七年にファン・マルダセナによって提起された「AdS／CFT対応」と呼ばれるものだ。[3]「AdS」は「反ド・ジッター空間（anti-de Sitter space）」の略で、負の真空エネルギー以外に物質源がまったくない（つまり正の真空エネルギーを持つ私たちの現実世界と対照的な）仮想の時空のことを指す。一方の「CFT」は「共形場理論（conformal field theory）」の略で、AdSの無限に遠い境界上で定義することのできる特定の場の理論のことを指す。マルダセナによれば、この二つの理論はじつのところ互いに等しい。これはきわめて刺激的なことで、その理由は二つある。第一に、AdS理論が重力を含むのに対し、CFTは重力をいっさい含まない通常の場の理論である。そして第二に、時空の境界は時空そのものより次元が一つ少ない。たとえば四次元のAdSを想定したとすれば、それは三次元の共形場に等しいのである。これ以上に明白なホログラフィック原理の実例は望めまい。

AdS／CFT対応について詳細に説明しようとすれば、また別に丸一冊分の本が必要になる。しかし、とりあえずこれだけは言っておきたいのが、時空の幾何学と量子もつれの関係についての現代研究のほとんどが、このAdS／CFT対応という状況設定においてなされているということだ。笠真生《りゅうしんせい》、高柳匡《たかやなぎただし》、マーク・ヴァン・ラームズドンク、ブライアン・スウィングルなどの研究者が二〇〇〇年代初めに指摘したように、境界上のＣＦＴと、その結果として生じるＡｄＳ内部の幾何学とのあいだには、直接的なつながりがある。[4・5・6] ＡｄＳ／ＣＦＴ対応は量子重力理論のモデルとしては比較的よく定義されているので、この関係を理解することが、ここ何年かの研究ターゲットとして非常に熱心に追求されてきた。

ただ残念ながら、これは現実の世界ではない。ひとえにＡｄＳ／ＣＦＴの楽しさは、重力が生じるところである内部のものを、重力が不在のところである境界上のものに結びつけることから来ている。しかし境界の存在は、負の真空エネルギーに依存する反ド・ジッター空間のきわめて特殊な特徴だ。一方、私たちの宇宙は負ではなく、正の真空エネルギーを持っているようなのである。

なくした鍵を街灯の下で探している酔っぱらいについての古いジョークがある。本当にそこでなくしたのかと誰かに聞かれて、酔っぱらいはこう答える。「いやいや、なくしたのは別のとこだけど、ここのほうがずっと明るいからさ」。量子重力のゲームでは、ＡｄＳ／ＣＦＴが世界で最も明るい街灯だ。これを研究することで、理論物理学者に役立つ魅惑的な概念がたくさん明らかにされてきた。しかし、その知識をそのまま使ったところでリンゴが木から落ちる理由を理解できるわけでなく、私たちのまわりの空間で働いている重力のさまざまな側面を理解できるわけでもない。追求しつづけることは大事だが、目的から目を離してしまっては何にもならない。私たちの目的は、私たちが実際に住んでいるこの世界を理解することなのだ。

○　○　○

現実世界のブラックホールに関してホログラフィック原理が意味することは、AdS／CFTの仮想世界に関して意味することほど明らかでない。ブラックホールの内部が空っぽに見えるという古典的な一般相対性理論の見立ては完全に誤りだった、落下する観測者は事象の地平面に行き着いたとたんにホログラムの表面にぶちあたるのが本当だった、と私たちは言ってしまっていいのだろうか。いや、そんなことはない。少なくともホログラフィック原理の支持者のほとんどは、そういうことは言っていない。むしろ彼らはホログラフィック原理に関連した、同じぐらい驚異的な別のアイデアを頼みにする。それはサスキンドらによって提唱された「ブラックホール相補性」というアイデアだ。この名称は、量子観測に関するボーアの哲学をあえて連想させるようにつけられた。

ブラックホール版の相補性は、ただ「ブラックホールの内部は通常の空っぽの空間のような姿をしている」とか「ブラックホールについての全情報は事象の地平面にコード化されている」というよりも、ことはもう少し微妙に複雑である、と言っている。実際、その二つはどちらも事実だが、私たちは二つの言語を同時にしゃべることはできない。あるいはもっと物理学者らしく言うならば、一人の観測者にとってはその二つが同時に事実であるようには見えないのである。事象の地平面を落下していく観測者にとっては、すべてが普通の空っぽの空間のように見えるが、遠くからその穴を見ている観測者にとっては、すべての情報が事象の地平面いっぱいに広がっているように見える。

これは基本的には量子力学的なふるまいだとしても、その前にはれっきとした古典的な見方がされている。古典的な一般相対性理論においてブラックホールに本を（あるいは星でも何でもいいのだが）投げ込んだら、その本はどうなるかを考えてみよう。本の視点から見れば、ただまっすぐ内部に突っ込んでいくだけだ。しかし事象の地平面の近くでは時空の歪みの効果が強いので、外部の観測者の視点からはそのようには見えない。外部の観測者から見ると、本は事象の地平面に近づくにつれて徐々に速度を落とし、そのあいだに少しずつ赤みを増しながら、ますますぼやけていくように見える。そしていつまでも地平面を越えることはなく、内部に突っ込んでいくどころか、地平面に近づいたところで時間が止まってしまったかのように静止して見える。これに着想を得て天文物理学者が考案したのが「メンブレーン・パラダイム」という図式である。それによると、事象の地平面に温度や電気伝導性といった計算可能な性質を備えた物理的な膜《メンブレーン》があると想定することで、ブラックホールの物理的な性質をモデル化できるという。もともとメンブレーン・パラダイムは、天文学者がブラックホールに関わる計算を単純化できるようにするための便法と考えられていたのだが、相補性のシナリオによると、外部の観測者からブラックホールを見た場合、まさに古典的な事象の地平面のところでブラックホールが量子的な膜を振動させているように見えるのである。

時空は基礎的なものじゃないのかとあなたが思っているのなら、これはまったくおかしく感じられるかもしれない。時空には何らかの幾何学があるだけで、それ以外には何もないはずだ。しかし量子力学的には、これは完璧にありえる話である。そこにあるのは宇宙の波動関数で、観測者がそれをどのようなものと見るかは、観測者によって違ってくる。これはある状態にある粒子の数が、それをどう観測するかによって変わってくると言っているのとたいして違わない。

この世界はヒルベルト空間の中で時間発展する量子状態で、物理的な空間はそこから現れる。同じ一つの量子状態が、それに対してどういう観測をするかによって位置と局所性の概念をさまざまに示すかもしれないが、だとしても驚くことはない。ブラックホール相補性にしたがえば、「時空の幾何学はこうだ」とか、「自由度はどこそこにある」だとか、そういった考えは存在しない。考えるべきは量子状態がどうなっているか、さもなくば、特定の観測者にとって何が見えるかだ。

しかし前章では、自由度が空間いっぱいにネットワーク状に分布して、互いに量子もつれの状態になって創発的な幾何学の輪郭を生む――そんな図式を見たではないか。その前回と今回とで違うのは、前回の図式が重力の弱い場合にしか当てはめられないのに対し、ブラックホールはどう見ても重力が弱いとは言えないことだ。本章で提示した見方に沿えば、抽象的な自由度は依然としてあって、それが集まって時空を形成するのだが、「それがどこにあるか」はどう観測されるかによって変わってくる。空間そのものは基礎的なものではない。ある特定の視点から論じるのに有益な手段であるというだけだ。

○　○　○

この最後の数章で、量子重力という長年の難問に多世界量子力学が重要な影響を及ぼせるかもしれないと考えられる理由をうまく伝えられたことを祈っている。正直なところ、この問題に取り組んでいる多くの物理学者は、自分が多世界理論を使っているなどと思ってもいないが、じつは暗黙のうちにそうしている。隠れた変数理論は確実に使われていないし、動力学的収縮理論も、量子力学への認識論的アプローチも使われていない。宇宙そのものをどう量子化するかを理解することに関しては、多世界理論を使うのが、少なくとも最も近道になるように思える。

互いに量子もつれの状態になった自由度が集まって、近似的に古典的な時空の幾何学の輪郭を生む

――ここでざっと描いてきたこのような図は、本当に正しい方向を向いているのだろうか。確実な答えは誰にもわからない。さしあたり明らかと思われるのは、現時点での知識から言って、空間と時間がどちらも抽象的な量子状態から望ましいかたちで現れうるということだ。必要な材料はすべてそろっている。あと数年の研究で、はるかに明確な図が見えてくると期待するのは高望みではない。自らの古典的な先入観を捨て、量子力学の教えを額面どおり受け取れるよう励んでいけば、いつかわかるかもしれない――こうすれば私たちの宇宙を波動関数から抽出できるのだと。

アインシュタインなら、多世界版の量子論のことをどう思っただろう。少なくとも最初に触れた段階では、受けつけなかった気がする。しかしやがては、自分の思い描く自然のあるべき営みに、このアイデアのいくつかの側面が非常にぴったり合致することを、しぶしぶながらも認めたのではあるまいか。

アインシュタインはプリンストンで一九五五年に亡くなった。ちょうどエヴェレットが自分のアイデアをかたちにしようと格闘していたころである。アインシュタインは局所性の原理を頑として譲ろうとせず、量子もつれから推論される不気味な遠隔作用にほとほとうんざりしていた。その意味では、多世界理論であろうがホログラフィック原理であろうが、空間そのものを基礎的なものではなく創発的なものとして扱うアイデアには、きっとおぞけをふるっただろうと推測される。現実は広大なヒルベルト空間内のベクトルとして記述されるべきもので、古き良き四次元時空内の物質とエネルギーとして記述されるべきではないという考えは、アインシュタインの性分にまるで合っていそうにない。だが一方で、エヴェレットがこの宇宙についての最善の記述を、明確で決定論的な時間発展を特徴とする記述に戻してくれたこと、そして、現実は最終的に知ることができるという原理をふたたび主張してくれたことについては、嬉しく思った可能性も十分にあるのではないだろうか。

晩年、アインシュタインは子供のころの話をこんなふうに語っている。

驚異的な経験といえば、四歳か五歳の子供のころに、父が羅針盤を見せてくれたことがある。針がこんなふうに決められたように動くのだという事実は、無意識の概念世界にすんなりと収まる種類のできごと（直接「触れる」ことで生じる効力）とまったく相容れなかった。私は今でも覚えている――少なくとも覚えていると思っている――が、この経験は私に深い、いつまでも消えない印象を残した。何か奥深くに隠されているものが、表面の背後にあるに違いなかった。[1]

アインシュタインが量子力学をあんなに悩ましく思っていたことの核心には、この衝撃があったのではないかと私には思える。アインシュタインは非決定論や非局所性にはっきりと不満を漏らしていたかもしれないが、彼が本当にいらだたしかったのは、コペンハーゲン量子力学が良質な科学理論のきっぱりとした厳正さを、「観測」のような定義もはっきりしない概念が中心的な役割を果たすファジーなパラダイムに置き換えてしまうと感じられたことだった。アインシュタインは、表面下の奥深くに隠されているものに絶えず目を凝らしていた。いつのまにか神秘扱いされてしまったものに明瞭さを取り戻させる原理を探していた。ただしその彼でも、隠されているものが波動関数の別の枝だったかもしれないとは思いもよらなかっただろう。

アインシュタインが実際にどう思っていたかは、もちろん、たいして重要なことではない。科学理論の盛衰はそれ自体の価値で決まるものであり、私たちが偉大な賢人の架空の亡霊を過去から呼び起こし、その承認をもらえるかどうかで決まるようなものではない。

とはいえ、過去の論争と現在の研究とのつながりを思い出させてもらうためというならば、そうした賢人に注意を向けるのも無駄なことではないだろう。本書で論じた問題は、まっすぐさかのぼれば一九二〇年代の、アインシュタインとボーアらの論争に端を発する。ソルベー会議以降のあれこれを受けて、物理学界内部での世論はボーアのほうに傾き、量子力学へのコペンハーゲン的アプローチはすっかり定説として地歩を固めた。これが実験結果を予言するための、そして新しいテクノロジーを設計するためのツールとして、驚異的なまでに成功していることはとうに証明済みだった。しかし、この世界についての基礎的な理論としては、悲しいぐらい基準に達していなかった。

私はこの本で、多世界理論が最も有望な量子力学の定式化であるとする理由をさまざまな面から説明してきた。しかし同時に、私はほかのアプローチの支持者にも多大な敬意を払っているし、彼らとの生産的な対話も何度となく行っている。私を憂鬱にさせるのは、プロの物理学者でありながら基礎研究をないがしろにして、この問題にまじめに取り合う価値がないかのように思っている人もいることだ。この本を読んだあと、あなたがエヴェレット派を自任するようになろうとなるまいと、量子力学を正しく理解することの重要性をきっぱり確信するようにはなっていただきたいと願っている。

私は今後の進歩については楽観的だ。現代の量子基礎論の研究は、年配の物理学者のお仲間たちが一日の実務を終えたあとにスコッチのタンブラーを片手に空想的なアイデアを思いつくまま語りあう、といったものではもはやない。量子論の理解を深めることにかけての昨今の進歩の大半は、直接間接に、テクノロジーのイノベーションの恩恵を受けてきた。量子計算、量子暗号、そしてより一般的には量子情報が、基礎研究にも拍車をかけたのだ。すでに私たちの理解では、量子的な領域と古典的な領域とをはっきり線引きすることに意味はない。すべては量子なのである。このような状況ではそうするしかないということで、物理学者は以前よりも少しだけ量子力学の基礎をまじめに考えるようになってきた。その流れで出てきた新しい洞察は、いつか空間と時間そのものの出現を説明できるようにしてくれるかもしれない。

近い将来、こうした難問についても大きな進歩が遂げられると私は思う。そしておそらく波動関数の別の枝にいる何人もの私のほとんども、同じ気持ちでいると信じたい。

補遺　仮想粒子の物語

第十二章で場の理論について論じたが、場の理論の現役研究者なら大半はあれを見て、いかにもわれわれらしい論だと笑うだろう。私たちにとって重要なのはあくまでも真空状態で、言い換えれば、空間を埋め尽くしている一連の量子場が最低エネルギーの配置をとっている状態だ。しかしもちろん、これは無限の数だけある状態のうちの一つの状態にすぎない。大半の物理学者にとっては、ほかのあらゆる状態が重要だ。つまり、粒子が運動していて、互いに相互作用しているように見える状態である。

本当はもっといろいろなことを知っていて、本来なら電子の波動関数のことを論じるべきだとわかっているのに、それでも「電子の位置」について論じるのが自然なことであるように、世界は場でできていることを完璧に理解している物理学者でも、やはり四六時中、粒子について語ってしまうものなのだ。そうして一見するところ何の躊躇もなく、自らを「素粒子物理学者」と名乗っている。その気持ちは理解できる。なんといっても、表面下で何が起こっているかにかかわりなく、私たちが目にするものは粒子なのである。

幸いにして、自分が何をしているかをわかっているかぎり、これはこれでまったくかまわない。多くの場合、そこに実際にあるのが粒子の集まりで、さまざまな粒子が空間内を進み、互いにぶつかりあい、生成されては破壊され、ぽんぽん現れては消えていくかのように論じることで、用は果たせるのである。

量子場のふるまいは、適切な条件下なら、多数の粒子の反復的な相互作用というかたちで正確にモデル化される。場と場が互いに遠く離れていて、おめでたくも互いの存在に気づかないようなとき、それらの場の振動は一定数の粒子のように見える。量子状態がそうした場の振動を記述するときは、前述のモデルがいたって自然に見えるかもしれない。しかし規則にのっとれば、一連の場が重なりあって振動しているようなとき、すなわち、まさに場が場に見えなくては始まらないようなときであっても、そこで何が起こっているかは粒子に言い換えて計算できる。

これがリチャード・ファインマンと、彼が発案した有名な「ファインマン図」というツールから得られる本質的な洞察だ。[1] ファインマンは初めてこの図を考えついたとき、場の量子論に代わる粒子ベースの量子論を提起できているのではないかと期待を持ったが、結果的にはそうでなかった。この図はすばらしく鮮やかな比喩装置であると同時に、とてつもなく便利な計算手法でもあるが、やはり場の量子論の広範なパラダイムの範疇にある。

ファインマン図は、粒子の動きと相互作用を単純な線画で表したものだ。図の左から右に時間が流れ、そこに入ってきた一組の粒子が、現れたり消えたりするさまざまな粒子と入り乱れたすえに、最終的な一組の粒子が出現する。物理学者はこの図を使って、どういう過程が生じうるかを記述するだけでなく、その過程が実際に生じる見込みを精密に計算する。たとえばヒッグスボソンがどんな粒子に崩壊するか、その速さはどのぐらいかを知りたければ、最終的な答えに対して一定の寄与を果たす一つひとつのファインマン図を山ほど用意して、あとはひたすら計算をすればよい。電子と陽電子がぶつかって散乱するというのがどういうことかを知りたい場合も同様だ。

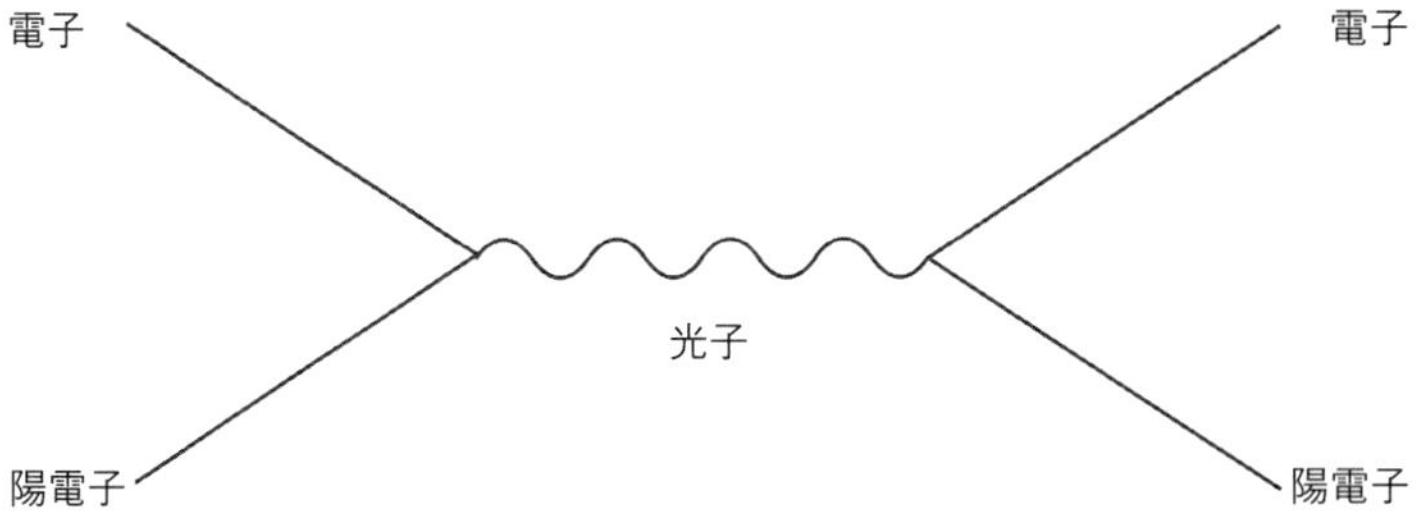

単純なファインマン図を例にして説明しよう。まず一個の電子と一個の陽電子（二本の直線）が左側から入ってきたあと、互いにぶつかって対消滅して、一個の光子（波線）に変わる。この光子がしばらく進んでから、ふたたび一個の電子と一個の陽電子のペアに変わる。この図式には特定の規則があり、物理学者はそれらの規則があるおかげで、あらゆる図のそれぞれに正確な数字を付与できる。この数字が、「電子と陽電子がぶつかって散乱する」という過程全体に対して、その図が果たす寄与を表しているというわけだ。

ファインマン図にもとづいて語れることはそれだけで、これは一つの物語である。電子と陽電子が光子に変わり、それがまた電子と陽電子に戻るというのは、文字どおりの真実ではない。たとえば一つ理由を挙げれば、現実の光子は光の速さで進むが、電子と陽電子のペアは（個々の粒子にしてもペアの質量中心にしても）光速で進んだりはしない。

この図が表している実際の事象は、電子の場と陽電子の場の両方が絶えず電磁場と相互作用しているということだ。電子や陽電子というのは電荷を持った場の振動で、それが起こるときは必然的に、電磁場にも微妙な振動が起こるのである。こうした二つの場での振動が互いのすぐそばで起こっているか、もしくは重なって起こっているとき、二つの場は互いに押し引きをしている。その結果として、この図での粒子が生まれ、ある一定の方向へ散乱する。ファインマンが見抜いたのは、あたりを一定の規則で飛び回っている一連の粒子があるかのように考えれば、場の理論で起こる事象を計算できるということなのだ。

これは計算上、とてつもない利便性を生み出す。現役の素粒子物理学者は絶えずファインマン図を使っており、ときには夢の中でもその図を描いているほどである。しかし、その過程ではある程度の概念的な妥協も必要になる。ファインマン図の中に閉じ込められていて、左側から入ってくることも右側から出ていくこともない粒子は、普通の粒子がしたがう通常の規則にしたがわない。たとえばそれらの粒子のエネルギーや質量は、正規の粒子と同じではない。これらの粒子は独自の一連の規則にしたがっていて、その規則は通常の規則とは異なっている。

しかし考えてみれば、これは驚くにはあたらない。ファインマン図の中の「粒子」はそもそも粒子ではなく、便利な数学的おとぎ話のようなものだからだ。それを思い出させるためにも、私たちはこれを「仮想」粒子と呼んでいる。仮想粒子は量子場のふるまいを計算するための便法であり、普通の粒子がありえないエネルギーを持った奇妙な粒子に変化したり、互いのあいだでそうした粒子をやりとりしているかのように想定することで、その計算を可能にさせている。現実の光子は質量がきっかりゼロだが、仮想の光子の質量は文字どおりどんな値でもとれる。「仮想粒子」というのはじつのところ、量子場の集まりの波動関数の微妙なねじれのことである。ときにはそれが「ゆらぎ」と呼ばれ、あるいは単に「モード」と（ある特定の波長を持った場の振動のことを指して）呼ばれる。しかし誰もがこれを粒子と呼ぶし、これはちょうどうまくファインマン図の中の直線として表すことができるので、これをそう呼ぶのはいっこうにかまわないということになる。

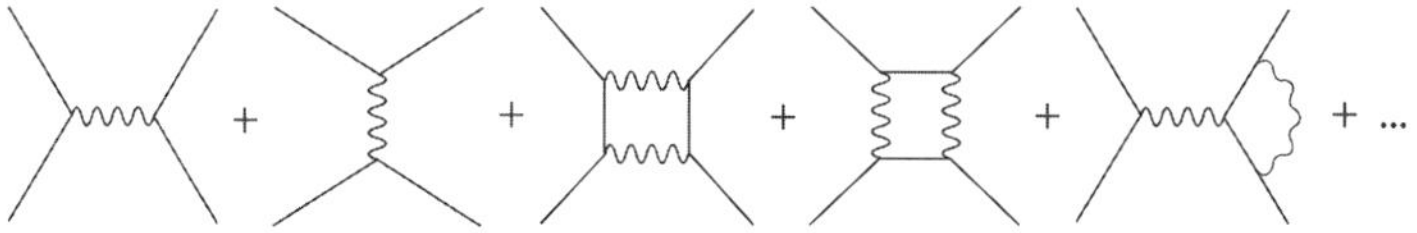

○　○　○

さきほど示した図のほかにも、電子と陽電子の散乱はファインマン図でいろいろ描きようがある。いろいろどころか、その数は無限大だ。このゲームのルールでは、入ってくる粒子と出ていく粒子を同じにしたファインマン図をありうるだけ想定し、そのすべてを合計することが必要になる。そのような図を複雑さが増す順に並べると、上のようになり、図に含まれる仮想粒子の数が増えていくのがわかる。

最終的に出てくる数字は振幅なので、それを二乗すれば、その過程が実際に起こる確率が得られる。ファインマン図を用いることで、二個の粒子がぶつかって散乱する確率も、一個の粒子が複数の粒子に崩壊する確率も、粒子が別の種類の粒子に変化する確率も計算することができる。

そこで単純な疑問だが、無限の数だけファインマン図があるのなら、どうやってそのすべてを合計し、妥当な結果が得られるというのか。答えを言えば、ファインマン図は複雑さが増すにつれ、結果への寄与がだんだんと少なくなる。たとえ無限の数だけ図があるとしても、非常に複雑な図をすべて足し合わせた分の数字は微々たるものだ。実際問題として、無限の数ある一連の図の最初の数枚だけを計算に入れれば、たいていそれで十二分に正確な答えが出るのである。

ただし、そのすばらしい結果にいたるまでのあいだに、一つ微妙な点がある。たとえば

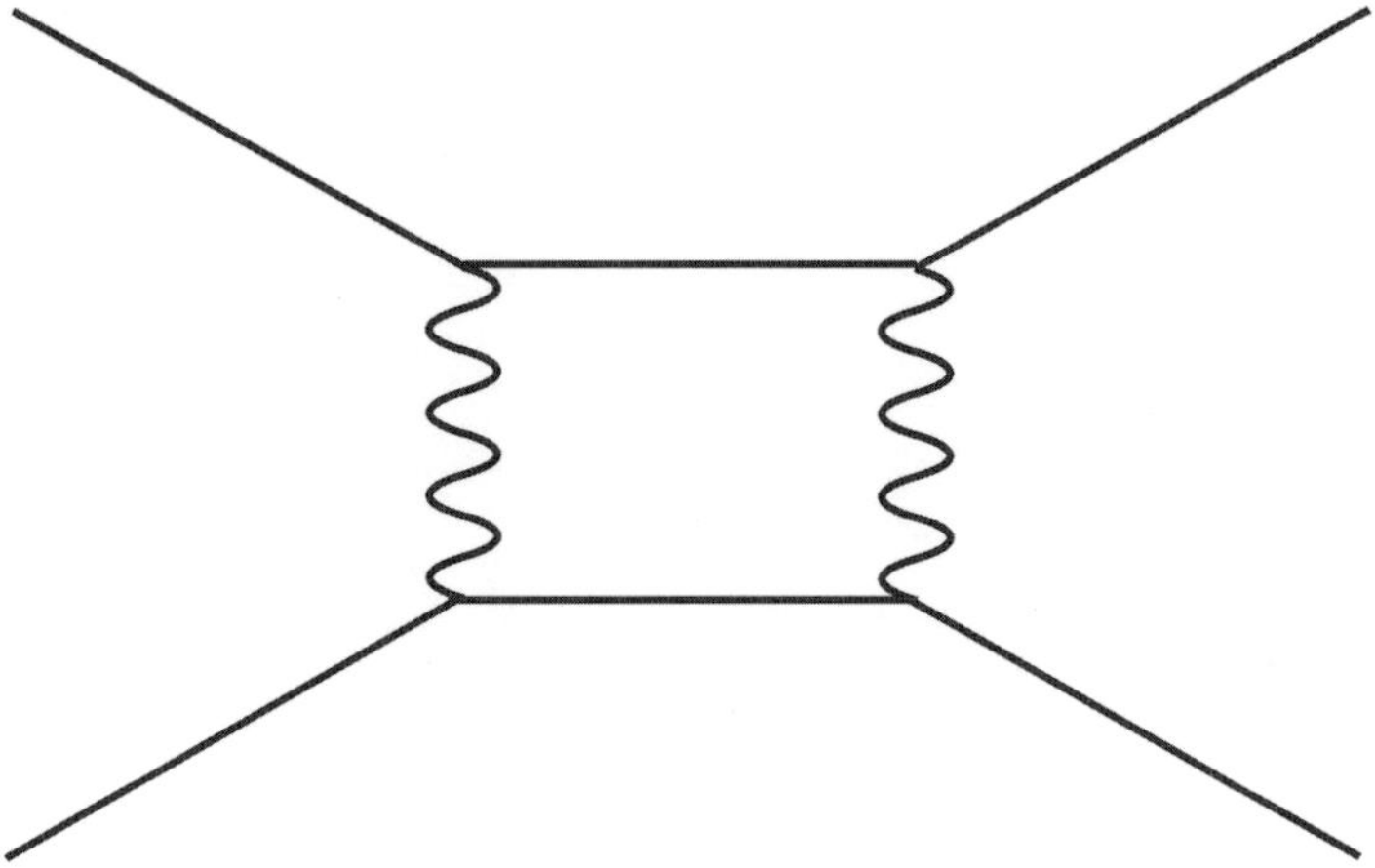

図の中に輪が含まれている場合を考えてみよう。一組の粒子を表す直線を追っていくと、それが閉じた輪になってしまっている。これは一個の電子と一個の陽電子が二個の光子をやりとりしているということだ。

それぞれの直線は、ある一定量のエネルギーを持った粒子を表す。このエネルギーは、二本の直線が合わさったときも保存される。たとえば一個の粒子が入ってきて二個に分裂しても、その二個の粒子のエネルギーの合計は、最初の粒子のエネルギーと等しくなくてはならない。しかし合計が一定であるかぎり、そのエネルギーがどう分割されるかは完全に任意である。実際、仮想粒子のおかしな論理によって、一個の粒子のエネルギーは負の数にもなりうる。その場合はもう一個の粒子のエネルギーが最初の粒子のエネルギーより大きくなっていればいいのだ。

したがって、内部に閉じた輪を含んだファインマン図で記述される過程を計算するときは、任意に大きいエネルギー量が輪の中のどの直線に沿っても進めることになる。だが悲しいかな、そのような図が最終的な答えに寄与する分を実際に

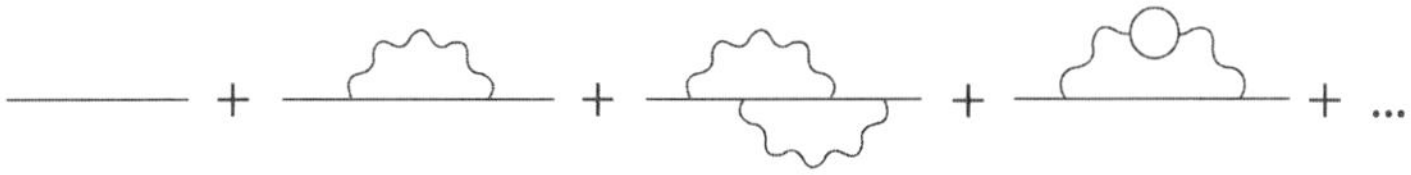

計算してみると、無限大という結果が出てしまう。これがかの悪名高い、場の量子論につきまとう無限大の起源である。当然ながら、ある特定の相互作用の確率は最大でも一だから、無限大という答えが出てしまうのは、どこかで何かを間違えたしるしだ。

ファインマンらは苦心のすえに、この無限大をどうにか抑え込む処置をひねりだすことに成功した。それが現在「繰り込み」と呼ばれている手法である。互いに相互作用する一連の量子場を相手にするときは、単純にそれらを別々に扱ってから、最後に相互作用を組み入れるということができない。場は絶えず、不可避的に、互いに影響を及ぼしあっている。電場のわずかな振動は、一個の電子と見なしうるが、そんな微小なものがあるだけでも、そこには必然的に電磁場の振動がともなっている。そしてそればかりか、その電子が相互作用する場のすべてで振動が起こることになる。それはさながら、何台ものピアノが並んだショールームでピアノの一音を鳴らすようなものだ。最初の一音とともにほかのピアノが静かに低音をたてはじめ、あとはどんな音を鳴らしても、それに対してかすかな反響が起こる。これをファインマン図で言い換えると、たとえ一個の独立した粒子でも、それが空間を伝わっていくときには、その周囲に仮想粒子の雲がともなっている。

結果として、ではこうすればいいだろうと考えられたのが、あらゆる相互作用をあっさりオフにした仮想の世界にあるときのふるまいを示す「裸」の場と、互いに相互作用する別の場をともなう「物理的」な場とを区別することだ。ファインマン図を無邪気に作動させることで出てくる無限大は、裸の場でどうにかしようとしたことの結果にすぎず、一方、私たちが実際に観測するのは物理的な場だ。この一方からもう一方に移るのに必要とされる調整は、俗に「無限大を差し引いて有限な答えを得ること」と表現されることがあるが、その言い方は誤解を呼ぶ。物理的な量はどれも無限大ではないし、無限大だったこともない。場の量子論の先駆者たちが「隠す」ことに成功した無限大とは、相互作用する場と相互作用しない場との非常に大きな違いという人工物にすぎない（場の量子論で真空エネルギーの値を見積もろうとすると、まさにこの種の問題にぶつかる）。

しかし繰り込みからは、期せずして重要な物理的洞察が得られる。質量や電荷など、粒子の何らかの特性を測定したいとき、それを探るには、その粒子がほかの粒子とどう相互作用しているかを見ればよい。場の量子論が教えているように、私たちの見ている粒子はただの点状の物体ではない。一個一個の粒子のまわりには別の仮想粒子の雲がある。別の（もっと正確な）言い方をすれば、その粒子が相互作用する別の量子場に取り巻かれている。そして雲と相互作用するのは、点と相互作用するのとはわけが違う。二個の粒子が高速でぶつけあわされれば、それぞれの粒子は互いの雲を貫通しながら、比較的コンパクトな振動を見るだろうが、一方、ゆっくりすれ違った場合には、互いが（比較的）大きなふわふわした玉のように見えるだろう。したがって、粒子の見かけの質量や電荷は、その粒子を見る手段となる探針のエネルギーに依存するということになる。これはただのいいかげんな説明ではない。れっきとした実験予言で、素粒子物理学のデータにまぎれもなく見られてきたことだ。

○　○　○

繰り込みについての最も適切な考え方がようやく本当に理解されたのは、一九七〇年代初めのことで、のちのノーベル賞受賞者のケネス・ウィルソンの研究がそのきっかけだった。ウィルソンは、ファインマン図の計算に出てくる無限大はすべて、極端に短い距離での過程に対応する莫大なエネルギーを持った仮想粒子に原因があることに気がついた。しかし高いエネルギーと短い距離といえば、そこで何が起こっているかに関して、私たちが最も確信の持てない領域にほかならない。極度に高いエネルギーをともなう過程には、まったく新しい場が関係していて、そこには私たちがまだ実験で生み出しことがないほどの大きな質量があるのかもしれなかった。その意味では、時空そのものさえ短い距離では破綻する可能性がある。たとえばプランク長さのような極小の距離だ。

そこでウィルソンは考えた。それならいっそ、任意に高いエネルギーで起こることなど何もわからないのだと正直に認めてしまったらどうだろう。ファインマン図の輪を尊重して、仮想粒子のエネルギーが無限大まで上昇するのを許す代わりに、この理論に明白なカットオフを設けてしまったらどうだろう。そしてそこから上のエネルギーについては、もう何が起こっているかを知っているようなふりをするのをやめるのだ。そのカットオフはある意味では任意だが、やはり合理的なのは、すでに実験でよくわかっているエネルギーと、まだちらりとも見られていないエネルギーとのあいだに境界線を引くことだろう。そのスケールで新しい粒子や何らかの現象が生じるかもしれない予想はされても、それが正確に何であるかがわからないなら、ある特定のカットオフを選ぶのは物理的にも妥当な理由がある。

もちろん、それより高いエネルギーでは何か興味深いことが起こっているかもしれないわけだから、カットオフを設けてしまえば、本当に正しい答えは得られていないのだと認めることになる。しかしウィルソンは、そうして得られる答えが総じて必要十分以上であることを証明した。どんな新しい高エネ

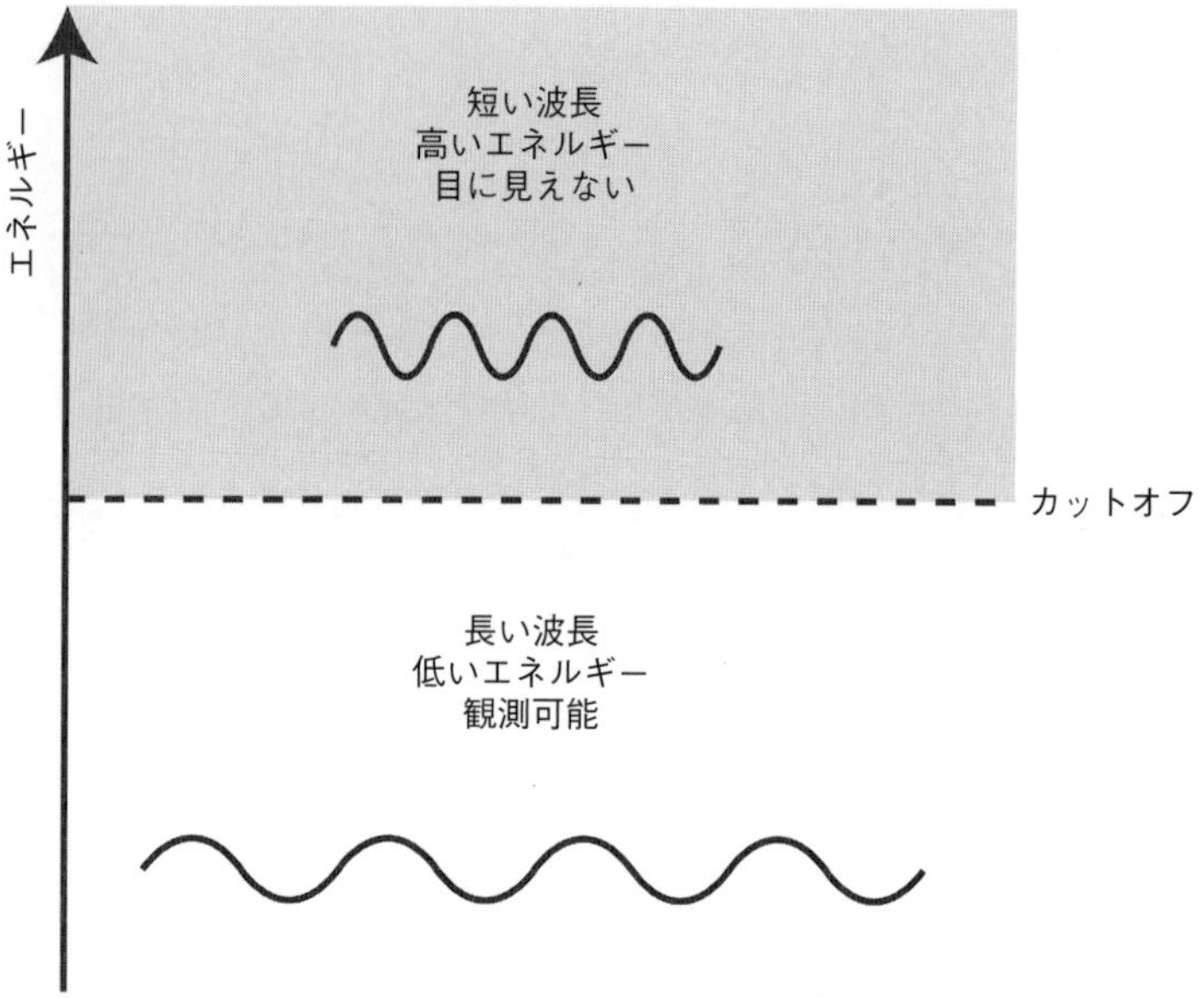

ルギー現象であれ、それが私たちの実際に見ている低エネルギー世界にどう影響を及ぼせるのか、そして大まかにはどれだけ影響を及ぼすのかも、正確に特徴づけられるのである。このように無知を認めることで、私たちは「有効場の理論」を手に入れた。これは、なにごとについても厳密な記述とは見なされないが、実際に得られるデータにはみごとに一致しているという理論である。現代の場の量子論の専門家は、現時点での最良のモデルはいずれも実質的に有効場の理論であることを認めている。

この状況には、ありがたい面もあれば困った面もある。まずありがたいのは、有効場の理論のマジックを使うことにより、ある程度より高いエネルギーで何が起こっているかを全部は（あるいはまったく）知っていなくても、低いエネルギーでの粒子のふるまいについてたくさんのことが言えるということだ。何か確かなこと、真であることを言うのに、最終的な答えをすべて知っている必要はない。あなたや私や、私たちの身のまわりの環境を構成している粒子と力を支配する物理法則――それについては完全にわかっていると、私たちが自信を持って言える理由の大部分がそこにある。それらの物理法則は、有効場の理論のかたちをとっているのだ。新しい粒子と力を発見する余地は多分にあるが、それらはあまりにも質量が大きくて（エネルギーが高くて）今のところは実験で生み出せないか、あるいは私たちと非常にかすかにしか相互作用しないので、机や椅子や猫や犬、その他さまざまな低エネルギー世界の構造の断片には、おそらく影響を及ぼしえないかのどちらかだ。

しかし困ったことに、私たちは高いエネルギー、短い距離で、本当のところは何が起こっているかをもっと知りたくてたまらないのだが、有効場の理論のマジックはそれをたいへんに難しくする。高エネルギーで何が起きているかにかかわらず、低エネルギー物理を正確に記述できるのはいいことなのだが、それはすなわち、高エネルギーで起きていることは推論できず、どうにかして直接そこを探るしかないということだから、これは非常にもどかしいことでもある。だから素粒子物理学者は目の色を変えて、ますます巨大な、ますます高エネルギーの粒子加速器を建設したがっている。それが今の私たちの知るかぎり、極小の距離での宇宙の仕組みを発見する唯一の確かな道だからだ。

謝辞

本はどんなものでも共同作業の産物だが、これは格別にそういう本である。量子力学について語るべきことはたくさんあって、それをすべて語りたくなる気持ちは間違いなくあった。そういう本を書くのは楽しくても、読まされる側はたまったものじゃないだろう。本書の原稿をなんとか読みやすい、そして願わくは部分的にでも楽しめる本にしようと格闘する中で、多くの寛大で賢明な最初の読者からさまざまなお力添えをいただいた。以下にお名前を挙げ、ありがたい助言をくださったことに感謝する。ニック・アセベス、ディーン・ブオノマノ、ジョゼフ・クラーク、ドン・ハワード、ジェンス・イェーガー、ジア・モーラ、ジェイソン・ポラック、ダニエル・ラナード、ロブ・リード、グラント・レメン、アレックス・ローゼンバーグ、ランドン・ロス、チップ・セベンズ、マット・ストラスラー、デイヴィッド・ウォレス。この寛大な方々が、小さなこと――のちに本書に結実することになる会話中のふとした言及――から大きなこと――すべての章を読んだうえでの有益な意見――まで、いろいろと執筆中の私に救いをほどこしてくれなかったら、とてもここまでの本は書けなかっただろう。

物理学者の物書きが望めるかぎりの最高の試読者、スコット・アンダーソンにも格別の感謝をささげたい。テキスト全体を読んだうえで、内容と文体の両方に関してつねに有益なフィードバックをしてくださった。そしてジア・モーラには、ここでもあらためて感謝したい。なぜか私の前著『この宇宙の片隅に』では彼女のお名前が謝辞から抜けてしまったので、たいへん申し訳ないことをしたと思っている。

言うまでもないが、量子力学と時空について、私は長年のあいだに大勢のとんでもなく賢い人たちからたくさんのことを教わってきた。とくに本文中で具体的に記してはいなくても、その影響は本書のいたるところに染み込んでいる。以下のみなさまに深く感謝を申し上げる。デイヴィッド・アルバート、ニン・バオ、ジェフ・バレット、チャールズ・ベネット、アダム・ベッカー、キム・ボディ、チャールズ・カオ、エイダン・チャトウィン＝デイヴィーズ、シドニー・コールマン、エドワード・ファーリ、アラン・グース、ジェームズ・ハートル、ジェナン・イスマエル、マジュー・リーファー、セス・ロイド、フランク・マロニー、ティム・モードリン、スピロス・ミカラキス、アリッサ・ネイ、ドン・ペイジ、アライン・ファレス、ジョン・プレスキル、ジェス・リーデル、アシュミート・シン、レオナルド・サスキンド、レフ・ヴァイドマン、ロバート・ウォルド、ニコラス・ワーナー。ほかにも、私が疑いなく漏らしている無数の方々がいらっしゃる。

例によって、本書を仕上げるためにときどき不在にせざるを得なかった私に目をつぶってくれた学生諸君と共同研究者たちにも感謝する。カルテック三年生の量子力学過程第三四半期、一二五Cの学生諸君にも感謝する。シュレーディンガー方程式をえんえんと解くおなじみのルーティンだけでよしとせず、デコヒーレンスと量子もつれを教え込む私に我慢してついてきてくれた。

ダットンの担当編集者、スティーヴン・モローには限りない感謝をささげる。本書にはこれまで以上に彼の忍耐と慧眼が必要不可欠だった。一章まるまるを対話形式にすることまで許してくれたが、彼をすり減らしただけだったとしたら申し訳ない。最終製品の品質にこれほど気を配ってくれる編集者はどんな著者でも想像できまい。本書の品質はそのほとんどがスティーヴンのおかげである。私のエージェントのカティンカ・マトソンとジョン・ブロックマンにも感謝する。神経をやられてもおかしくないようなプロセスを、いつもそれなりに耐えられる、ことによっては楽しめるほどのものに変えてくれる。

そして最大の感謝を、文筆においても人生においても完璧なパートナーであるジェニファー・ウーレットに捧げる。この道のりをずっと無数の面でサポートしてくれただけでなく、非常に忙しい自分の執筆スケジュールの合間を割いて私の文章をくまなく丹念に検分し、貴重な洞察と厳しい愛を注いでくれた。彼女に勧められたほどの削除はしていないので、おそらくそのせいで本書の出来はまずくなっているかもしれないが、それでも彼女に見てもらう前よりずっとよくなっているのは確かなのだ。

ジェニファーには、私たちの人生にアリエルとキャリバンをもたらしてくれたことにも感謝する。作家が望めるかぎりの最高の執筆パートナーの猫たちだ。本書を構想していたあいだの思考実験に、本物の猫は使われていないことをお断りしておく。

参考文献

量子力学について書かれた本は、当然ながら、多数ある。そのうちの数冊を、とくに本書のテーマに関連するものとして以下に挙げる。

Albert, D. Z. (1994). *Quantum Mechanics and Experience*. Harvard University Press. 邦訳：『量子力学の基本原理：なぜ常識と相容れないのか』デヴィッド・Z・アルバート著、高橋真理子訳、日本評論社、一九九七年。量子力学と観測問題を哲学的視点から扱った短めの入門書。

Becker, A. (2018). *What Is Real? The Unfinished Quest for the Meaning of Quantum Physics*. Basic Books. 量子力学の基礎についての歴史に沿った概説。多世界理論の競合説や、それらの問題を論じるときに多くの物理学者が直面する障害についても解説している。

Deutsch, D. (1997). *The Fabric of Reality*. Penguin. 邦訳：『世界の究極理論は存在するか：多宇宙理論から見た生命、進化、時間』デイヴィッド・ドイッチュ著、林一訳、朝日新聞社、一九九九年。多世界理論の入門書だが、扱うテーマはそのほかにもコンピューター計算、進化、タイムトラベルなど、多岐にわたる。

Saunders, S., J. Barrett, A. Kent, and D. Wallace. (2010). *Many Worlds? Everett, Quantum Theory, and Reality*. Oxford University Press. 多世界理論についての賛否をそろえた小論集。

Susskind, L., and A. Friedman. (2015). *Quantum Mechanics: The Theoretical Minimum*. Basic Books. 邦訳：『スタンフォード物理学再入門　量子力学』レオナルド・サスキンド、アート・フリードマン著、森弘之訳、日経ＢＰ社、二〇一五年。やや専門的な量子力学の入門書。物理学専攻の大学生向けの入門課程レベル。

Wallace, D. (2012). *The Emergent Multiverse: Quantum Theory According to the Everett Interpretation*. Oxford University Press. やや専門的だが、現時点での標準的な多世界解説書といえばこれ。

原注

序章

【1】参照。R. P. Feynman (1965). *The Character of Physical Law*, MIT Press, 123. 邦訳：『物理法則はいかにして発見されたか』R・P・ファインマン著、江沢洋訳、岩波書店（岩波現代文庫）、二〇〇一年。

第一章

【1】参照。N. D. Mermin (2004). "Could Feynman Have Said This?"Physics Today 57 5, 10.

第三章

【1】L. Carroll (1872), *Through the Looking Glass and What Alice Found There*, Dover, 47. 邦訳：『鏡の国のアリス』ルイス・キャロル著（『不思議の国のアリス：鏡の国のアリス：新訳』高山宏訳、青土社、二〇一九年など邦訳多数）。

【2】以下で引用。H. C. Von Baeyer (2003), *Information: The New Language of Science*, Weidenfeld & Nicolson, 12. 邦訳：『量子が変える情報の宇宙』ハンス・クリスチャン・フォン＝バイヤー著、水谷淳訳、日経BP社、二〇〇六年。

【3】以下で引用。R. P. Crease, and A. S. Goldhaber (2014), *The Quantum Moment: How Planck, Bohr, Einstein, and Heisenberg Taught Us to Love Uncertainty*, W. W. Norton & Company, 38. 邦訳：『世界でもっとも美しい量子物理の物語：量子のモーメント』ロバート・P・クリース、アルフレッド・シャーフ・ゴールドハーバー著、吉田三知世訳、日経BP社、二〇一七年。

【4】以下で引用。H. Kragh (2012), "Rutherford, Radioactivity, and the Atomic Nucleus," https:// arxiv.org/ abs/ 1202.0954.

【5】以下で引用。A. Pais (1991), *Niels Bohr's Times, In Physics*, Philosophy, and Polity, Clarendon Press, 278. 邦訳：『ニールス・ボーアの時代：物理学・哲学・国家』（1・2）アブラハム・パイス著、西尾成子、今野宏之、山口雄仁共訳、みすず書房、二〇〇七・二〇一二年。

【6】以下で引用。J. Bernstein (2011), "A Quantum Story," The Institute Letter, Institute for Advanced Study, Princeton.

【7】以下で引用。J. Gribbin (1984), *In Search of Schrödinger's Cat: Quantum Physics and Reality*, Bantam Books, v. 邦訳：『シュレーディンガーの猫』（上・下）ジョン・グリビン著、山崎和夫訳、地人書館、一九八九年。

第四章

【1】二重スリット実験についての詳細は以下を参照。A. Ananthaswamy (2018), *Through Two Doors at Once: The Elegant Experiment that Captures the Enigma of Our Quantum Reality*, Dutton.

第五章

【1】A. Einstein, B. Podolsky, and N. Rosen (1935), "Can Quantum- Mechanical Description of Reality Be Considered Complete?" Physical Review 47, 777.

【2】以下で引用。W. Isaacson (2007), *Einstein: His Life and Universe*, Simon & Schuster, 450. 邦訳：『アインシュタイン：その生涯と宇宙』（上・下）ウォルター・アイザックソン著、

関宗蔵、松田卓也、松浦俊輔訳、武田ランダムハウスジャパン、二〇一一年。

【3】ベルの定理、および、そのEPRとボーム力学への影響については、以下を参照。T. Maudlin (2014), "What Bell Did," Journal of Physics A 47, 424010.

【4】D. Rauch, et al. (2018), "Cosmic Bell Test Using Random Measurement Settings from Redshift Quasars," Physical Review Letters 121, 080403.

第六章

【1】以下で引用。Quoted in A. Becker (2018), *What Is Real?*, Basic Books, 127.

【2】ヒュー・エヴェレットの伝記として以下を推奨。P. Byrne (2010), *The Many Worlds of Hugh Everett III: Multiple Universes, Mutual Assured Destruction, and the Meltdown of a Nuclear Family*, Oxford University Press. 本章での引用はほとんどが上記の作品と、以下の作品より。A. Becker (2018), *What Is Real?*, Basic Books.

【3】エヴェレットのオリジナル論文（ロングバージョンとショートバージョン）、および各種の注釈は、以下で見られる。B. S. DeWitt and N. Graham (1973), *The Many Worlds Interpretation of Quantum Mechanics*, Princeton University Press.

【4】以下で引用。P. Byrne (2010), 141.

【5】H. D. Zeh (1970), "On the Interpretation of Measurements in Quantum Theory," Foundations of Physics 1, 69.

【6】以下で引用。P. Byrne (2010), 139.

【7】以下で引用。P. Byrne (2010), 171.

【8】以下で引用。A. Becker (2018), 136.

【9】以下で引用。P. Byrne (2010), 176.

【10】M. O. Everett (2007), *Things the Grandchildren Should Know*, Little, Brown, 235.

第七章

【1】以下で引用。G.E.M. Anscombe (1959), *An Introduction to Wittgenstein's Tractatus*, Hutchinson University Library, 151.

【2】D. Z. Albert (2015), *After Physics*, Harvard University Press, 169.

【番号モレ・3と同じ文中】W. H. Zurek (2005), "Probabilities from Entanglement, Born's Rule from Envariance," Physical Review A 71, 052105.

【3】C. T. Sebens and S. M. Carroll (2016), " Self- Locating Uncertainty and the Origin of Probability in Everettian Quantum Mechanics," The British Journal for the Philosophy of Science 69, 25.

【4】Deutsch (1999). "Quantum Theory of Probability and Decisions," Proceedings of the Royal Society of London A455, 3129.

【5】ボルンの規則への決定理論でのアプローチについての概説は、以下を参照。D. Wallace(2012), *The Emergent Multiverse*. Oxford University Press 2012

第八章

【1】K. Popper (1967), "Quantum Mechanics without the Observer," in M. Bunge (ed.), Quantum Theory and Reality. Studies in the Foundations Methodology and Philosophy of

Science, vol. 2, Springer, 12.
【2】K. Popper (1982), *Quantum Theory and the Schism in Physics*, Routledge, 89. 邦訳：『量子論と物理学の分裂：W・W・バートリー三世編『科学的発見への論理へのポストスクリプト』より』カール・R・ポパー著、小河原誠、蔭山泰之、篠崎研二訳、岩波書店、二〇〇三年。
【3】エントロピーと時間の矢についての詳細は、以下を参照。S. M. Carroll (2010), *From Eternity to Here: The Quest for the Ultimate Theory of Time*, Dutton.
【4】D. Wallace, *The Emergent Multiverse*, 102.
【5】D. Deutsch (1996), "Comment on Lockwood," The British Journal for the Philosophy of Science 47, 222.

第九章

【1】以下で引用。A. Becker (2018), *What Is Real?*, Basic Books, 213.
【2】以下で引用。A. Becker (2018), 90.
【3】以下で引用。A. Becker (2018), 199.
【4】J. Polchinski (1991), "Weinberg's Nonlinear Quantum Mechanics and the Einstein- Podolsky- Rosen Paradox," Physical Review Letters 66, 397.
【5】隠れた変数理論、動力学的収縮モデルについての詳細は以下を参照。T. Maudlin (2019), *Philosophy Quantum Theory*, Princeton.
【6】R. Penrose (1989), *Emperor's New Mind: Concerning Computers, Minds, and the Laws of Physics*, Oxford. 邦訳：『皇帝の新しい心：コンピュータ・心・物理法則』ロジャー・ペンローズ著、林一訳、みすず書房、一九九四年。
【7】J. S. Bell (1966), "On the Problem Hidden-Variables in Quantum Mechanics," Reviews of Modern Physics 38, 447.
【8】以下で引用。W. Myrvold (2003), "On Some Early Objections to Bohm's Theory," International Studies in the Philosophy of Science 17, 7.
【9】H. C. Von Baeyer (2016), QBism: The Future of Quantum Physics, Harvard. 邦訳：『QBism：量子×ベイズ：量子情報時代の新解釈』ハンス・クリスチャン・フォン・バイヤー著、松浦俊輔訳、森北出版、二〇一八年。
【10・12】N. D. Mermin (2018), "Making Better Sense of Quantum Mechanics," Reports on Progress in Physics 82, 012002.
【11】C. A. Fuchs (2017), "On Participatory Realism," in I. Durham and D. Rickles, eds., Information and Interaction, Springer.
【13】D. Wallace (2018), "On the Plurality of Quantum Theories: Quantum Theory as a Framework, and Its Implications for the Quantum Measurement Problem," in S. French and J. Saatsi, eds., Scientific Realism and the Quantum, Oxford.

第十章

【1】M. Tegmark (1998), "The Interpretation of Quantum Mechanics: Many Worlds or Many Words?" Fortschrift Physik 46, 855.
【2】R. Nozick (1974), *Anarchy, State, and Utopia*, Basic Books, 41. 邦訳：『アナーキー・国家・ユートピア：国家の正当性とその限界』ロバート・ノージック著、嶋津格訳、木鐸社、一九九二年。

【3】E. P. Wigner (1961), "Remarks on the Mind-Body Problem," in. I. J. Good, The Scientist Speculates, Heinemann.

第十一章

【1】創発（およびコア理論）については前著で詳しく論じている。S. M. Carroll (2016), *The Big Picture: On the Life, Meaning, and the Universe Itself*, Dutton. 邦訳：『この宇宙の片隅に：宇宙の始まりから生命の意味を考える50章』ショーン・キャロル著、松浦俊輔訳、青土社、二〇一七年。
【2】James Hartle (2016). 私的な意見交換より。

第十二章

【1】I. Newton (2004), Newton: Philosophical Writings, ed. A. Janiak, Cambridge, 136.
【2】P.C.W. Davies (1984), "Particles Do Not Exist," in B. S. DeWitt, ed., Quantum Theory of Gravity: Essays in Honor of the 60th Birthday of Bryce DeWitt, Adam Hilger.

第十三章

【1】A. Einstein, quoted by Otto Stern (1962), interview with T. S. Kuhn, Niels Bohr Library & Archives, American Institute of Physics, https://www.aip.org/history-programs/niels-bohr-library/oral-histories/4904.
【2】A. Einstein (1936), "Physics and Reality," reprinted in A. Einstein (1956), Out of My Later Years, Citadel Press. 邦訳：『科学者と世界平和』所収「物理学と実在」アルバート・アインシュタイン著、井上健訳、講談社（講談社学術文庫）二〇一八年／『晩年に想う』アインシュタイン著、中村誠太郎ほか訳、講談社（講談社文庫）、一九八五年。
【3】T. Jacobson (1995), "Thermodynamics of Space- Time: The Einstein Equation of State," Physical Review Letters 75, 1260.
【4】T. Padmanabhan (2010), "Thermodynamical Aspects of Gravity: New Insights," Reports on Progress in Physics 73, 046901.
【5】E. P. Verlinde (2011), "On the Origin of Gravity and the Laws of Newton," Journal of High Energy Physics 1104, 029.
【6】局所性の帰結と限界については以下を参照。G. Musser (2015), *Spooky Action at a Distance: The Phenomenon that Reimagines Space and Time—- And What It Means for Black Holes, the Big Bang, and Theories of Everything*, Farrar, Straus and Giroux. 邦訳：『宇宙の果てまで離れていても、つながっている：量子の非局所性から「空間のない最新宇宙像」へ』ジョージ・マッサー著、吉田三知世訳、インターシフト、二〇一九年。
J. S. Cotler, G. R. Penington, and D. H. Ranard (2019), "Locality from the Spectrum,"Communications in Mathematical Physics, https://doi.org/10.1007/s00220-019-03376-w.
【7】J. Maldacena and L. Susskind (2013), "Cool Horizons for Entangled Black Holes," Fortschritte der Physik 61, 781.
【8】C. Cao, S. M. Carroll, and S. Michalakis (2017), "Space from Hilbert Space: Recovering Geometry from Bulk Entanglement," Physical Review D 95, 024031.
【9】C. Cao and S. M. Carroll (2018), "Bulk Entanglement Gravity Without a Boundary: Towards Finding Einstein's Equation in Hilbert Space," Physical Review D 97, 086003.
【10】T. Banks and W. Fischler (2001), "An Holographic

Cosmology," https://arxiv.org/abs/hep-th/0111142.
【11】S. B. Giddings (2018), " Quantum- First Gravity," Foundations of Physics 49, 177.
【12】D. N. Page and W. K. Wootters (1983). "Evolution Without Evolution: Dynamics Described by Stationary Observables," Physical Review D 27, 2885.

第十四章

【1】ホログラフィック原理、相補性、ブラックホール情報問題については以下で論じられている。Susskind (2008), *The Black Hole War: My Battle with Stephen Hawking to Make the World Safe for Quantum Mechanics*, Back Bay Books. 邦訳：『ブラックホール戦争：スティーヴン・ホーキングとの20年越しの闘い』レオナルド・サスキンド著、林田陽子訳、日経ＢＰ社、二〇〇九年。
【2】A. Almheiri, D. Marolf, J. Polchinski, and J. Sully (2013), "Black Holes: Complementarity or Firewalls?" Journal of High Energy Physics 1302, 062.
【3】J. Maldacena (1997), "The Large- N Limit of Superconformal Theories and Supergravity,"International Journal of Theoretical Physics 38, 1113.
【4】S. Ryu and T. Takayanagi (2006), "Holographic Derivation of Entanglement Entropy from AdS/ CFT," Physical Review Letters 96, 181602.
【5】B. Swingle (2009), "Entanglement Renormalization Holography," Physical Review D 86, 065007.
【6】M. Van Raamsdonk (2010), "Building Up Spacetime Quantum Entanglement," General Relativity and Gravitation 42, 2323.

終章

【1】A. Einstein (1949), *Autobiographical Notes*, Open Court Publishing, 9. 邦訳：『自伝ノート』アルベルト・アインシュタイン著、中村誠太郎、五十嵐正敬訳、東京図書、一九七八年。『未知への旅立ち：アインシュタイン新自伝ノート』所収「自伝ノート」金子務編訳、小学館（小学館ライブラリー）、一九九一年。

補遺

【1】ファインマン図については以下を参照。R. P. Feynman (1985), *QED: The Strange Theory of Light and Matter*, Princeton University Press. 邦訳：『光と物質のふしぎな理論：私の量子電磁力学』R・P・ファインマン著、釜江常好、大貫昌子訳、岩波書店（岩波現代文庫）、二〇〇七年。

訳者あとがき

物理学の博士号を持っていなくても、量子力学についてうかがい知ることはできます。けれども一方で、物理学の博士号を持っていても、量子力学を本当に理解するのは難しいことのようです。本書の序章でも、物理学者のリチャード・ファインマンによる「量子力学を理解している人はいない」という有名な言葉が引用されています。ファインマンは、どういう文脈でこんなことを言ったのでしょう。

その昔、相対性理論のわかる人は一ダースといないだろうなんて新聞が書きたてた時代がありました。私にはそれが信じられません。理解者が一人だけという時期ならあったかもしれない。そこまで漕ぎつけたのは彼一人だったのだからです。しかし、彼が論文を書いた後はたくさんの人々がそれを読んで理解をした。理解の仕方は各人各様だったでしょうが、とにかく、相対性理論を理解した人が一ダース以上いたことは確実であります。

ところが、量子力学となると、これを本当に理解できている人はいない。こういってまずまちがいないと私は思っております。ですから、皆さんもどうかあまりむきにならないでください。……「どんなからくりでそうなるのだろう」と考え込むのはおやめください。泥沼にはまってしまうからです。それは袋小路です。いまだかつて出口を探り当てた人はいない。どんな仕掛けで自然がそんなふうに振舞うのか、だれにもわかっていないのであります。

（岩波現代文庫『物理法則はいかにして発見されたか』江沢洋訳）

これは、一九六四年のコーネル大学での講演の一節です。それから半世紀以上が経って、量子力学についての理解は、ある面ではたいへん進みました。量子力学による予言はしっかりと実験で裏づけられており、量子コンピューターなど、さまざまな新しいテクノロジーに量子力学の知識が活用されています。ところが「どんなからくりで」ということになると、私たちはいまだに袋小路から抜け出られていないと言わざるを得ません。さまざまな説は出されているものの、どれも完全な合意を得るにはいたっていない。からくりの実態をめぐって、今も物理学者のあいだで議論が続いています。そして本書は、その議論に新たな一石を投じている意欲作です。

本書を手にとった方なら、「波と粒子の二重性」や「波動関数の収縮」といった概念はすでにご存じかもしれません。観測されていない電子は波のように空間に広がっているのに、ひとたび観測がなされると、ある特定の場所に粒子として見つかる。箱に閉じ込められたシュレーディンガーの猫は生きている可能性と死んでいる可能性が五分五分の確率で重ね合わせになっているのに、箱を開けて見てみると、生きている状態に、あるいは不運にも死んでいる状態かのどちらかに収束している（ちなみに本書では、この猫は起きているか眠っているかになっていますので、猫好きの方もお怒りになりませんように）。こうしたことはどうして起こるのか。これが量子力学の「観測問題」で、それに対し、波動関数が収縮するからであるという考えを当てはめたのが、いわゆる「コペンハーゲン解釈」です。コペンハーゲン解釈は、なぜ波動関数が収縮するのかは問いません。それでも波動関数が収縮していると考えればあらゆる量子現象がみごとに説明できたので、この解釈は量子力学に対する主流のアプローチとなり、現在でも標準的な解釈として通用しています。

とはいえ「なぜ」を問わないのなら、結局、自然のからくりが理解されたことにはなりません。当然、これに不満を持った物理学者も何人かいて、その筆頭がアインシュタインでした。しかしアインシュタインの頭脳をもってしてもコペンハーゲン解釈に代わりうる盤石な理論は構築できず、その後も引き続きさまざまな研究者から、観測問題に対するさまざまな解釈が提案されました。

その一つが、一九五〇年代にプリンストン大学の大学院生だったヒュー・エヴェレットが考案した「多世界解釈」です。厳密に言うと、「多世界」の概念を打ち出したのはエヴェレット本人でなく、エヴェレットの論文をのちに読んで、その考え方に共鳴したブライス・ドウィットという物理学者なのですが、現在では一般にエヴェレットのオリジナルのアイデアも含めて多世界解釈と呼ばれるようになっています。この解釈では、波動関数は収縮しません。その代わりに、量子もつれとデコヒーレンスという過程を通じて、別々の世界に分岐します。一方の世界には猫が生きているのを見て喜んでいる観測者がいて、もう一方の世界には猫が死んでいるのを見て悲しんでいる観測者がいる。分岐したあとの別々の世界は互いに断絶してしまうので、別の世界のことは知りようがなく、どちらかの世界にいる観測者からすれば、猫がどちらかの状態に行き着いた一つの結果が出て、あたかも波動関数が収縮したように見えているわけです。

本書の著者ショーン・キャロルは、この多世界解釈を、量子力学を真に理解するための最も有望なアプローチとして支持しています。ただしキャロルは、これを本書で「解釈」とは呼んでいません。そもそも観測問題に答えようとするさまざまなアイデアは、一般には「量子力学の解釈」と呼ばれているのですが、キャロルによれば、これらの案はどれも十分に練られた科学理論であり、対象を見る側にどんな受け取り方も許されている「解釈」とは違うため、当の研究者たちのあいだでは「量子力学の基礎論」と呼ばれるようになっているそうです。そこで本書では、英語でのMany-Worldsに「多世界理論」という訳語をあてました。キャロルの言葉遣いは徹底しており、コペンハーゲン解釈についてもそうとは呼ばず、「コペンハーゲン流アプローチ」や「標準的な教科書量子力学」といった呼び方をしています。量子力学の謎を謎のままにはしておかないぞ、量子力学の根本をどうにかして探り当ててやるという決意のようなものが、こうした言葉選びにもあらわれているのかもしれません。

多世界解釈は、名前こそ広く知られていますが、量子力学の基礎論として主流になったことはなく、問題点もいろいろと指摘され、さらにそのSF的な概念もあいまって、どこかうさんくさいものと見られてきたきらいもあります。しかし本書は、現実を波動関数だけで説明しようとする多世界解釈の簡素さにあらためて光を当て、指摘されてきた問題点に一つひとつ答えを提示しています。本書を読むかぎり、それらの答えは妥当なように見えますが、本当にそうと認められるかどうかは今後の議論を待つことになるでしょう。

そして本書はそれだけでは終わりません。私たちの世界には、現在の量子力学の知識ではまだ説明できないことが残っています。それは重力の問題で、重力があまりに強すぎるところでは一般相対性理論と量子力学という現代の二大理論が衝突してしまい、妥当な予言がまったくできなくなってしまうのです。この難題に対して、多世界解釈による量子力学の理解が重要な鍵になりうるかもしれない、とキャロルは見ています。本書の第三部では、正しい量子重力理論を見つけ出すという現代物理学の最先端のテーマに、多世界解釈を絡めたアイデアで迫ろうとする刺激的な論が展開されます。量子力学の奥深さがくらくらするほどに実感されることでしょう。

本書のタイトルである『量子力学の奥深くに隠されているもの』（原題は *Something Deeply Hidden*）は、終章まで読んでくださった方にはおわかりのとおり、とある偉大な物理学者が残した文章からの引用です。量子力学の奥深くには、分岐したたくさんの世界が隠れていたのかもしれません。そして同じように、知られざる量子重力理論も隠れているのかもしれません。宝探しのような冒険を、この一冊で楽しんでいただけたら幸いです。

著者のショーン・キャロルはカリフォルニア工科大学の理論物理学者で、テレビのドキュメンタリー番組やトーク番組への出演も多く、高い知名度を誇ります。邦訳されている『この宇宙の片隅に』（青土社）や『ヒッグス』（講談社）を含めて五冊の本を書いており、本書が最新刊にあたります。動いているキャロルをごらんになりたい方のために、本書の概要を約一時間のレクチャーにまとめた二本の動画をご紹介しましょう。Something Deeply Hidden, Sean Carroll, Talks at Google（https://www.youtube.

com/watch?v=F6FR08VylO4）／An Evening with SEAN CARROLL, Author of Something Deeply Hidden（https://www.youtube.com/watch?v=MScOpMCkNQM）．日本語字幕はありませんが、身振り手振りをまじえてエネルギッシュに論じる姿が見られます。動画のコメント欄に彼の人気のほどがうかがえます。

また、多世界解釈の創始者ヒュー・エヴェレットに興味を持った方には、彼の息子で、ロックバンド「イールズ」のEことマーク・エヴェレットが父の足跡をたどったBBC制作のドキュメンタリー、Parallel Worlds, Parallel Lives（http://www.eelstheband.com/parallel_worlds.php）をお勧めします。基本的には家族を描いたパーソナルな内容ですが、エヴェレットの肉声や、コペンハーゲンを訪れたときの写真など、貴重な資料が出てきます。ところどころに量子力学についてのポップな解説もついており、マックス・テグマークが自筆イラスト付きでシュレーディンガーの猫を説明している映像も見られます。

本文中、［　］でくくった部分は訳者による補足です。また、本文中で引用されている文献の和訳は、邦訳書の有無にかかわらず、とくに断りのないかぎり本書訳者による私訳です。この斬新で刺激的な本に出会わせてくださり、翻訳においてもさまざまな支援をくださった青土社の篠原一平氏に感謝します。

二〇二〇年九月

塩原通緒

索引

か行

さ行

た行

な行

は行

ま行

や行

ら行

わ行

Something Deeply Hidden
Quantum Worlds and the Emergence of Spacetime
by Sean Carroll

量子力学の奥深くに隠されているもの
コペンハーゲン解釈から多世界理論へ

2020年10月10日　第一刷発行
2023年 2 月10日　第三刷発行

著　者　ショーン・キャロル
訳　者　塩原通緒

発行者　清水一人
発行所　青土社

〒101-0051　東京都千代田区神田神保町1-29　市瀬ビル
［電話］03-3291-9831（編集）　03-3294-7829（営業）
［振替］00190-7-192955

印刷・製本　双文社印刷
装丁　松田行正

ISBN978-4-7917-7316-9　Printed in Japan